THE WORLD WATER BALANCE

THE WORLD WATER BALANCE
Mean Annual Global, Continental and Maritime Precipitation, Evaporation and Run-off

by
Dr. ALBERT BAUMGARTNER
Prof. of Bioclimatology and applied Meteorology, University of Munich, Munich, Germany

and
Dr. EBERHARD REICHEL
Former Director German Meteorological Service, Offenbach - Munich, Germany

English translation: Richard Lee
Prof. of Hydrology, West Virginia University
Morgantown, U.S.A.

ELSEVIER SCIENTIFIC PUBLISHING COMPANY
AMSTERDAM — OXFORD — NEW YORK 1975

Sole distributors for the United States and Canada
American Elsevier Publishing Company, Inc.
52 Vanderbilt Avenue
New York, New York 10017

Sole distributors for the German language area
R. Oldenbourg Verlag, München

Sole distributors for all remaining areas
Elsevier Scientific Publishing Company
335 Jan van Galenstraat
P.O. Box 211, Amsterdam, The Netherlands

ISBN 0-444-99858-6

Printed in Western Germany

Inhaltsverzeichnis

Table of Contents

Vorwort

Foreword

Die vorliegende Untersuchung ist beim Lehrstuhl für Bioklimatologie und angewandte Meteorologie der Universität München in Verbindung mit dem Institut für Meteorologie der Forstlichen Forschungsanstalt München unter Leitung von Prof. Dr. A. Baumgartner entstanden. Sie fügt sich in den Rahmen der langjährigen Arbeiten dieses Instituts über die physikalischen Grundlagen der Klimatologie, des Energie- und des Wasserhaltes ein und setzt die hydrometeorologischen und klimatologischen Arbeiten von Dr. E. Reichel (vormals im Deutschen Wetterdienst) fort. Die wissenschaftliche Aufbereitung der Beobachtungsgrundlagen und der Ergebnisse früherer Autoren lag dabei vorwiegend in der Hand des Letzteren. Beide Verfasser haben in ständigem Gedankenaustausch versucht, physikalische Betrachtungsweisen, hydrometeorologische Arbeitsmethoden und geographische Gesichtspunkte in gemeinsamer Darstellung zur Geltung zu bringen.

Die Arbeit wäre ohne die wesentliche ideelle und finanzielle Unterstützung der Deutschen Forschungsgemeinschaft, insbesondere der IHD-Arbeitsgruppe ,,Weltwasserbilanz'', nicht durchführbar gewesen. Hierfür danken wir allen Beteiligten ganz besonders. In gleicher Weise richten wir unseren Dank an den R. Oldenbourg Verlag, der sich um die Ausgestaltung der Drucklegung trotz mancherlei technischer Schwierigkeiten in entgegenkommender Weise bemüht hat. Die englische Übersetzung fertigte Prof. Dr. Richard Lee, West Virginia University, Morgantown, USA, mit seinem ausgeprägten Einfühlungsvermögen in die deutsche Sprache in hervorragender Weise, wofür wir ganz besonderen Dank schulden. Schließlich danken wir den zahlreichen Helfern, die wir unter Ziffer 8 erwähnt haben, für ihre vielfache Mühewaltung.

München, im Juli 1974   Albert Baumgartner
                                        Eberhard Reichel

This study originated under the leadership of Prof. Dr. A. Baumgartner in the department of Bioclimatology and Applied Meteorology, University of Munich, in association with the Meteorological Institute of the Forest Experiment Station. It is part of the long-term research efforts of this Institute concerning the physical bases of climatology, and energy and water budgets, and a continuation of hydrometeorological and climatological research by Dr. E. Reichel (formally with the German Weather Service). Scientific treatment of the observational data and the results of earlier authors were primarily the responsibility of the latter. Both authors attempted through continual exchange of ideas to corroborate physical methods of consideration, hydrometeorological techniques, and geographical viewpoints in a joint description.

The investigation would not have been feasible without the considerable financial support of the German Research Council, especially the IHD- "World Water Balance" Research Group. For this we are very grateful to all parties concerned. Likewise we thank the R. Oldenbourg Publisher who obligingly took care of printing arrangements in spite of many technical difficulties. The English translation was prepared by Prof. Dr. Richard Lee, West Virginia University, Morgantown, USA, to whom we are especially indebted. Finally we thank the numerous assistants, mentioned in Chapter 8, for their continual assiduity.

Munich, July 1974   Albert Baumgartner
                                        Eberhard Reichel

Maßeinheiten und Abkürzungen   Units and Abbreviations

1. Maßeinheiten

Gebietsflächen	km²
Wasserhöhen*)	mm/a
Wassermengen*)	km³/a
Temperaturen	°C, Grd.

1. Units

Areas	km²
Water dephts*	mm
Water volumes*	km³/a
Temperatures	°C

2. Abkürzungen

φ	geographische Breite
δ	geographische Länge
e, E	Dampfdruck
v	Windgeschwindigkeit

A	Akkumulation der Schneedecke
B = Z + D_S	Nettozufuhrmengen zu den Meeren
D	Abfluß
DW	Westwinddrift
E	Verdunstung
F	Flächengrößen
K	Kaltwassereinfluß
L	Festland, meist als Index
S	Weltmeer, " " "
U	Verbrauch
W	Warmwassereinfluß
Z	Wasserzufluß zu den Meeren
t	Luft- oder Wassertemperatur
p	periphere Gebiete, meist als Index
z	zentrale Gebiete, meist als Index

AFR	Afrika
ASI	Asien
ATL	Atlantischer Ozean
ANT	Antarktis
AUS	Australien
EUR	Europa
GLO	Globus, gesamte Erde
IND	Indischer Ozean
LAN	Landflächen
NAM	Nord-Amerika
NPO	Nordpolarmeer
PAC	Pazifischer Ozean
NHK	Nord-Halbkugel
SAM	Süd-Amerika
SEA	Weltmeer
SHK	Süd-Halbkugel

2. Abbreviations

φ	Latitude
δ	Longitude
e, E	Vapor pressure
v	Wind speed

A	Snow accumulation
B	Z + D_S, net inflow to oceans
D	Runoff
DW	West-wind drift
E	Evaporation
F	Area
K	Cold-water influence
L	Land, usually as subscript
S	Oceans, usually as subscript
U	Consumption
W	Warm water influence
Z	Inflow to oceans
t	Air or water temperature
p	Peripheral regions, usually as subscript
z	central regions, usually as subscript

AFR	Africa
ASI	Asia
ATL	Atlantic Ocean
ANT	Antarctica
AUS	Australia
EUR	Europe
GLO	Globe, total earth
IND	Indian Ocean
LAN	Land surface
NAM	North America
NPO	Arctic Ocean
PAC	Pacific Ocean
NHK	Northern hemisphere
SAM	South America
SEA	Oceans
SHK	Southern hemisphere

---

*) Es ist zu beachten, daß für die Wassermengen $D_S = -D_L$, aber wegen des Flächenverhältnisses Meer/Land (~ 2:1) für die Wasserhöhen $D_S \neq -D_L$.

* Note that for water volumes $D_S = -D_L$, but because of the surface ratio, ocean/land (~ 2:1), for water dephts $D_S \neq -D_L$.

Begrenzung der Kontinente und Ozeane

Boundaries of the Continents and Oceans

Europa

Ostgrenze: Jugarski-Halbinsel − Uralgebirge − Wasserscheide Ural/Emba − Nordufer Kaspimeer − Kuma − Manytschniederung − Asowsches Meer − Straße von Kertsch
Eingeschlossen sind: Azoren, Madeira − Island, Faröer, Jan Mayen, Bäreninsel, Spitzbergen, Franz-Josephs-Land, Nowaja Semlja, Waigatsch Insel

Asien

Westgrenze: wie Ostgrenze Europas
Südwestgrenze: Suezkanal
Eingeschlossen sind: Swernaja Semlja, Neusibirische Inseln, Wrangel-Insel, Kommandeur-Inseln − Kurilen, Sachalin, Japan, Riukiu-Inseln, Taiwan, Philippinen, Molukken, Ceram, Aru-Inseln, Tanimbar-Inseln, Sunda-Inseln von Timor bis Sumatra, Celebes, Borneo − Lakkadiven, Malediven, Andamanen, Nikobaren, Kokosinseln, Christmas-Inseln

Afrika

Nordostgrenze: wie Südwestgrenze Asiens
Eingeschlossen sind: Kanaren, Kapverden, Südatlant. Inseln östl. 20° westl. Länge − Sokotra, Seychellen, Rodrigues, Mauritius, Réunion, Madagaskar, Neu Amsterdam, Kerguelen sowie die westlich der vorstehenden liegenden Inseln im Indischen Ozean

Australien

Eingeschlossen sind: Neuguinea, Ozeanien zwischen den unter Asien und Nord- und Südamerika genannten Inseln, Tasmanien, Neuseeland

Nordamerika

Südgrenze: Panamakanal
Eingeschlossen sind: St. Lorenz-Insel, St. Matthäus-Insel, St. Paul-Insel, Aleuten, Midway, Hawaii, alle Inseln westlich Mexiko und Mittelamerika − Kanadischer Archipel, Grönland, Neufundland, Bahamas, Große und Kleine Antillen

Südamerika

Nordgrenze: wie Südgrenze Nordamerika
Eingeschlossen sind: Galapagos-Inseln, Osterinsel, Sala y Gomez, San Felix, Juan Fernandez − Curaçao, Trinidad, Falkland-Inseln, Südatlant. Inseln westl. 20° westl. Länge

Antarktis

Eingeschlossen sind: Schelfeis, Süd-Shetland-Inseln, Süd Georgien, Süd-Orkney-Inseln, Süd-Sandwich-Inseln

Nordpolarmeer

Südgrenze gegen Atlantik: Nordküste von: Kanad. Archipel, Grönland, Spitzbergen − Nowaja Semlja − Waigatsch-Insel
Südgrenze gegen Pazifik: Beringstraße auf 66°N

Atlantik

Nordgrenze: wie Südgrenze Nordpolarmeer
Westgrenze gegen Pazifik: Kap Horn − King-George-Insel − Grahamland
Ostgrenze gegen Ind. Ozean: 20° östl. Länge

Europe

East border: Jugarski Peninsula − Ural Mountains − Ural/Embra Divide − North Edge Caspian Sea − Kuma − Manych Separation − Sea of Azov − Kerch Strait
Included are: Azores, Madeira Island − Faroes, Jan Mayen, Bear Island, Spitzbergen, Franz Josef Land, Novaya Zemlya, Vaygach Island

Asia

West border: as Europe's east border
Southwest border: Suez Canal
Included are: Severnaya Zemlya, New Siberian Island, Wrangel Island, Komandorskyie Islands, Kuril Islands, Taiwan, Philippines, Moluccas, Ceram, Aru Island, Tanimbar Island, Sunda Islands from Timor to Sumatra, Celebes, Borneo, Laccadive Islands, Maldive Islands, Andaman and Nicobar Islands, Cocos Islands, Christmas Island

Africa

Northeast border: as Asia's southwest border
Included are: Canary Islands, Cape Verde Islands, South Atlantic Islands east of 20°W. Longitude − Socotra, Seychelles, Rodriques, Mauritius, Reunion, Madagascar, New Amsterdam, Kerguelen as well as the western islands of the Indian Ocean

Australia

Included are: New Guinea, Oceania between the islands named under Asia, North and South America, Tasmania, and New Zealand

North America

Southern border: Panama Canal
Included are: St. Lawrence Island, St. Matthew Island, St. Paul Island, Aleutians, Midway, Hawaii, all islands west of Mexico and middle America, Canadian archipelago, Greenland, Newfoundland, Bahamas, Leeward Islands

South America

Northern border: Panama Canal
Included are: Galapagos Islands, Easter Island, Sala y Gomez, San Felix, Juan Fernandez Island, Curacao, Trinidad, Falkland Islands, South Atlantic islands west of 20°W. Longitude

Antarctica

Included are: Ice sheet, South Shetland Islands, South Georgia Island, South Orkney Islands, South Sandwich Islands

Arctic Ocean

Southern, Atlantic border: North coasts of Canadian archipelago, Greenland, Spitzbergen, Novaya Zemlya, Vaygach Island
Southern Pacific border: Bering Strait at 66°N

Atlantic

Northern border: as the Arctic Ocean southern borders
Western, Pacific border: Cape Horn, King George Island, Graham Land
Eastern, Indian Ocean Border: 20°E. Longitude

Indischer Ozean

Westgrenze: wie Ostgrenze Atlantik
Ostgrenze gegen Pazifik:
a) Malakkastraße – Sumatra – Java – Kleine Sunda-Inseln – Aru-Inseln – Neuguinea – Torrestraße
b) Baßstraße – Tasmanien Macquarie-Inseln – Balleny-Inseln – Kap Adare

Pazifik

Nordgrenze: wie Südgrenze Nordpolarmeer
Westgrenze wie Ostgrenze Indischer Ozean
Ostgrenze wie Westgrenze Atlantik

Im Süden der drei Ozeane ist das Schelfeis zur Antarktis (Festland), nicht zum Weltmeer gerechnet.

Indian Ocean

Western border: as eastern Atlantic border
East, Pacific border:
a) Strait of Malacca, Sumatra, Java, Small Sunda Islands, Aru Island, New Guinea, Torres Strait
b) Bass Strait, Tasmanian Macquarie Islands, Balleny Islands, Cape Adare

Pacific

Northern border: as southern Arctic Ocean border
Western border: as eastern Indian Ocean border
Eastern border: as western Atlantic border

South of the three oceans is the Antarctic ice sheet (continent), not considered part of oceans.

1. Einleitung

1. Introduction

Durch die Umweltsorgen der Gegenwart wird immer deutlicher, daß Menschheit, Zivilisation und Technisierung beschleunigt mit Entwicklungsgrenzen konfrontiert werden. Solche rühren von den natürlichen Vorräten an Rohstoffen, vom Potential an Nahrungsmittelproduktion, von der Energieerzeugung und vom Vorrat an Süßwasser her. Für die Programmierung der Zukunft müssen Angebot und Bedarf global abgewogen und Bilanzen ermittelt werden, mit deren Hilfe die Menschheits- und Weltentwicklung zu extrapolieren sind.

Present environmental concerns make it increasingly evident that mankind, civilization, and technology are rapidly being confronted with developmental limits. The limits result from natural reserves of raw materials, potential food production and energy generation, and the supply of fresh water. In systematic planning for the future, supply and demand must be considered globally, and balances ascertained, with the help of which human and world development are to be extrapolated.

1.1 Bedeutung des Wassers, der Wassermengen, des Wasserkreislaufs

Eine der wichtigsten Ressourcen der Erde ist das Wasser. Es kommt in den drei Stoffzuständen, in fester Form als Eis, in flüssiger Form als Wasser und gasförmig als Wasserdampf vor.

Das Wasser hat in nahezu allen Lebensbereichen eine entscheidende Funktion. Die Bedeutung sei nur durch einige Stichworte erläutert:

a) Wasser ist Baustoff bei der Photosynthese der Pflanzen und Bestandteil der Organismen.

b) Wasser ist Lösungsmittel, z.B. für die Bodennährstoffe.

c) Wasser ist Lebensmittel, die dampfhungrige Luft entzieht dem menschlichen Körper 1 - 2 kg Wasser täglich.

d) Wasser ist Energieträger (Nutzung als Wasserkraft, Schäden bei Hochwasser).

e) Wasser ist Transportmittel (Abwasser, Vorfluter, Schiffahrt).

f) Wasser ist wichtigster Energieregler für den Wärmehaushalt der Erde; ohne den Verdunstungsprozeß wäre das Leben auf der Erde in der jetzigen Form unmöglich.

In den humiden Gebieten der Erde ist das Wasser im Überschuß vorhanden und daher dessen Wert lange Zeit gering geschätzt worden. In den ariden Gebieten der Erde, wo es immer oder lange Perioden im Jahre an Wasser mangelt, haben die Bewohner das Wasser seit jeher als kostbares Gut betrachtet.

Über die Wassermengen, welche der Planet Erde zur Verfügung hat, informiert die Tab. 1, nach einer Abschätzung von W. MEINARDUS (1928), HOINKES (1968).

1.1 Importance of Water, Water Quantity, Water Cycle

One of the most important resources of the earth is water. It occurs in the three states of matter: in solid form as ice, as liquid water, and as water vapor.

Water has a critical function in almost all spheres of life. Its importance is illustrated by means of only a few captions:

a) Water is building material in plant photosynthesis, and a constituent of organisms.

b) Water is a solvent, e.g., for soil nutrients.

c) Water is a vital need: dry air extracts 1 - 2 kg of water daily from the human body.

d) Water is an energy carrier (utility as water power, damage in floods).

e) Water is a means of transport (waste water, drainage channels, navigation).

f) Water is the most important energy regulator in the heat budget of the earth; without evaporation, life on earth in its present form would be impossible.

In the humid areas of the earth, there is a water surplus, and so its value has been underestimated for a long time. In the arid areas of the earth where there is always, or over long periods of the year, a scarcity of water, the inhabitants have since time immemorial considered water as a precious commodity.

The quantity of water that is available to the planet earth according to an estimate by W. Meinardus (1928) and H. Hoinkes (1968) is given in Table 1.

Tabelle 1   Wassermengen der Erde in fester, flüssiger und gasförmiger Form.

	Menge (km^3)	%
Weltmeer	1 348 000 000	97.39
Polareis, Meereis, Gletscher	27 820 000	2.01
Grundwasser, Bodenfeuchte	8 062 000	0.58
Seen und Flüsse	225 000	0.02
Atmosphäre	13 000	0.001
Summe	1 384 120 000	100.00
davon Süßwasser	36 020 000 =	2.60%

Süßwasser in Prozenten von dessen Gesamtsumme

Polareis, Meereis, Gletscher	77.23	%
Grundwasser bis 800 m Tiefe	9.86	%
Grundwasser von 800 bis 4000 m Tiefe	12.35	%
Bodenfeuchte	0.17	%
Seen (süß)	0.35	%
Flüsse	0.003	%
Hydrierte Erdmineralien	0.001	%
Pflanzen, Tiere, Mensch	0.003	%
Atmosphäre	0.04	%
Summe	100.00	%

Table 1   Water Volumes of the Earth in Solid, Liquid, and Gaseous Forms.

	Volume (km^3)	%
Oceans	1 348 000 000	97.39
Polar ice caps, icebergs, glaciers	2˙27 820 000	2.01
Ground water, soil moisture	8 062 000	0.58
Lakes and rivers	225 000	0.02
Atmosphere	13 000	0.001
Sum	1 384 120 000	100.00
Fresh water	36 020 000 =	2.60%

Fresh water as a percent of its total

Polar ice caps, icebergs, glaciers	77.23	%
Ground water to 800 m depth	9.86	%
Ground water from 800 to 4000 m depth	12.35	%
Soil moisture	0.17	%
Lakes (fresh water)	0,35	%
Rivers	0.003	%
Hydrated earth minerals	0.001	%
Plants, animals, humans	0.003	%
Atmosphere	0.04	%
Sum	100.00	%

Das Gesamtvolumen des Wassers steht zum Volumen der Erdkugel (1.082 841 322 000 km^3) im Verhältnis von 1 : 777,2 = 0.00129.

Ein Teil der Wasservorräte befindet sich in stetigem Kreislauf und Aggregatswechsel, indem es von den Wasser- und Landflächen der Erde verdampft und nach Kondensation in der Atmosphäre als Niederschlag in fester oder flüssiger Form wieder zu den Erdoberflächen abgesetzt wird. Durch den Niederschlag wird das auf den Wasser- und Landflächen in Verdunstung und Abfluß aufgeteilte Wasser immer wieder als Süßwasser ersetzt. Der im Umlauf in der Atmosphäre befindliche Wasserdampf würde bei totaler Kondensation und nachfolgender Ausregnung an der Erdoberfläche nur eine Schicht von 2 - 3 cm an Wasser bilden. Aus dem Vergleich mit dem mittleren Jahresniederschlag auf der Erde (97 cm) ergibt sich die mittlere Verweildauer eines Wasserdampfmoleküls in der Atmosphäre zu zirka 10 Tagen.

Für die Menschheit und das Leben auf den Landflächen schlechthin sind die Süßwasservorräte und die Wasserumsätze im Wasserkreislauf (Verdunstung → Niederschlag → Abfluß → Verdunstung) von besonderem Interesse. Zahlenangaben zum Süßwasservorrat und dessen prozentuelle Aufteilung sind in Tab. 1 enthalten.

Es ist zu beachten, daß die Hauptmasse des Süßwassers, dessen Menge zur Gesamtmasse des Wassers der Erde im Verhältnis 1 : 38 steht, vor allem in dem Eis der Polargebiete und in den Gletschern der Hochgebirge festge-

The total volume of water as a ratio of the earth's volume (1.082 × 10^{12} km^3) is about 1:777.2 or 0.00129.

A part of the water reserve is in continuous circulation and aggregate exchange because it evaporates from water and land surfaces of the earth and, after condensation in the atmosphere, is deposited again on earth surfaces as solid or liquid precipitation. By the precipitation, the evaporation and runoff water from land and water surfaces is always replaced again as fresh water. The water vapor in circulation in the atmosphere would, with complete condensation and subsequent precipitation, form a layer of water only 2 - 3 cm deep on the earth's surface. By comparison with the mean annual precipitation on the earth (97 cm), it follows that the average "life" of a water molecule in the atmosphere is about 10 days.

For mankind and terrestrial life, fresh water supplies and exchanges in the hydrologic cycle (evaporation → precipitation → runoff → evaporation) are plainly of special interest. Numerical data with regard to the percentage distribution of fresh water supplies are given in Table 1.

It is noteworthy that the major part of the fresh water (which is 1/38 of the total mass of the earth's water) is tied up primarily in the ice of polar regions and high mountain glaciers. The usable water on the land surfaces of the earth, on which mankind and the economy and industry are dependent, constitutes only a minute fraction of the total water of the earth, and is supplied from the water cycle In the Republic of Germany in 1970, 16%

legt ist. Das gebrauchsfähige Wasser auf den Landflächen der Erde, von dem Menschheit, Wirtschaft und Technik abhängig sind, macht nur einen winzigen Bruchteil der Gesamtwasservorräte der Erde aus und wird aus dem Wasserkreislauf gespeist. In der Bundesrepublik (BRD) wurden 1970 16% des Trinkwassers aus Quellwasser, 50% aus Grundwasser und 34% aus Oberflächengewässern entnommen. Daher ist die Bilanz der Wasserumsätze die Richtgröße für die Bewertung des Rohstoffes Wassers in der Kalkulation der Zukunft.

Wohl ist es möglich, die gewaltigen Reserven des salzreichen Meerwassers nach Entsalzung für die Wasserversorgung einzusetzen, aber die hohen Kosten sowie der hohe Energieaufwand und die damit verbundene Umweltbelastung setzen dem eine Grenze.

of the drinking water was withdrawn from springs, 50% from ground water, and 34% from surface waters. Consequently, the balance of water exchanges is the appropriate parameter for the valuation of the water resources in future calculations.

No doubt it is possible to use the immense reserves of salt-rich ocean water, after desalinization, for the water supply, but the high costs, high energy requirements and associated environmental degradation limit their use.

1.2 Wasserbilanz

Der Wasserhaushalt einer Flächeneinheit der Erdoberfläche wird von den Komponenten

P = Niederschlag (Precipitation)
E = Verdunstung (Evaporation)
D = Abfluß (Discharge, Runoff)
R = Rücklage, Vorrat (Reserve) und
U = Verbrauch, Bindung (Use) gebildet.

Dem Erhaltungssatz für das Wasser genügt die Wasserbilanz

$$P = E + D + R + U,$$

die zum Ausdruck bringt, daß das vom Niederschlag der Erdoberfläche zugeführte Wasser an der Erdoberfläche in die Glieder E, D, R und U aufgeteilt wird. Hierbei kann D den Abfluß an der Bodenoberfläche oder im Boden nach Infiltration bedeuten. R ist eine zeitweise Speicherung von Wasser im Boden und U kennzeichnet die chemisch oder physikalisch gebundene Wassermenge.

Im langzeitigen Mittel kann angenommen werden, daß R und U konstant sind und deswegen die Änderungen dieser Größen für die Bilanz bedeutungslos werden. Diese kann dann zu

$$P = E + D$$

vereinfacht werden.

1.2 Water Balance

The water budget of a unit area of the earth's surface is formed from the components:

P = Precipitation
E = Evaporation
D = Discharge, Runoff
R = Reserve, Storage, and
U = Use, Consumption.

The conservation law for water satisfies the water balance

$$P = E + D + R + U,$$

which states that water added to the earth's surface by precipitation is partitioned among the components E, D, R, and U. Here D can signify surface runoff or interflow, R is a temporary storage of water in the soils, and U designates chemically or physically bound water. In the long-term average, it can be assumed that R and U are constant, and so fluctuations of these quantities become insignificant in the water balance, which can be simplified to:

$$P = E + D.$$

1.3 Definition der Weltwasserbilanz (WWB)

Für die gesamte Erde darf angenommen werden, daß deren Wasservorräte in den rezenten Zeiträumen unverändert bleiben. Die Wasserbilanz betrifft somit nur die Glieder des Wasserkreislaufes. Aus Kontinuitätsgründen kann ferner für die gesamte Erde angenommen werden, daß die Wassermenge, die von den Erdoberflächen verdunstet, so groß ist wie die Wassermenge, welche als Niederschlag auf die Erde abgesetzt wird. Für die gesamte Erde (G = global) hat somit zu gelten:

$$P_G = E_G.$$

Dies bedeutet nicht, daß die Komponenten P, E und D

1.3 Definition of the World Water Balance (WWB)

For the entire earth, it may be assumed that water reserves remain unchanged in recent times. Consequently the water balance has to do only with the components of the water cycle. Furthermore, from continuity principles it can be assumed that, for the entire earth, the quantity of water that evaporates from the surface is equal to the quantity that is replaced as precipitation. For the whole earth (G = global), therefore, it has to be true:

$$P_G = E_G.$$

This does not mean that the components, P, E, and D are

auf den Land- und Wasserflächen gleich groß sind; sie sind sogar sehr verschieden. Bezeichnet man auf den Landflächen (L) oder Meeresflächen (S) die Niederschlagsmengen mit P_L, P_S und die Verdunstungsmengen mit E_L, E_S, so ist dieser Sachverhalt durch $P_L \neq E_L$ und $P_S \neq E_S$ beschrieben. Durch die Ungleichheit kommt es zu den Wasserdampfabflüssen von den Meeresoberflächen zu den Kontinenten (D_S) und zu den Wasserabflüssen von den Landflächen zu den Meeren (D_L), d.h. zum Wasserkreislauf zwischen den Erdzonen und zwischen den Kontinenten und Ozeanen. Lediglich in den abflußlosen Gebieten der Kontinente (Z) ist für D_L = O die Bilanz durch $P_Z = E_Z$ definiert.

Eine Schematisierung des globalen Wasserkreislaufes und der Bilanz ist in der Abb. 1 gegeben.

equal on land and water surfaces; they are much different. If one estimates for land (L) or ocean (S) surfaces the quantities of precipitation P_L, P_S, and evaporation E_L, E_S, it can be shown that $P_L \neq E_L$, and $P_S \neq E_S$. The inequality causes the flux of water vapor from the ocean surfaces to the continents (D_S), and the runoff from the land surfaces to the oceans (D_L), i.e., is responsible to the circulation of water among earth zones and among continents and oceans. The balance is defined by $P_Z = E_Z$ only for internally drained regions of the continents (Z), where D_L = 0.

A schematic diagram of the global water cycle and the balance is given in Figure 1.

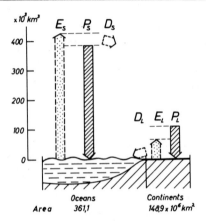

Abb. 1 Schematische Darstellung des Wasserkreislaufes der Erde.   **Figure 1.** Schematic Representation of the World Water Cycle.

Auf den Meeren verdunstet integral mehr als Niederschlag fällt. Die Differenz

$$D_S = E_S - P_S$$

wird durch den Abfluß

$$D_L = P_L - E_L$$

von den Kontinenten ersetzt, auf welchen im Mittel mehr Niederschlag fällt als dort verdunstet.

Der Begriff der Weltwasserbilanz (WWB) wird offensichtlich unterschiedlich verwendet. Dies geht am deutlichsten aus PALMEN (1967), S. 15-18, hervor. Es sind zu unterscheiden:

a) Weltwasserbilanz an der Erdoberfläche.
Hier handelt es sich um die Festlegung von Niederschlag (P) und Verdunstung (E) mit den Überschuß- und Mangelgebieten des Niederschlages, aufgebaut auf Verteilungskarten von P und E und kontrolliert durch den Abfluß (D).

b) Weltwasserbilanz der Atmosphäre.
Hier wird die Atmosphäre über einem bestimmten Gebiet der Erdoberfläche behandelt, und zwar P und E aus oder in diesem Teil der Atmosphäre und die Vorratsänderungen sowie die Wasserdampftransporte im Luftmeer in den betreffenden Teil der Atmosphäre hinein bzw. aus ihm heraus.

Over the oceans, total evaporation exceeds total precipitation. The difference

$$D_S = E_S - P_S$$

is compensated by the runoff from the continents

$$D_L = P_L - E_L$$

where, on the average, precipitation exceeds evaporation.

The world water balance (WWB) concept obviously is used in various ways. This is most clearly elaborated by Palmen (1967), p. 15 - 18. There are to be distinguished:

a) World Water Balance at the Earth's Surface
Here it is a question of the determination of precipitation (P) and evaporation (E) in regions of precipitation surpluses and deficits, based on distribution maps of P and E, and checked against runoff (D).

b) World Water Balance of the Atmosphere
Here it is a question of the atmosphere over a specific region of the earth's surface, and P and E out of or into this part of the atmosphere, and supply changes as well as water vapor transports into or out of the region in the atmosphere.

The investigation reportet here has to do with item a), excluding water transport in oceans, which is a problem in oceanography and, with regard to the quantity of water

Die hier vorliegende Untersuchung betrifft nur die Ziffer a) ohne die Wassertransporte im Weltmeer, die in den Bereich der Ozeanographie fallen und in bezug auf die transportierten Wassermengen noch weitgehend ungeklärt sind. Die Ergebnisse dieses Werkes sind aber auch eine Grundlage für die unter b) gemeinte Ermittlung der Wassermengen, die in der Atmosphäre als Wasserdampf und im Weltmeer als Meerwasser transportiert werden. Dazu bedarf es eines Übergangs von der zweidimensionalen zur dreidimensionalen Betrachtungsweise.

transported, is largely unexplained. The results of this study are, however, a basis for the determination of the water quantity (under b) which is transported as water vapor in the atmosphere and as sea water in the oceans. For that purpose, a transition from the two-dimensional to the three-dimensional approach is required.

1.4   Anlaß und Ziel der vorliegenden Untersuchung

Entsprechend der Bedeutung des Wassers haben sich Meteorologen, Klimatologen, Geographen, Ozeanographen und Hydrologen schon frühzeitig mit Untersuchungen über den Wasserhaushalt (Wassermengen, Wasserumsätze, Verteilungen auf der Erde) beschäftigt. Daher sind die Grundzüge der Weltwasserbilanz und der Wasserbilanzen von Erdteilen oder von Flußgebieten bekannt. Die beiden Verfasser haben (1970) die bisherigen Zahlen verschiedener Autoren über die Posten der Weltwasserbilanz zusammengestellt.

1.4   Purpose and Goal of the Investigation

Because of the importance of water, meteorologists, climatologists, geographers, oceanographers, and hydrologists have already in earlier times conducted investigations of the water budget (water quantity, exchanges, and distribution over the earth). From their work the characteristic features of the world water balance, and the water balances of continents and river basins, are known. The authors (1970) summarized the existing works of various authors concerning the status of the world water balance.

Tabelle 2   Wasserbilanzen der Erde nach verschiedenen Autoren seit 1960
Table 2   Water Balances of the Earth According to Authors Published Since 1960.

P = Niederschlag, E = Verdunstung, D = P − E = Abfluß
Indizes: L = Festland, S = Weltmeere, G = gesamte Erde
Flächen: Festland 148,9, Weltmeere 361,1, Erde 510,0 x 10^6 km²
P = precipitation, E = evaporation, D = P − E = runoff
Subscripts: L = land, S = ocean, G = total earth
Areas: Land 148,9, Ocean 361.1, Earth 510.0 (10^6 km²)

Verfasser *Author*	Jahr *Year*	P_L	E_L	$D_L = D_S$ x 10^3 km³	P_S	E_S	$P_G = E_G$	$P_G = E_G$ mm
1. Originalwerte der nachstehenden Autoren *1. Original values of the following authors*								
Albrecht	1960				378	411	(478)	(940)
Budyko	1963	107	61	46/48	404	452	512	1000
Mira Atlas	1964	108	72	36	412	448	520	1020
Mather	1970	106	69	37	382	419	488	955
Budyko	1970				412	455	(519)	(1020)
2. Umrechnung der Verfasser aufgrund nachstehender Autoren *2. Writers' conversions based on the following authors*								
nach [*after*] Jacobs (1951)					379	(449)		(880)
nach [*after*] Privett (1960)					428	(498)		(975)
nach [*after*] Albrecht (1960)					418	(488)		(955)
nach [*after*] Knoch (1961)					396	(506)		(990)

3. Ergebnisse der Verfasser
3. Writers' results

Verfasser *Writer*	1973	111	71	40	385	425	496	973

( ) bedeutet: Von den Verfassern sinngemäß ergänzt.
( ) means: Totaled by the writers in an obvious manner.

Dabei sind seit 1960 eine Reihe von Untersuchungen erschienen, die aufgrund neuer wissenschaftlicher Grundlagen und Vorstellungen speziell über Niederschlag und Verdunstung über den Weltmeeren eine Weiterentwicklung der bis dahin auf klassisch-klimatologischem Material beruhenden Bilanzen darstellen. An diese Ergebnisse (Tab. 2) haben wir angeknüpft. Insbesondere sind auch durch die Internationale Hydrologische Dekade (IHD), einem weltweiten Forschungsprogramm unter Führung durch die UNESCO, das Interesse an den hydrologischen Fragen geweckt und das Grundlagenmaterial erheblich verbessert oder vermehrt worden. Es lag daher nahe, eine kritische Wertung der vorhandenen Daten mit dem Ziel einer neuen Bilanzierung zu versuchen, wobei die einzelnen Haushaltsglieder (P, E, D) möglichst unabhängig voneinander zu bestimmen waren. Die Verfasser wurden durch die großzügige finanzielle Förderung seitens der Deutschen Forschungsgemeinschaft (DFG) hierzu in die Lage gesetzt.

Besonderen Anlaß zur Überarbeitung der früheren Vorstellungen gab die Erhebung von MARCINEK (1964, 1965) über die Abflußmengen von den Festländern der Erde, die er aufgrund hydrographischer Messungen auf

$$D_L = 36 \times 10^3 \, km^3/a$$

ermittelt hatte. D_L stellt eine Schlüsselgröße für den Zusammenhang von Niederschlag und Verdunstung über den Weltmeeren dar, denn es ist ja

$$E_S - P_S = D_L.$$

Der Wert D_L bietet darüber hinaus auch eine Grundlage für die Revision der Niederschlagsverteilung wie auch der Verdunstung über denjenigen Gebieten des Festlandes, die noch keine ausreichende Dichte des Netzes der Niederschlagsmessungen aufweisen. Die Arbeit wurde weiter gestützt durch Abflußdaten einzelner Flußgebiete, die von der UNESCO (1969) zusammengestellt worden sind. Ferner hatte die Weltorganisation für Meteorologie (WMO) im Rahmen der Bemühungen um einen Weltklimaatlas eine ganze Reihe neuerer Verteilungskarten des Niederschlages für einzelne Staaten und Kontinente initiiert. Hierbei sind in den nördlichen gemäßigten Breiten und im subarktischen Bereich erhebliche Korrekturen der bisherigen Vorstellungen über die Niederschlagsmengen vorgenommen worden, die notwendig waren wegen des Windeinflusses am Niederschlagsmesser, insbesondere bei Schneefall. Den Verbesserungen der Meßergebnisse konnte nur im Rahmen der Überarbeitung der Weltwasserbilanz Rechnung getragen werden. Außerdem sind bei den bisherigen Bilanzierungen oder auf den Ver-

In connection therewith, since 1960 a series of investigations have been published which (on the basis of newer scientific principles and ideas, in particular concerning precipitation and evaporation over the oceans) represent a further development of earlier balances based on classic climatological data. We began with these results (Table 2). Particularly also in connection with the International Hydrologic Decade (IHD), a worldwide research program under the leadership of UNESCO, interesting in the hydrological questions was aroused, and the basic data were considerably improved or increased. Consequently, a critical evaluation of available data was suggested for the purpose of attempting a new balancing in which the individual budget components (P, E, D) were to be determined independently as much as possible. The authors were placed in a position to do this through the generous financial support of the German Research Association (DFG).

Special inducement for revision of the earlier ideas was given by the survey of Marcinek (1964, 1965) on the runoff volume from the continents of the earth, which he determined to be

$$D_L = 36 \, (10^3) \, km^3/a$$

on the basis of hydrographic measurements. D_L represents a key value for the relationship of precipitation and evaporation over the oceans because, of course,

$$E_S - P_S = D_L.$$

The value, D_L, offers beyond that also a basis for revision of the precipitation distribution, as well as evaporation, over those regions of the continents which still have inadequate density in the network of precipitation measurements. The investigation was further supported by the runoff data of particular river basins which were compiled by UNESCO (1969). In addition, the World Meteorological Organization (WMO), in connection with efforts toward a world climate atlas, initiated a whole series of new distribution maps. During this process, important corrections of the existing notions concerning precipitation quantities in the north temperate latitudes and sub-arctic region were accomplished, which were necessary because of wind effects on precipitation gages, especially during snowfall. The adjustments of measured data can be upheld now in the scope of the revision of world water balance computations. Moreover, certain regions with insufficient observational data have not been treated in the existing balances, or in the distribution maps for P, E, or D for the entire earth. For example, high mountains, plateaus, and polar regions remain blank or,

teilungskarten für P, E oder D für die ganze Erde bestimmte Gebiete mit unzureichenden Beobachtungsgrundlagen nicht bearbeitet worden. Zum Beispiel blieben Hochgebirge, Hochflächen und die Polargebiete weiß oder durch die Wahl der Kartenprojektionen unbeachtet.

Das Ziel der Autoren war, zunächst die regionale Verteilung der Hauptkomponenten der Wasserbilanz P, E und D für die ganze Erde nach dem heutigen Stande unserer Kenntnisse in Karten darzustellen. Hierbei waren die Zusammenhänge

$$P = E + D, \quad E = P - D \text{ und } D = P - E$$

zwischen den drei Elementen an jedem Punkt der Erdoberfläche zu berücksichtigen.

Die Kartendarstellungen sollten auch die bisher ausgelassenen terrae incognitae einschließen, wobei die Zusammenhänge zwischen P, E und D, ebenso wie der Vergleich mit besser bekannten Teilen der Erde mit vergleichbaren oder reduzierbaren klimatischen Verhältnissen, die methodische Grundlage dafür bilden sollten. Schließlich sollten fehlende, möglichst genaue Karten für den Abfluß vom Festland geschaffen werden, zumal solche Karten für die angewandte Hydrologie erhebliche Bedeutung haben.

Die Verteilungskarten sollten die Grundlage bilden, um die Wassermengen und -höhen bei den drei Komponenten für die ganze Erde und darüber hinaus für die einzelnen 5°-Zonen, hierbei wieder unterteilt für das Festland und das Weltmeer sowie deren Teilgebiete, d.h. die Kontinente und Ozeane zu berechnen. Dementsprechend gliedert sich dieses Werk vorwiegend in die zwei Teile: das Kartenwerk und den statistischen Teil mit dem Tabellenwerk.

by choice of the cartographic projection, are ignored.

The purpose of the authors was above all to describe the regional distribution of the major components of the water balance, P. E. and D, for the entire earth with maps, in conformity with the present state of our knowledge. In so doing, the relationships

$$P = E + D, \quad E = P - D, \text{ and } D = P - E$$

between the three components at each point on the earth's surface were to be considered.

The maps were to include unexplored regions of the earth. The relationships between P, E and D, and comparisons with better known regions of the earth having similar climates, were used as a basis. Ultimately runoff maps were prepared with the greatest possible accuracy for these regions. Such maps are of considerable importance in applied hydrology.

The distribution maps were to be used to compute water quantities and depths of the three components for the entire earth, and by 5° zones for the continents and oceans. Consequently the study consisted of two parts, i.e., 1) map development, and 2) statistical tabulation.

2. Verteilungskarten für Niederschlag, Verdunstung und Abfluß

2. Distribution Maps of Precipitation, Evaporation, and Runoff

Der Arbeitsumfang der Weltwasserbilanz zwang von vornherein, die von den meteorologischen und hydrologischen Diensten der Länder oder anderen Autoren entworfenen Landes- oder Weltteilkarten als primäre Grundlagen zu übernehmen. Die Verfasser sind sehr dankbar für die kollegiale Hilfe, die sie von verschiedenen Seiten hierbei erhalten haben. Aus den Teilkarten wurden international übergreifende Darstellungen der Größen P, E und D gewonnen, die nunmehr durch die Bilanzbedingungen P = E + D einer Folge von kritischen Kontrollen bis zum Abgleich unterzogen wurden. Über die Problematik beim Entwurf der Verteilungskarten und über die Karteninhalte unterrichten die beiden folgenden Kapitel. Die neuen Karten sind im Kartenanhang enthalten.

The scope of the world water balance investigation forced the authors at the outset to accept state or regional maps designed by meteorological or hydrological agencies of the countries, or other authors, as a primary basis. The authors are very grateful for the help colleagueally which they have obtained from various sources. From state or regional maps, international mosaic representations of the quantities P, E, and D were obtained which, by means of the balance condition P = E + D, were subjected to a series of critical controls until balanced. The two following chapters instruct concerning problems involved in the design of the distribution maps, and the contents of the maps. The new maps are enclosed in the Appendix.

2.1   Festland der Erde

Als topographische Grundlage für die Entwürfe der Verteilungskarten, mit Ausnahme der Polargebiete, wurden Kartenblätter aus „Der Grosse Reader's Digest Weltatlas" verwendet, die weitgehende Flächentreue vermitteln. Größere Teile des Festlandes sind überwiegend im Maßstab 1 : 12,5 Mio. enthalten, aber auch Maßstäbe wie 1 : 10 Mio., 1 : 15 Mio. und 1 : 17,5 Mio. kommen vor. Die Polargebiete wurden wie das Weltmeer (siehe Ziff. 2.2) behandelt.

2.1   Land

As a topographic basis for the designs of distribution maps, with the exception of polar regions, plates from the Reader's Digest World Atlas were used which establish exceptional areal truth. Greater parts of the land are predominantly included in the scale 1:12.5 (10^6), but also scales such as 1:10 (10^6), 1:15 (10^6), and 1:17.5 (10^6) occur. The polar regions are treated as oceans (see Section 2.2).

2.1.1   Niederschlag (P_L)

Auf diese vorgenannten Atlasblätter wurden transparente Deckblätter gelegt, in welche die Isolinien des Niederschlags aufgrund vorliegender Verteilungskarten der Kontinente oder von Gebieten subkontinentalen Umfangs übertragen wurden, während auf Karten einzelner Länder oder ähnlichen Umfangs in geringerem Ausmaß zurückgegriffen wurde. Ein Quellenverzeichnis enthält Abschnitt 9. Natürlich schloß diese Übertragung eine Umgestaltung des Isolinienbildes auf eine einheitliche Auffassung in bezug auf die Detaillierung insbesondere in Abhängigkeit von der Geländegestalt ein.

Als Linien gleicher Niederschlagshöhe (= Isohyeten) wurden im allgemeinen gezeichnet: 100, 200, 300, 400, 500, 600, 800, 1000, 1200, 1400, 1600, 1800, 2000, 2250, 2500, 3000, 3500, 4000, 5000, 6000 mm, und zwar zur Verdeutlichung im Entwurf in vier verschiedenen Farben. In Trockengebieten wurden die Isolinien für 25 und 50 mm hinzugefügt. Bei größeren Abständen vorgenannter Isolinien kamen weitere Zwischenlinien fallweise hinzu. Diese dienten vor allem dazu, die spätere punktweise Auswertung genauer zu gestalten, während sie für die sachliche Aussage von geringem Wert sind. Dort, wo die

2.1.1   Precipitation (P_L)

Tracing paper was placed on the indicated Atlas plates, to which isohyets (i.e., lines of equal precipitation) were transferred according to the existing distribution maps of the continents or regions of subcontinental extent, while maps of single countries or similar areas were used at a smaller amount. A list of sources is given in Section 9. Naturally this transfer included an uniform alteration of the isohyetal picture with regard to details, especially as a function of land form.

In general, isohyets were drawn for precipitation depths of: 100, 200, 300, 400, 500, 600, 800, 1000, 1200, 1400, 1600, 1800, 2000, 2250, 2500, 3000, 4000, 5000, and 6000 mm, and in four different colors for clarity in the drawing. In arid regions, isohyets for 25 and 50 mm were added. At greater isohyetal distances, intermediate isohyets were added in some instances. These served mainly to form the later point-by-point interpretation more precisely, whereas objectively they are of little value. Where the isohyetal distances are greater, the distribution of P_L is consequently relatively uniform, and in the maps the mean value of P_L for individual stations was entered (at

Isohyeten einen größeren Abstand haben, die Verteilung von P$_L$ also verhältnismäßig gleichförmig ist, wurden in die Entwurfskarten die Mittelwerte von P$_L$ von einzelnen Stationen eingetragen, und zwar meist zwei bis drei Stationen pro 100 000 km^2 auf der Grundlage des Atlas von WALTER−LIETH (1967). Mit Hilfe dieser Ergänzungswerte war es dann möglich, die Isohyeten als Grundlage der späteren Auswertung genauer zu zeichnen und die vorerwähnten Zwischenlinien einzuschalten.

Fast für das ganze Festland liegen Verteilungskarten vor, die entweder aufgrund eines genügend dichten Beobachtungsnetzes mehr oder weniger problemlos entstanden sind, oder welche die von Fachleuten aus einem weniger dichten Netz abgeleitete wahrscheinlichste Verteilung wiedergeben. Der spätere Abgleich P − E = D gemäß Ziff. 2.1.2 bestätigte denn auch im allgemeinen die vermutlich richtige Auffassung über die Niederschlagsverteilung in den auf geringem Beobachtungsmaterial beruhenden Gebieten. Berichtigungen dieser Auffassungen waren jedoch in den folgenden Fällen notwendig:

Im subarktischen Bereich der Nordhalbkugel ergaben sich aus dem Abgleich P − E = D deutliche Hinweise darauf, daß die Niederschlagshöhen größer als herkömmlich angesetzt werden mußten (siehe Ziff. 2.1.4). Diese Auswirkung des Windeinflusses bei der Niederschlagsmessung, vor allem bei den festen Niederschlägen, trat insbesondere im Bereich der UdSSR wegen der dortigen höheren Aufstellung der Meßgeräte und des großen Schneeanteils in Erscheinung. Im übrigen subarktischen Bereich sind augenscheinlich nur geringere Korrekturen angemessen, es sei denn, man wollte weniger wahrscheinliche Werte der Verdunstung in Betracht ziehen und diese bedeutend erhöhen. Zu einer solchen modifizierten Auffassung über die Verdunstungshöhen konnten sich die Autoren jedoch nach eingehenden Vergleichen und theoretischen Überlegungen nicht entschließen (siehe auch Ziff. 7.1.1.).

Stärkerer Korrekturen bedurften ferner die Niederschlagshöhen am Ostrand des zentralasiatischen Trockengebietes, also im Quellbereich von Saluen, Mekong, Yangtse und Hoangho (LU, 1947). Den großen Abflußmengen dieser Ströme konnten wir bei plausiblen Annahmen für die Verdunstung nur durch entsprechend höhere Niederschlagsmengen gerecht werden, die im Randgebiet des SE- Monsuns auch durchaus wahrscheinlich sind.

Auch die tropischen Regengebiete warfen Probleme, wenn auch kleineren Ausmaßes, auf. Bei einem Vergleich dieser Gebiete untereinander wies E$_L$ einige Unterschiede auf, die durch Korrekturen teils bei P$_L$, teils bei E$_L$ ausgeglichen wurden.

Unsicher sind die Polargebiete, im wesentlichen also Grönland und Antarktis. Hier laufen die Vorstellungen über den Niederschlag, für den Messungen kaum vorliegen oder überhaupt möglich sind, auseinander; weil es schwierig ist, die Messungsergebnisse des Zuwachses des Inlandeises in Niederschlagswerte umzusetzen. Nähere Angaben dazu siehe unter 2.1.4.

most 2 - 3 stations per 100.000 km^2 based on the Atlas by Walter-Lieth 1967). With the help of these supplementary values, it was then possible to draw the isohyets more exactly for later evaluation, and to insert the above mentioned intermediate isohyets.

For almost all land areas distribution maps exist, which were formed either more or less without difficulty on the basis of a sufficiently dense observational network, or which reproduce the most probable distribution derived by professionals from a less dense network. The later balance P − E = D, according to Section 2.1.2, confirmed then also, generally, the probable correct interpretations of the precipitation distribution in regions depending on deficient observational data. However, corrections of these interpretations were necessary in the following instances:

In the subarctic region of the northern hemisphere, there were clear indications from the balance, P − E = D, that precipitation depths greater than usual must be applied (see Section 2.1.4). This consequence of wind effects in precipitation measurement, above all with solid precipitation, appears especially in the USSR region because of the higher placement of the gages and the greater proportion of snow. For the rest of the subarctic region, apparently smaller corrections are adequate. So one is inclined to take smaller values of the evaporation depth, which after detailed comparisons and theoretical deliberations mostly are probable. However for such a modified apprehension on the evaporation depths the authors could not decide themselves after intensive comparison and theoretical considerations. (See also Section 7.1.1).

In addition, precipitation depths on the east coast of the central Asiatic arid zone, i.e., in the source regions of the Salween, Mekong, Yangtze, and Hwang Ho require more severe corrections (Lu, 1947). We can justify the great runoff volumes of these streams, under plausible assumptions concerning evaporation, only by means of correspondingly higher precipitation quantities which are indeed, in border regions of the SE-monsoons, highly probable.

Also the tropical rainy regions pose problems, even though on a smaller scale. By comparison of these regions among one another, E$_L$ exhibits some differences which were equalized by means of corrections, partly of P$_L$ and partly of E$_L$.

The polar regions, essentially Greenland and Antarctica, are uncertain. Here descriptions of precipitation diverge because measurements scarcely exist, or are possible at all, and it is difficult to convert measurements of the increases of inland ice to precipitation values. More precise details appear in Section 2.1.4.

2.1.2   Verdunstung (E_L)

Der Entwurf der Verteilungskarten der Verdunstung beruht auf zwei methodisch unterschiedlichen Grundlagen: a) Auf Verteilungskarten der aktuellen Evapotranspiration nach THORNTHWAITE und b) auf der für einzelne Flußgebiete ermittelten Differenz Niederschlag minus Abfluß (= hydrographische Methode, siehe Ziff. 2.1.3). Erstere liefern ein relatives Verteilungsbild von E_L mit Isolinien, letztere absolute Integralwerte von E_L für einzelne Gebiete. Daneben sind nach unserem Wissen außer den stark generalisierten, für den vorliegenden Zweck nicht in Betracht kommenden Weltkarten von BUDYKO (1963) nur ganz wenige Verdunstungskarten für Teile des Festlands publiziert, oder solche Veröffentlichungen sind älteren Datums, so daß vollständig neue Entwürfe erforderlich waren.

Die Verteilungskarten wurden zunächst aus den von THORNTHWAITE usw. (1962 - 1964) berechneten Stationswerten abgeleitet. Sie liefern noch nicht die Landesverdunstung und weichen vielmehr in ihrer Größe von den hydrographisch ermittelten Werten für E_L ab, und zwar meist nach oben. Nur die hydrographisch gewonnenen Werte können aber als die Grundlage für die Bilanzierung angesehen werden. Die Karten der Evapotranspiration dienten also nur als Hilfe für die Ermittlung des Verlaufes der Isolinien, nicht für ihren tatsächlichen Wert in mm.

2.1.2.1   *Vergleich der Evapotranspiration mit der Gebietsverdunstung*

Zur Beurteilung der Verdunstungswerte nach THORNTHWAITE mögen folgende Feststellungen dienen, wobei folgende Abkürzungen verwendet werden:
Potentielle Evaporation PE,
Aktuelle Evaporation, berechnet nach THORNTHWAITE, AE_T,
Gebietsverdunstung, hydrographisch aus $P_L - D_L$ bestimmt, AE_H (= E_L).

a) Mit Annäherung an die aride Zone fallen die Werte für AE_T zu hoch aus, so daß der nach THORNTHWAITE berechnete abflußlose Bereich ($AE_T \doteq P_L$) noch erheblich in Gebiete hineinreicht, die tatsächlich einen Abfluß aufweisen.
Beispiel: Südlich der Sahara fällt $AE_T = P_L$ etwa auf die Isolinie P = 1000 mm. Tatsächlich findet aber Oberflächenabfluß noch bei P_L = 200 bis 300 mm statt.
b) Mit Annäherung an die humide Zone wird AE_T = PE. Tatsächlich aber ist AE_H kleiner als AE_T bzw. PE.
c) Mit zunehmender geographischer Breite wird PE wegen einer Überbewertung der Strahlungsdauer im Sommer in der Berechnungsformel zu hoch, so daß auch AE_T zu hoch ausfällt.
Belege für die vorstehenden Feststellungen sind in der Tab. 3 enthalten. Die Verdunstungswerte für 30° ö. L. sind hierbei aus Stationsgruppen von 4 - 14 Orten berechnet, bzw. für AE_H aus den Kartendarstellungen für E_L in diesem Werk entnommen.

2.1.2   Evaporation (E_L)

The design of distribution maps of evaporation depends on two methodically different bases: a) On distribution maps of actual evapotranspiration according to Thornthwaite, and b) on the determined difference, precipitation minus runoff, for individual river basins (= hydrographic method, see Section 2.1.3). The former provides a relative distribution picture of E_L with isolines, the latter absolute integral values of E_L for particular areas. At the same time there are, to our knowledge, only very few published evaporation maps for parts of continents (outside of the highly generalized world maps of Budyko, 1963, of no importance for the present purpose), or such publications are outdated, so that completely new models were necessary.

The distribution maps were at first derived from station values computed by Thornthwaite and others (1962-1964). The values are not actual evaporation from land, and deviate rather (usually upward) in magnitude from the hydrographically determined values for E_L. But only the hydrographically obtained values can be considered as the basis for balancing. Therefore, the evapotranspiration maps serve only as help in the determination of the course of the isolines, not for their actual value in mm.

2.1.2.1   *Comparison of Evapotranspiration with Regional Evaporation*

In the evaluation of Thornthwaite evaporation values, the following stipulations may be useful; the indicated abbreviations will be used:

Potential evaporation, PE,
Actual evaporation, computed according to Thornthwaite, AE_T,
Regional evaporation, determined hydrographically from $P_L - D_L$, AE_H (= E_L).

a) With approach to the arid zone, values for AE_T turn out too high, so that the region without runoff (AE_T = P_L) computed according to Thornthwaite extends considerably into areas which actually produce runoff.
Example: South of the Sahara, $AE_T = P_L$ falls about on the isohyet P = 1000 mm. Actually, however, surface runoff occurs even at P_L = 200 to 300 mm.
b) With approach to the humid zone, according to Thornthwaite, AE_T = PE. Actually, however, AE_H is smaller than AE_T or PE.
c) With increasing geographic latitude PE becomes too high, because of an over-estimation of the radiation duration in summer in the formula, so that AE_T also turns out too high.
Evidence for the above statements is included in Table 3. Evaporation values for 30° E Longitude are computed here from groups of stations at 4 - 14 localities or for AE_H, inferred from the maps for E_L in this report.

Tab. 3   Vergleich verschiedener Verdunstungswerte
Table 3   Comparison of Various Evaporation Values

Ort *Place*		P_L mm	PE mm	AE_T mm	$AE_H = E_L$ mm	$AE_T - AE_H$ mm	%[1]
a) Westeuropa *a) Western Europe*							
Bergen *Bergen*	60°	1960	580	580	400	180	45
Glasgow *Glasgow*	56°	945	590	590	430	160	37
Valencia *Valencia*	52°	1415	635	635	550	85	16
b) Osteuropa auf 30° ö.L. *b) Eastern Europe at 30° E. Longitude*							
	69°	380	390	350	210	140	67
	65°	550	440	410	265	145	54
	61°	580	500	465	350	115	33
	55°	590	545	510	405	105	26
	51°	530	605	510	420	90	21
	46°	380	690	380	360	20	6
c) Wie b) jedoch unter Annahme höherer Niederschläge Niederschläge um 50 mm erhöht *c) As in b), but under the assumption of higher precipitation* *Precipitation 50 mm higher*							
	69°	430		385	240	145	60
	65°	600		430	310	120	39
	61°	630		480	400	80	20
	55°	640		520	455	65	14
	51°	580		515	470	45	10
Niederschläge um 100 mm erhöht *Precipitation 100 mm higher*							
	69°	480		390	260	130	50
	65°	650		440	350	90	26
	61°	680		490	430	60	14
	55°	690		525	475	50	10
	51°	630		520	490	30	6

[1] $AE_T - AE_H$ in % von $AE_H = E_L$

[1] *$AE_T - AE_H$ as a percent of $AE_H = E_L$*

Der Tabellenteil c) wurde mit Rücksicht auf die Vorstellungen über etwaige notwendige Erhöhungen der Niederschlagswerte in den nördlichen Breiten aus dem Tabellenteil b) entwickelt. Selbst bei einem Anheben des P- Ni-

Part c) of the Table was developed from part b) in consideration of the ideas concerning contingent necessary increases of precipitation values in northern latitudes. Even with an increase of the P-level by 50 or 100 mm of

veaus um 50 oder 100 mm des Jahresniederschlags fallen die AE_T- Werte nach dem THORNTHWAITE- Verfahren in polaren Breiten in der Größenordnung der Werte bei b) aus.

2.1.2.2 Weitere Bearbeitung von E_L

Die Berechnungen und Verteilungskarten der aktuellen Evapotranspiration nach THORNTHWAITE sind trotz der vorstehend behandelten Differenzen als Hilfsmittel für die Gewinnung des Verteilungsbildes der tatsächlichen E_L nützlich oder notwendig, weil die hydrographische Methode nur Flächenintegrale von E_L für Einzugsgebiete von Flüssen liefert, die in plausibler Weise in ein Verteilungsbild aufgelöst werden müssen. Dies eben geschah u.a. mit Hilfe der Karten der Evapotranspiration, des weiteren natürlich in Anlehnung an die Orographie bzw. an den Verlauf der Isohyeten. Die letztere Ähnlichkeit resultiert daraus, daß E_L eine Halbvariante ist, die von der Strahlungsbilanz abhängt und die in wenig gegliederten Gebieten über weite Strecken wenig verändert ist. Darüber hinaus sind in zahlreichen Fällen Anhaltspunkte für die Linienführung aus Werten für E_L gewonnen worden, die nach der Methode von WUNDT (1937) aus Jahresmitteln für Niederschlag und Temperatur ermittelt wurden.

Insgesamt handelt es sich beim Entwurf von Karten für E_L mangels direkter Messungen von E_L um einen schwierigen Vorgang, dessen Probleme REICHEL (1952) und KERN (1963) näher erläutert haben. Hier soll deshalb nicht weiter darauf eingegangen werden. Jedenfalls erfordert diese Bearbeitung eine über die für ähnliche Arbeiten erheblich hinausreichende Gedankenkonzentration.

Der Schwierigkeit entsprechend genügte der erste Entwurf noch nicht der für jedes Flußgebiet gültigen Beziehung $P_L - E_L = D_L$. Erst durch nochmalige Überarbeitung im Sinne der geophysikalischen Methode der schrittweisen Annäherung an die gesuchten Größen (Iteration) wurde die Übereinstimmung erzielt. Diese Überarbeitung vollzog sich im wesentlichen durch individuelle Korrekturen an E_L für die einzelnen Flußgebiete, zum kleineren Teil auch durch allgemeine Zu- und Abschläge von höchstens 1% bei E_L und auch bei P_L für größere Gebiete.

Einen Spezialfall dieser Bearbeitung stellen die abflußlosen Gebiete dar, in denen insgesamt bzw. in Teilgebieten $E_L = P_L$ sein muß. Hier wurden die Verteilungskarten insofern generalisiert, als nicht jedem einzelnen, meist periodischen Abflußgebiet nun das entsprechende Aufzehrungsgebiet mit hohem E_L zugeordnet wurde. Vielmehr wurden nur größere Aufzehrungsgebiete als solche durch Schraffur gekennzeichnet, oft ohne daß ein Wert für E_L in den Karten angegeben ist. Bei der späteren Auswertung wurde natürlich ein so hohes E_L eingetragen, als es dem P_L des Einzugsgebietes entspricht. Ähnlich wurden auch die großen Aufzehrungsgebiete insbesondere am Nil, am Schari und am Paraguay/Parana behandelt. Alle kleineren Aufzehrungsge-

annual precipitation, the AE_T-values in polar regions (according to the Thornthwaite method) turn out in the order of magnitude of the values in b).

2.1.2.2 Further Treatment of E_L

The computations and distribution maps of actual evapotranspiration according to Thornthwaite are (in spite of the differences indicated above) useful or necessary as aids in production of the distribution charts of actual E_L, because the hydrographic method provides only areal totals of E_L for watersheds which must be analyzed in a plausible manner in a distribution chart. This was done, moreover, with the help of evapotranspiration maps and further, of course, with reference to orography or the course of the isohyets. The latter similarity results since E_L is a semivariant that depends on the radiation balance, and in homogeneous regions varies little over broad stretches; Beyond that, check points for line guidance were obtained in numerous instances from values of E_L which were determined by Wundt's (1937) method from annual precipitation and temperature means.

Altogether, the design of E_L-maps without direct measurements of E_L is a difficult process; Reichel (1952) and Kern (1963) explained the problems more precisely. Therefore no further mention will be made here. In any case this treatment necessitated considerable concentration of thought concerning problems in similar investigations.

Because of the difficulty, the first design did not satisfy the applicable relationship, $P_L - E_L = D_L$, for each river basin. Only through repeated revision, in the sense of the geophysical method of step-wise approximation of the desired quantities (iteration), was agreement obtained. This revision was accomplished essentially by means of individual adjustments of E_L for individual river basins, and to a smaller extent also by means of general additions and reductions of 1% at most for E_L, and also for P_L for larger regions.

Regions without runoff, in which totally or for parts $E_L = P_L$ must be true, present a special case in this treatment. Here the distribution maps were generalized by classifying the appropriate internal drainage by the corresponding consumption regions with high E_L (not the individual mostly periodical runoff areas). Rather only larger internal drainage areas were characterized as such by means of hatching, frequently without a value of E_L being indicated on the map. In the later evaluation, of course, an E_L corresponding to the P_L for the watershed was entered. Also the large absorbing areas, especially along the Nile, Shari, and Paraguay/Parana, were treated similarly. All smaller internal drainages were not individually separated but, in the sense of a generalization, labeled with $P_L = E_L$.

Mountains present an additional special instance of generalization. Here precipitation increases with elevation, and evaporation increases too, at first, until the temper-

biete wurden nicht eigens ausgeschieden, sondern im Sinne einer Generalisierung an jedem Punkte mit P_L = E_L angesetzt.

Einen weiteren Sonderfall der Generalisierung stellen die Gebirge dar. Mit der Höhe wachsen hier die Niederschläge und mit ihnen auch zunächst die Verdunstung an, bis sich der Temperaturrückgang in einer Abnahme der Verdunstung mit der Höhe äußert (REICHEL 1952). In Verteilungskarten von kontinentalem Umfang läßt sich dieser Sachverhalt nicht darstellen; er kann nur in großmaßstäblichen Detailkarten, am ehesten in der Geländeklimatologie, zum Ausdruck kommen. Die Folge ist, daß in vorliegenden Karten meist Integralwerte für die einzelnen Gebirge gegeben wurden. Deshalb kommen auch meist die niedrigen, überwiegend auch gar nicht mit genügender Genauigkeit zu ermittelnden Werte für E_L in großen Höhen nicht zur Darstellung.

Auf die Probleme um Werte für E_L im tropischen Regengebiet wurde bereits unter Ziff. 2.1.1 hingewiesen. Hier müssen die Werte für P_L teilweise etwas korrigiert werden, so daß sich 1400 mm als höchste Isolinie für E_L ergeben hat. Dies geht etwas über die Annahme von WUNDT (1937) hinaus, der für ein Jahresmittel der Temperatur von 25°C einen Betrag von E_L = 1250 mm ansetzt, woraus man für 27°C auf 1370 mm, für 28°C auf 1440 mm extrapolieren kann.

Als Folge der Generalisierung ist auch eine besondere Darstellung der Aufzehrungsgebiete infolge von Bewässerung unterblieben, jedoch stecken die für die Bewässerung verwendeten, also nicht zum Weltmeer fließenden Wassermengen im allgemeinen in den Verdunstungsmengen und damit in den Verteilungskarten für E_L. Sie werden für die ganze Erde auf 1.7×10^3 km^3 geschätzt. (FLOHN 1973).

2.1.3 Abfluß (D$_L$)

Auch beim Gewässerabfluß vom Festland liegen kaum mehr für unseren Zweck verwertbare Darstellungen vor, als es bei der Verdunstung erwähnt wurde. Unser Ergebnis zeigt dies übrigens für die Weltkarte von L'VOVITCH (1964) recht deutlich, der gegenüber wir ein zum Teil erheblich abweichendes Verteilungsbild gefunden haben.*)

Aufgrund der Zahlenwerte von MARCINEK (1964, 1965) ergänzt um einige Werte der UNESCO (1969), wurden die mittleren Abflußhöhen für die einzelnen Flußgebiete errechnet und bei maßstabsgerechter ausreichender Flächengröße der weiteren Bearbeitung zugrundegelegt. Einige weitere Quellen gem. Verzeichnis kamen hinzu. Natürlich wurden auch die verfügbaren Teilgebiete von Pegel zu Pegel ausgesondert, berechnet und verwendet. Damit konnte eine weitgehende Differenzierung des Zahlenmaterials und ein Maximum an Unterlagen für klimatisch, insbesondere bezüglich P unterschiedliche Teile der aufteilbaren Einzugsgebiete erreicht werden.

*) Nach Abschluß der Arbeiten erhielten die Autoren Kenntnis von dessen neuer Karte (1973), die mit unserer Darstellung im wesentlichen in Übereinstimmung ist.

ature decrease is manifest as a decrease of evaporation with elevation (Reichel, 1952). In distribution maps of continental extent, this fact cannot be presented; it can only be expressed in large-scale detailed maps, most easily in terrain climatology. The result is that, in existing maps, mostly integral values are given for individual mountains. For this reason also, usually the low values for E_L, ascertainable as a rule with totally insufficient accuracy, are not presented at higher altitudes.

In Section 2.1.1, reference was made to the problem of values for E_L in the tropical rain province.
Here the values for P_L must be partially adjusted to some extent, so that 1400 mm appears as the highest isoline for E_L. This follows somewhat from the assumption of Wundt (1937) who, for an annual mean temperature of 25°C, applied a value of E = 1250 mm, from which one can extrapolate for 27°C, 1370 mm, or for 28°C, 1440 mm.

As a consequence of the generalization, there is also omitted a particular representation of internal drainage areas resulting by irrigation. The water quantity used for irrigation, therefore not flowing to the ocean, remains generally in the evaporation term and consequently in the distribution charts for E_L. It was estimated for the entire earth at $1.7 (10^3)$ km^3 (Flohn, 1973).

2.1.3 Runoff (D$_L$)

Likewise, for our purposes, in the case of runoff from the land, as was mentioned for evaporation, hardly any usable descriptions exist. Our work shows this, moreover quite clearly for the world map of L'vovitch (1964) which, in opposition, we found in part a considerable divergent distribution picture. *)

Based on Marcinek's (1964, 1965) numerical values, supplemented by some values from UNESCO (1969), the mean runoff depths were computed for individual river basins and, for adequate scale-rectified areas, taken as a basis for the further treatment. Some additional sources were added. Of course, the available sub-watershed areas were also singled out from gage to gage, computed, and utilized. In this way a progressive differentiation of the numerical data, and maximum support for climatic differentiation (especially with reference to P for distinct parts of divisible watersheds) could be obtained.

* After conclusion of the study the authors received information concerning his new map (1973) which is essentially in agreement with our description.

Die ursprüngliche Absicht, nunmehr die Flächenintegrale für D_L analog der für E_L (Ziff. 2.1.2.2) erläuterten Methode, etwa unter Anlehnung an den Isohyetenverlauf, aufzuteilen, führte nicht zum Erfolg. Vielmehr wurden zunächst mit Hilfe von Gitternetzen die Flächenmittel des Niederschlags für jedes Einzugsgebiet und schließlich $E_L = P_L - D_L$ ermittelt. Das weitere Verfahren zur Gewinnung einer Verteilungskarte für E_L ist in Ziff. 2.1.2.2 erläutert. Nunmehr wurden für jeden Gitterpunkt (siehe Ziff. 4.1) die Differenzen $D_L = P_L - E_L$ gebildet, die Gitterpunktwerte für D_L in Kartenblätter eingetragen und erst daraus die Verteilungskarten für D_L unter Anlehnung an die Karten für P_L entwickelt.

Bei den zentralen (abflußlosen) Gebieten war es natürlich unmöglich, die einzelnen kleinen mit ständigem oder periodischem Abfluß ausgestatteten Einzugsgebiete, die am Schluß in einer Verdunstungsmulde enden, in irgendeiner Weise zu berücksichtigen. Hier weisen die Entwürfe nur einzelne Zehrgebiete mit größerem Zufluß auf, und zwar überwiegend durch Schrägschraffur symbolisiert. Genauere Abflußhöhen wurden nur in denjenigen Gebieten angegeben, welche die Flächengröße von mehr als einem Quadrat des Gitternetzes (siehe Ziff. 4.1), also mehr als rund 12 000 km² haben.

Natürlich boten die Karten für D_L ihrerseits noch einmal eine Möglichkeit der Nachkontrolle für die Karten von E_L, die jedoch in nur wenigen Fällen weitere Korrekturen wegen nicht ausreichender plausibler Übereinstimmung erforderlich machten.

Die Karten für D_L scheinen sich nach diesem Arbeitsgang als ein Nebenprodukt darzustellen, das für die Bilanzierung entbehrlich ist. Im Gegensatz zu diesem Eindruck haben sie jedoch in diesem Zusammenhang neben dem Effekt gegenseitiger Kontrollen der Verteilungskarten noch eine weitere Bedeutung. Für größere Gebiete des Festlandes liegen nämlich keine Abflußmessungen vor. MARCINEK (1964/65) macht über seine Unterlagen folgende zusammenfassende Angaben (Tab. 4). Sie gelten für das periphere Gebiet der Erde:

The original purpose then, to distribute the areal total for D_L (in analogy with the method explained for E_L in Section 2.1.2.2) somewhat in dependence on the isohyetal pattern did not lead to success. Rather, at first, with the help of a grid net the mean areal precipitation for each watershed, and finally, $E_L = P_L - D_L$ was determined. The additional procedure for obtaining a distribution chart for E_L is explained in Section 2.1.2.2. Then for each grid point the difference $D_L = P_L - E_L$ was taken, the grid-point values for D_L entered on the map page, and from it the distribution chart for D_L developed with reference to the map for P_L.

For interior regions (without runoff) it was, of course, impossible to consider in any way the individual small watersheds with regular or periodic runoff, which finally terminate in an evaporation basin. Here the sketches show only single influent areas with greater inflow, and indeed predominantly by means of diagonal hatching. More precise runoff depths were indicated only in those regions which have areas greater than one square of the grid net (see Section 4.1), i.e., greater than about · 12000 km².

Of course the maps for D_L offered once again a possibility for re-checking the E_L-charts. Nevertheless in only a few instances were additional adjustments necessary because of insufficient plausible agreement.

Following this operation, the D_L-maps appear as a by-product that is unnecessary for the balancing. In opposition to this impression, however, they have in this context, in addition to the effect of reciprocal control of the distribution charts, some further significance. For extensive land areas there are, of course, no runoff measurements. From his data, Marcinek (1964/65) summarized the following results which are valid for the peripheral land areas of the earth (Table 4):

Tabelle 4	**Anteil der Messungen und Schätzungen des Abflusses bei MARCINEK (1964/65)**

	Fläche		Wassermenge	
	10^6 km²	%	km³	%
Meßwerte	87,3	75	23605	65
Schätzwerte	30,0	25	12745	35
Zusammen	117,3	100	36350	100

Table 4	*Fraction of Measurements and Estimates of Runoff, by MARCINEK (1964/65)*

	Area		Water quantity	
	10^6 km²	%	km³	%
Measured values	87.3	75	23605	65
Estimated values	30.0	25	12745	35
Total	117.3	100	36350	100

Für ein Viertel der zum Weltmeer entwässernden Gebiete wurden also die Abflußmengen aufgrund von Vergleichsgebieten von MARCINEK geschätzt, und zwar aufgrund des Abflußverhältnisses anderer, möglichst, aber doch nicht immer benachbarter Flußgebiete eines

For one-fourth of the land area drained to the ocean, therefore, the runoff quantity was estimated by Marcinek on the basis of comparable regions, that is, based on runoff relations for other, insofar as possible adjacent river basins with similar climates. The requisite conditions

möglichst gleichartigen Klimagebietes. Nicht immer waren diese Vorbedingungen optimal zu erfüllen.

Da diese Gebiete ohne Messungen mehr in niederschlags- bzw. abflußreiche Bereiche fallen, beträgt die Schätzung der Wassermenge aus diesen Gebieten ungefähr 35% des Gesamtabflusses zum Meere. Bei diesem unvermeidbar hohen Anteil der Schätzwerte kommt es natürlich erheblich auf die Methode der Schätzung an.

Wir haben dagegen diese Lücken aufgrund unserer Verteilungskarten für P_L und E_L schließen können, indem der Entwurf von E_L über die Lücken hinweg nach den allgemeinen Gesetzen für die Verteilung von E_L gefertigt wurde und daraus unmittelbar $D_L = P_L - E_L$ für jeden Gitterpunkt und damit für jede Lücke im Material für D_L abgeleitet wurde. Auf diesem Verfahren beruht, daß unser Wert für D_L mit $39.7 \times 10^3 km^3$ bei fast gleichem Quellenmaterial aus dem Arbeitsverfahren heraus anders ausgefallen ist als bei MARCINEK mit $36.4 \times 10^3 km^3$. Die Differenz von 3300 km³ erklärt sich

a) aus unserem um 800 km³ höheren D_L für die Antarktis,

b) aus höheren Werten für P_L in einer Reihe von einzelnen Gebieten und dem daraus resultierenden höheren D_L. So sind z.B. in Chile südlich 40° die P- Mengen nach unseren Annahmen wesentlich höher und ergeben einen Abflußfaktor von 85% statt 50% bei MARCINEK. Aus dessen 17000 m³/sec Abfluß ≡ 540 km³/a ergibt sich ein Mehr von 420 km³.

c) aus der in unserer kartographischen Methode liegenden Möglichkeit, unbekannten Abfluß genauer mit Hilfe der Verteilungskarten für P_L und E_L zu ermitteln als mittels des Abflußverhältnisses $D_L : P_L$ aus weiter entfernt liegenden Stromgebieten, wie ein Teil der Lücken bei MARCINEK geschlossen wurde.

d) In Verbindung mit b) aus den neueren Meßwerten für Amazonas und Orinoco gem. MARCINEK (1965) (Ziff. 2.1.4) und den daraus sich ergebenden Folgerungen für den Wasserhaushalt in den Tropen, die schließlich in dem Globalwert für D_L ein hohes Gewicht haben. Hierzu gehört z.B.

aa) das Amazonasgebiet, in dem wir mit HENNING (1970) einen Abfluß von 190 000 annehmen (MARCINEK 180 000 m³/sec.). Das ergibt 320 km³ mehr.

bb) die Rückwirkung der im Amazonas/Orinocogebiet festgestellten Verdoppelung des Abflusses gegenüber MARCINEK (1964) auf weitere Tropengebiete mit einem Mehr von etwa 920 km³.

could not always be completely satisfied.

Since these watersheds without measurements occur more in regions with high precipitation and runoff, the runoff estimate for these areas amounts to 35% of the total runoff to the oceans. With this unavoidable high proportion of estimated values, the method of evaluation is naturally of considerable importance.

We have been able to close these gaps based on our distribution maps for P_L and E_L, since the E_L-sketch over the gaps was prepared according to the general laws for the distribution of E_L, and therefrom $D_L = P_L - E_L$ was derived directly for each grid point and, consequently, for each D_L-data gap. Our value for D_L, i.e., 39.7 (10^3) km³, with this method and virtually the same original data, turns out differently depending on the procedure; e.g., according to Marcinek, $D_L = 36.4$ (10^3) km³. The difference, 3300 km³, is explained by:

a) our 800 km³ higher D_L for Antarctica,

b) our higher value for P_L in a series of individual areas, and the resultant higher values of D_L. So, e.g., at 40° South in Chile, the P-values are significantly higher, according to our assumptions, and produce a runoff factor of 85% in place of Marcinek's 50%. Of these 17000 m³/sec, runoff ≡ 540 km³/a, there is an excess of 420 km³.

c) the possibility, in our cartographic method, to more accurately determine the unknown runoff from more remote stream basins with the help of P_L and E_L distribution maps (than with mean $D_L : P_L$ runoff relations), so that a part of the Marcinek data-gaps were closed.

d) --in connection with b) --the more recent data for the Amazon and Orinoco (Marcinek, 1965; Section 2.1.4), and inferences drawn from the water budget of the tropics, which ultimately weigh heavily in the global value for D_L. Appertaining thereto, e.g.,

aa) the Amazon basin in which, along with Henning (1970), we assume a runoff rate of 190,000 m³/sec, or 320 m³ more than Marcinek (180,000 m³/sec),

bb) the established doubling of the Amazon/Orinoco runoff, as opposed to Marcinek's (1964) or broader tropical regions with an excess of 920 km³.

2.1.4 Bemerkungen zu einigen Problemgebieten

2.1.4.1 Grönland

Dem Entwurf der Niederschlagskarte wurde die von der UNESCO (1970) veröffentlichte sehr genaue Darstellung zugrundegelegt.

Für den Abfluß D_L von Grönland liegen mehrere Schätzungen vor: L'VOVITCH gibt nach MARCINEK (1964) 180 mm an, VOWINKEL/ORVIG (1970) 170 mm.

2.1.4 Remarks Concerning Some Problem Areas

2.1.4.1 Greenland

Design of the isohyetal maps was based on the very precise description published by UNESCO (1970).

There are several estimates of the runoff D_L for Greenland: L'vovitch gives, according to Marcinek (1964), 180 mm, Vowinkel/Orvig, (1970), 170 mm. After balancing with evaporation, we consider the first value to

Nach Abstimmung mit der Verdunstung halten wir ersteren Wert für den richtigeren.

Aus P_L = 260 mm und D_L = 180 mm ergibt sich E_L = 80 mm. Die Aufteilung der Flächenmittel ergibt für D_L und E_L eine vernünftige Linienführung.

2.1.4.2 Kanadischer Archipel

Nach der Karte für P_L hat der Archipel einen mittleren P_L- Wert von 180 mm. Näheres zur Beurteilung dieses Wertes ergibt sich aus Ziff. 7.1.1.1. Von MARCINEK (1964) wird D_L auf 174 km^3, entsprechend 134 mm geschätzt. E_L beläuft sich also auf 46 mm.

Als Vergleichsgebiete bieten sich der Mackenzie und die nordsibirischen Flußgebiete Yana und Alazaya aufgrund hydrographischer Messungen, ferner Nordfinnland aufgrund der Karten von HELIMÄKI/SOLANTIE (1973) an. Mit Hilfe der Nomogramme von WUNDT (1937) kann man diese Beobachtungen mit den Mittelwerten von P_L und t (Lufttemperatur) des Archipels vergleichbar machen. Das Ergebnis ist in der Tab. 5 veranschaulicht.

be more nearly correct.

From P_L = 260 mm, and D_L = 180 mm, it follows that E_L = 80 mm. The distribution of the D_L and E_L areal means shows a reasonably linear behavior.

2.1.4.2 Canadian Archipelago

According to the isohyetal map, the archipelago has a mean P_L-value of 180 mm. Particulars concerning the estimation of this value are given in Section 7.1.1.1. By Marcinek (1964), D_L was estimated at 174 km^3 corresponding to 134 mm. So, E_L amounts to 46 mm.

Comparable areas are the Mackenzie and the north Siberian river basins, Yana and Alazaya, based on hydrographic measurements, and also north Finland based on the Helimaki/Solantie (1973) maps. With the help of Wundt's (1937) nomogram, one can make these observations comparable with the mean values of P_L and t (air temperature) of the archipelago. The result is made clear in Table 5.

Tabelle 5 Vergleichswerte für P_L, E_L und D_L sowie deren Reduktion für den Kanadischen Archipel

Table 5 *Comparative Values for P_L, E_L and D_L and their Reduction for the Canadian Archipelago*

Gebiet	t °C	P mm	E mm	D mm
Mackenzie	-10°	250	170	80
umgerechnet (t = -15°C)	-15°	250	140	110
umgerechnet (P = 180 mm)	-15°	180	**120**	**60**
Yana/Alazaya	-15°	250	80	170
umgerechnet (P = 180 mm)	-15°	180	**70**	**110**
Nordfinnland	- 2°	500	175	325
umger. (t= -15°C, P=250 mm)	-15°	250	120	130
umgerechnet (P = 180 mm)	-15°	180	**100**	**80**
Mittel (3)	-15°	180	95	85
MARCINEK (1964)	-16°	180	45	135
Mittel		180	**70**	**110**

Region	t °C	P mm	E mm	D mm
Mackenzie	-10°	250	170	80
reduced (t = -15°C)	-15°	250	140	110
reduced (P = 180 mm)	-15°	180	**120**	**60**
Yana/Alazaya	-15°	250	80	170
reduced (P = 180 mm)	-15°	180	**70**	**110**
North Finland	- 2°	500	175	325
reduced (t= -15°C, P=250 mm)	-15°	250	120	130
reduced (P = 180 mm)	-15°	180	**100**	**80**
Mean (3)	-15°	180	95	85
MARCINEK (1964)	-16°	180	45	135
Mean		180	**70**	**110**

Es zeigt sich, daß die Ergebnisse dann für E_L und D_L um je 50 mm differieren, also nicht recht befriedigen. Dies ist eine Folge der Unsicherheit aller hier verwendeten Schätzungen und Umrechnungen. Wenn man nur für den Archipel das Mittel aus den nach MARCINEK geschätzten und den vorstehend berechneten Werten gleichgewichtig zugrundelegt, ergeben sich E_L = **70** und D_L = **110 mm** in Übereinstimmung mit dem nordsibirischen Wertepaar. D_L ergäbe sich dann zu 142 (statt 174) km^3, ein in der Globalbilanz unerheblicher Differenzbetrag.

2.1.4.3 Antarktis

Grundlage für die Darstellung von P_L, E_L und D_L ist die

It appears then that the results for E_L and D_L differ each time by about 50 mm and are not very satisfactory. This is a result of the uncertainty of all the estimates and conversions used here. So if one takes, on balance, as a basis for the archipelago the mean of Marcinek's estimates, and the values computed above, it follows that E_L = **70** and D_L = **110 mm** are in agreement with the pair of values for north Siberia. Then it follows that D_L is 142 (instead of 174) km^3 resulting in an insignificant total difference in the global balance.

2.1.4.3 Antarctica

Basis for the description of P_L, E_L and D_L is the accu-

Akkumulation A, welche die Schneedecke pro Jahr erfährt. Für den stationären Fall konstanter Eisdicke gilt dann $D_L = A$ und $P_L = A + E_L$.

Für die Akkumulation liegen verschiedene Schätzungen vor. RUBIN (1964) und GIOVINETTO (1968) sowie die nordamerikanischen Forscher kommen auf $P_L = 185$ mm, so daß bei $E_L = 15$ mm, $A = D_L = 170$ mm wird. SCHWERDTFEGER (1970) schätzt nach GIOVINETTO und anderen $A = D_L = 140$ mm.

LOEWE (1968) nimmt den gesamten Abtrag vom Inlandeis mit 95 mm an. MARCINEK (1964) teilt diesen Wert in $E_L = 12$ mm und $D_L = 83$ mm auf.

L'VOVIC schätzte nach MARCINEK (1964) P_L auf 100 bis 110 mm, D_L auf 90 mm, E_L somit 10 bis 20 mm.

Wir haben die niedrigeren Werte vernachlässigt und die höheren neueren Werte zugrundgelegt, indem wir die Flächenmittel der Antarktis für $A = D_L = 140$ mm, $E_L = 30$ mm und $P_L = 170$ mm ansetzen. Bei einer Fläche von $14.1 \times 10^6 \text{km}^2$ wird damit unser D_L um 800 km^3 höher als bei MARCINEK. Unsere höheren Werte für P_L resultieren insbesondere aus neuen Annahmen über die Randzone des Kontinents in Anlehnung an SCHWERDTFEGER (1970) auf der Grundlage von neueren Zuwachsmessungen vom Kontinent sowie auf entsprechend höheren Werten von E_L in der Randzone.

2.1.4.4 *Arktis und Subarktis*

Auf Ziff. 7.1.1.1 wird hingewiesen.

2.1.4.5 *Amazonas und Orinoco*

Für die Beurteilung des Wasserhaushalts in den Tropen hat das riesige Einzugsgebiet des Amazonas eine besondere Bedeutung. Die einzige exakte Grundlage für den mittleren Abfluß bieten die neueren Beobachtungsergebnisse beim Pegel Obidos mit 157 000 m^3/sec. (MARCINEK, 1965) aus einem Einzugsgebiet von $F = 5\,010\,000$ km^2, also $D_L = 985$ mm. HENNING (1970) schätzt auf dieser Grundlage für das ganze Amazonasgebiet einschl. Tocantins den mittleren Abfluß auf 190 000 m^3/sec., d.h. $D_L = 835$ mm bei $F = 7\,180\,000$ km^2.

Für das Gebiet bis Obidos ist $P_L = 2170$ mm, also $E_L = P_L - D_L = 1185$ mm. Auf diesem Wert haben wir die Verteilungskarten für E_L und später D_L aufgebaut und dann das Restgebiet des Amazonas ($F = 2\,170\,000$ km^2) sowie die Nachbargebiete analog entwickelt. Dabei wirken sich die neueren Werte auch auf die angrenzenden, durch Messungen nicht erfaßten Flußgebiete aus.

Diese Ergebnisse werden durch neue Überlegungen vom benachbarten Orinoco gestützt. Hier liegt laut MARCI–NEK (1965) eine Schätzung von 28000 bis 29000 m^3/ sec. für das Einzugsgebiet von 1 086 000 km^2 vor. Aus ersterem Wert ergibt sich $D_L = 815$ mm. Für das Orinocogebiet ist nun $P_L = 2080$ mm und daher $E_L = 1265$ mm. Für $D_L = 845$ mm ergibt sich $E_L = 1235$ mm, ein

mulation A that the snow cover undergoes. In the stationary case of constant ice mass it is true, then that $D_L = A$ and $P_L = A + E_L$.

Various estimates of the accumulation exist. Rubin (1964) and Giovinetto (1968), as well as North American investigators arrive at $P_L = 185$ mm, so that for $E_L = 15$ mm, $A = D_L = 170$ mm. Schwerdtfeger (1970) estimated, according to Giovinetto and others, that $A = D_L = 140$ mm.

Loewe (1968) assumed total ablation of inland ice to be 95 mm. Marcinek (1964) allotted, of this value, $E_L = 12$ mm and $D_L = 83$ mm.

L'vovitch estimated, according to Marcinek (1964): P_L from 100 to 110 mm, $D_L = 90$ mm and, consequently, E_L from 10 to 20 mm.

We have disregarded the lower values and taken the higher, more recent, values as a basis, in that we apply the areal means, $A = D_L = 140$ mm, $E_L = 30$ mm, and $P_L = 170$ mm for Antarctica. For an area of $14.1\,(10^6)$ km^2, our D_L becomes 800 km^3 higher than Marcinek's. Our higher value for P_L results especially from new assumptions concerning the continent's marginal zone (with reference to Schwerdtfeger, 1970), on the basis of more recent growth measurements of the continent as well as corresponding higher E_L-values at the border zone.

2.1.4.4 *Arctic and Sub-arctic*

To be referred to in Section 7.1.1.1.

2.1.4.5 *Amazon and Orinoco*

The gigantic Amazon river basin has a special importance in the evaluation of the water budget of the tropics. More recent observational data at the Obidos gage offer the only exact basis for the mean runoff: 157,000 m^3/sec (Marcinek, 1965) from a watershed of $F = 5,010,000$ km^2, so that $D_L = 985$ mm. Henning (1970) estimated on this basis, for the entire Amazon basin including Tocantins, a mean runoff of 190,000 m^3/sec, i.e., $D_L = 835$ mm for $F = 7,180,000$ km^2.

For the area above Obidos, $P_L = 2170$ mm, so that $E_L = P_L - D_L = 1185$ mm. We based the distribution maps for E_L, and later D_L, on this value, and then displayed the remainder of the Amazon region ($F = 2,170,000$ km^2) as well as neighboring regions in a similar manner. The new values also affect the adjacent river basins, not comprehended by means of measurements.

These results were supported by new deliberations for the adjacent Orinoco. Here, in accordance with Marcinek (1965), the estimate under consideration is from 28000 to 29000 m^3/sec for the watershed of 1,086,000 km^2. From the former value it follows that $D_L = 815$ mm. Now for the Orinoco basin, $P_L = 2080$ mm, and consequently $E_L = 1265$ mm. For $D_L = 845$ mm is $E_L = 1235$ mm, a value that agrees better with the above value for the Amazon.

Wert, mit dem obiger Wert für den Amazonas besser übereinstimmt.

Sicher ist jedenfalls, daß diese neuen Werte für die beiden Ströme besser als die alten Werte von 110 000 m³/sec = 485 mm und 14000 m³ = 405 mm passen, da sich aus letzteren zu hohe Werte für E_L = 1685 bzw. 1675 mm ergeben würden; diese sind für diese Stromgebiete als ganzes, also einschließlich ihrer kühleren Gebirgsanteile und ihrer trockeneren Gebiete, nicht vorstellbar. Nach WUNDT (1937) kommen wir bei einer Mitteltemperatur von 25°C auf E_L = 1250 mm. Auch dazu passen die neuen Werte besser.

2.2   Weltmeer

Während für die Darstellung der Verteilung von Niederschlag und Verdunstung über dem Festland insgesamt ausreichende Messungen vorliegen, und zwar für den Niederschlag unmittelbar, für die Verdunstung mittelbar über Niederschlag und Abfluß, sind die Beobachtungsgrundlagen für das Meer dürftig und ungenau. Beim Niederschlag sind sie dürftig wegen der unzureichenden Dichte des Beobachtungsnetzes, ungenau wegen der Meßfehler auf fahrenden Schiffen wie auch auf den Wetterschiffen und wegen der strittigen Umrechnungsfaktoren der Häufigkeiten auf die Niederschlagsmengen. Auch können Meßwerte von Inseln wegen des dort gegebenen Geländeeinflusses nur mit Vorbehalten oder Umrechnungen – soweit überhaupt möglich – auf das freie ebene Meer übertragen werden. Bei der Verdunstung mangelt es bei beiden Methoden der Berechnung – aus dem Austausch in der Grenzschicht Meer/Luft und aus der Strahlungsbilanz – an der Sicherheit der Konstanten in den diesbezüglichen Formeln für die Berechnung aus klimatologischen Mittelwerten oder aus meteorologischen Einzelbeobachtungen. Aber die beiden Berechnungsmethoden stellen voneinander unabhängige Wege dar, die Verdunstung quantitativ zu erfassen,und sind damit einer abwägenden Näherungsbetrachtung zugänglich. JACOBS (1968) hat das Problem der unzureichenden Beobachtungsgrundlagen ebenfalls im obigen Sinne angeschnitten.

Entsprechend der von uns praktizierten geophysikalischen Näherungsmethode haben wir die Gesamtmengen für P_S und E_S jeweils für sich zu fixieren gesucht. Dabei wurden für jedes der beiden Elemente drei Ermittlungen zugrundegelegt: Für den Niederschlag ALBRECHT (1960), KNOCH (1961) sowie DROSDOW (Mira- Atlas 1964), für die Verdunstung ALBRECHT (1960 und von uns berichtigt), BUDYKO (1970) sowie JACOBS (1951) für die Nordozeane und PRIVETT (1959/60) für die Südozeane. Bei der Bewertung der in sich nicht voll übereinstimmenden Ergebnisse für P_S und E_S gaben wir am Ende dem Rechenergebnis für E_S den Vorrang innerhalb des notwendigen Ausgleichs zu $P_S - E_S = -D_L$. Für unsere Bewertung in Ziff. 2.2.2.6 war maßgeblich, daß nach den Untersuchungen von ALBRECHT (1960) der für die Verdunstung über dem Meere gefundene Wert doch auf einer etwas besser gesicherten Basis steht als die Nieder-

In any case it is certain that these new values for both rivers fit better than the older values of 110,000 m³/sec = 485 mm and 14000 m³/sec = 405 mm, since the latter would yield values too high for E_L = 1685 or 1675 mm; these values for the entire river basins, including their cool mountain sections and dry regions, are not conceivable. According to Wundt(1937), for a mean temperature of 25°C we get E_L = 1250 mm, and the new values also agree better with this figure.

2.2   Oceans

While for the presentation of precipitation and evaporation distribution on land completely adequate measurements (direct for precipitation, indirect by way of precipitation and runoff for evaporation) exist, the observational bases for the oceans are scanty and imprecise. For precipitation they are scanty because of inadequate density of the precipitation network, imprecise on account of measurement errors on moving ships, even on meteorological vessels and because of the questionable conversion factors of frequencies to precipitation amounts. Also, island measurements can be applied to the open plane sea, if at all possible, only with reservation or conversions to account for island terrain influences. For evaporation there is, in both methods of computation (sea-air boundary layer exchange, and radiation balance), a lack of certainty in the constants of the related formulas for calculations from climatological means or instantaneous meteorological observations. But the two computational methods present separate independent ways to comprehend evaporation quantitatively, and are therewith susceptible to a balanced approximate view. Jacobs (1968), likewise in the above sense, raised the question of insufficient observational data.

Following our practical geophysical method of approximation, we tried to establish total values for P_S and E_S separately. In so doing, three determinations were taken as a basis for each of the two components: For precipitation, Albrecht (1960), Knoch (1961), and Drosdow (Mira-Atlas, 1964); for evaporation, Albrecht (1960, and corrected by us), Budyko (1970), as well as Jacobs (1951) for northern oceans and Privett (1959/60) for the southern oceans. For the estimates that did not give entirely comfortable results, in themselves, for P_S and E_S, we finally gave precedence to the calculated result for E_S in the requisite balance, $P_S - E_S = -D_L$. For our evaluation in Section 2.2.2.6, it was the rule that, since according to Albrecht's (1960) investigations the ascertained value of ocean evaporation was more reliable than the precipitation value, all the former precipitation conversion factors must be viewed as speculative.

Specifically, we obtained (Section 2.2.2.6) as basic values: P_S = 385 (10^3) km³, E_S = 425 (10^3) km³.
In the following discussion, the obtainment of the basic values as well as composition of the distribution maps

schlagsmenge, bei der alle bisherigen Umrechnungsfaktoren der Niederschlagsmessungen als Spekulationen angesehen werden müssen.

Im einzelnen erhielten wir gem. Ziff. 2.2.2.6 als Basiswerte: $P_S = 385 \times 10^3 \text{km}^3$, $E_S = 425 \times 10^3 \text{km}^3$. Im folgenden soll die Gewinnung der Basiswerte sowie die Ausarbeitung der Verteilungskarten für P$_S$ und E$_S$ auf dieser Grundlage näher erläutert werden.

Als topographische Grundlage der Entwürfe für das Weltmeer (und die Polargebiete) wurden die flächentreuen Kartenblätter aus „Meyers Neuer Geographischer Handatlas" im Maßstab 1 : 25 Mio. verwendet.

for P$_S$ and E$_S$ on this basis will be explained in greater detail.

As topographic basis of the designs, for the oceans and for the polar regions, the area-true illustrations from "Meyer's Revised Geographic Atlas" with scale $1:25(10^6)$ were used.

2.2.1   Niederschlag (P$_S$)

Wie unter Ziff. 2.2 dargelegt, wurde dem Entwurf der Karte für P$_S$ eine Niederschlagsmenge von rund $385 \times 10^3 \text{km}^3$ pro Jahr zugrundegelegt. Sie stützt sich auf den von ALBRECHT (1960) aus Messungen, aus Wärmehaushaltsbetrachtungen und im Zusammenhang mit E$_S$ ermittelten Wert; in diesen Untersuchungen sind die Reduktion der Inselwerte auf das offene Meer und die Annahmen über die Albedo der Erde unsicher. KNOCH (1961) und DROSDOW (1964) bearbeiteten P$_S$ für sich aufgrund der Messungsergebnisse. Der von uns roh ermittelte Wert nach KNOCH ist um 3% höher, weil wahrscheinlich die Niederschlagshöhen in den Tropen von diesem Verfasser etwas zu hoch angenommen sind, wie eine Analyse der zahlreichen Meßwerte insbesondere vom Pazifik ergibt. Er stützt aber nach dieser Erläuterung als selbständiger Entwurf die obige Auffassung über P$_S$ und damit auch E$_S$. Die Ursache für den wesentlich höheren Wert von DROSDOW (1964), dessen Quellen uns nicht zugänglich sind, läßt sich vorerst nicht klären. Auch die von BUDYKO (1963) zitierte Weltkarte von SCHAROWA steht uns nicht zur Verfügung.

Für die Führung der Isolinien griffen wir auf die vorliegenden Niederschlagskarten von ALBRECHT, KNOCH und DROSDOW zurück. Diese Karten wurden einzeln nach Schnittpunkten des 10°- Netzes der Breiten- und Längenkreise zwischen 70° N und 60° S roh ausgewertet. Aus den Mittelwerten für die 10°-Breitenkreise ergaben sich dann als Mittel aus je zwei benachbarten 10°-Breitenkreisen, multipliziert mit der Fläche der betreffenden 10°-Breitenzonen, die Niederschlagsmengen für diese Zonen, getrennt für die drei Ozeane. Die Summe führte zu $P_S = 377$ (ALBRECHT), 407 (DROSDOW) und $396 \times 10^3 \text{km}^3$ (KNOCH). Nach Umrechnung der Mittel der Breitenzonen auf den Wert gem. Ziff. 2.2.2.6 von $385 \times 10^3 \text{km}^3$ wurden rückwärts wieder die Mittelwerte der Breitenkreise für die einzelnen Ozeane und daraus neue Werte für die o.a. Schnittpunkte errechnet, und zwar einzeln für die aus KNOCH und DROSDOW entnommenen Gitterpunktwerte. Diese Punktwerte bilden das Gerüst für den Entwurf unserer Niederschlagskarte. Außerdem wurden alle verfügbaren Inselwerte sowie die Mittelwerte für die Wetterschiffe eingetragen. Die Werte aus ALBRECHT wurden nicht rückgerechnet, weil die erste

2.2.1   Precipitation (P$_S$)

As explained in Section 2.2, design of the maps for P$_S$ was based on a value of about $385 (10^3) \text{ km}^3$ per year. They are based on Albrecht's (1960) measurements, energy budget considerations, and the value determined in connection with E$_S$; in his investigation the reduction of island-values to the open sea, and assumptions concerning the albedo of the earth, are uncertain. Knoch (1961) and Drosdow (1964) revised P$_S$ as a separate matter based on observed data.

Our unrevised value, in conformity with Knoch, is about 3% higher since probably the writer's precipitation depths in the tropics are assumed somewhat too high--as analysis of numerous data, especially from the Pacific, shows. But it supports, according to this explanation, independent insertion of the above conception of P$_S$ and thereby also of E$_S$. The reason for the materially higher value of Drosdow (1964), whose sources are not accessible to us, cannot be settled for the time being. Also Scharowa's world map cited by Budyko (1963) is not at our disposal.

For guiding the isolines, we referred to the existing precipitation charts of Albrecht, Knoch, and Drosdow. These maps were evaluated roughly, and individually, from intersection points of the 10°-network of latitude and longitude circles between 70°N and 60°S. From mean values for 10°-latitude circles, the mean for 10°-latitude zones multiplied by their respective areas, yielded the precipitation quantity for these zones, separately for the three oceans. The sum leads to $P_S = 377$ (Albrecht), 407 (Drosdow), and $396 (10^3) \text{ km}^3$ (Knoch). After conversion of the latitude zone means based on the value of $385 (10^3) \text{ km}^3$, the latitude-circle means for individual oceans and new values for the intersection points were computed--separately for the grid point values taken from Knoch and Drosdow. These point values form the framework for the design of our precipitation map. In addition, all available island values, as well as mean values from meteorological vessels were introduced. Albrecht's values were not recomputed; since the first grid point values at the given scale and projection were quite rough, but adequate for the determination of areal means as an adjustment. Recomputed individual values could not be considered accurate enough.

Entnahme der Schnittpunktwerte bei dem gegebenen Maßstab und der Projektion recht überschlägig, aber für die Ermittlung von Flächenmitteln als Korrektur ausreichend war, während rückgerechnete Einzelwerte nicht als genügend genau angesehen werden konnten.

Zu dem vorstehenden Absatz muß noch erläutert werden, daß das Mittel der drei oben angeführten Autoren (in unserer Rohauswertung 393, in der genaueren Planimetrierung $395 \times 10^3 km^3$) nicht weiter verwendet wurde, weil wir gemäß Ziffer 2.2 die Verdunstung von $425 \times 10^3 km^3$ als besser gesichert angesehen haben gegenüber einem Niederschlag von $395 \times 10^3 km^3$ und weil wir dem — gegenüber früheren Ermittlungen höheren — Abflußwert von $40 \times 10^3 km^3$ Rechnung tragen mußten. In den beschriebenen Verfahren wurden die Breiten nördlich 70° N und südlich 60° S nicht erfaßt, die jedoch wegen des kleinen Flächenanteils (9% des Weltmeers) und der geringeren Niederschlagsmengen (0,4% der Summe für das Weltmeer) ein geringes Gewicht in der Bilanz haben; das Verteilungsbild wurde hier unmittelbar aus den Quellen unter Berücksichtigung der allgemeinen Tendenz bei den einzelnen Verfassern abgeleitet.

Die Übereinstimmung der erwähnten Punktwerte (Schnittpunkte der 10°- Breiten- und Längenkreise) aus den oben erläuterten Rechnungen war überwiegend gut oder befriedigend, und zwar zu 75% mit einer Differenz bis 10% des Betrages. Bei größeren Unterschieden wurden für den Entwurf des Verteilungsbildes weitere Überlegungen angestellt.

Hierfür griffen wir unter anderem auch auf die Weltkarten von GEIGER (1965) über die jährliche Sonnenstrahlung, über die Wärmetransporte durch Meeresströmungen, über Luftdruck und Wind, über die Bewölkung und über die mittlere Lufttemperatur zurück. Wenngleich auch diese Karten über den Meeresräumen viel Subjektives enthalten müssen, so läßt sich doch auf der Kongruenz der verschieden abgeleiteten Einzelfaktoren eine gewisse kritische Würdigung zwischen Wahrscheinlichem und Unwahrscheinlichem erzielen. Hinzu kamen natürlich auch die makroskaligen Einsichten aufgrund der Strahlungs- und Bewölkungskarten, die neuerdings aus den Satellitenbeobachtungen durch RASCHKE-BANDEEN (1970), VON DER HAAR-SUOMI (1971) und MILLER-FEDDES (1971) abgeleitet wurden.

Auch das allgemeine Verteilungsbild nach ALBRECHT (1960) legten wir von Fall zu Fall zugrunde. Insgesamt glauben wir mit diesem Vorgehen die Erfahrungen bewährter Autoren ebenso zur Geltung gebracht zu haben wie die Elemente einer neueren physikalischen Betrachtungsweise.

Für die durch dieses Vorgehen in das Gerüst der 10°-Gitterpunkte eingehenden Modifikationen stellte sich dann bei der Auswertung heraus, daß sie sich gegenseitig kompensierten, ohne daß wir beim Entwurf eine solche Kompensation ausdrücklich angestrebt oder bewußt verfolgt hätten. Denn die genaue Auswertung führte zu dem

With regard to the above paragraph, it must be explained in addition that the mean of the three authors cited above (393 in our rough calculation, 395 (10^3) km³ in the more precise planimetering) was not utilized further because (according to Section 2.2) we considered evaporation of 425 (10^3) km³ as more certain in the face of precipitation of 395 (10^3) km³, and because we had to take the runoff value of 40 (10^3) km³ into account--as opposed to higher earlier determinations. In the described procedures, latitudes north of 70°N and south of 60°S, which have little weight in the balance on account of their smaller precipitation amounts (0.4% of the ocean sum), were not considered; the distribution figure here was derived directly from the sources, with consideration for the general tendencies of individual authors.

Agreement of the point values (intersection points of 10°-latitude and longitude circles) from the calculations explained above was mainly good or satisfactory, that is, 75% of the values within 10% of the amount. For differences of greater magnitude, further deliberation was employed in design of the distribution illustration.

For this we refer to, among others, Geiger's world maps of annual solar radiation, heat transfer in ocean currents, air pressure and wind, cloudiness, and mean air temperature. Although these maps also must contain much that is subjective, still a certain critical appraisal of what is probable or improbable can be obtained based on the congruence of the individual factors. Also, of course, macro-scale insights based on radiation and cloudiness maps recently derived from satellite observations by Raschke-Bandeen (1970), von der Haar-Suomi (1971), and Miller-Feddes (1971) are pertinent.

Also, we took Albrecht's (1960) general distribution illustration as a basis in individual instances. Altogether, we think that with these procedures we have established the importance of the results of authoritative writers as well as the elements of a modern physical way of thinking.

By means of these procedures, in the framework of 10°-grid points, interpretation shows that the detailed modifications were mutually compensating, without having intentionally strived for or knowingly pursued such a compensation during the design. For the exact evaluation leads to the value $P_S = 385.1 \ (10^3) km^3$, which we (according to the explanation of Section 2.2.2.6) have taken as a basis of the investigation.

Wert P$_S$ = 385.1 x 10^3 km^3, den wir der Untersuchung gem. den Darlegungen der Ziff 2.2.2.6 zugrundegelegt haben.

2.2.2   Verdunstung (E$_S$)

Die Verteilungskarten für E$_S$ beruhen auf den Untersuchungen von ALBRECHT (1960) und BUDYKO (1963) sowie für die Nordozeane auf JACOBS (1951), für die Südozeane auf PRIVETT (1959, 1960). Wie in Ziff. 2.2 dargelegt, haben wir E$_S$ = 425 x 10^3 km^3 zugrunde gelegt. Wie wir zu dieser Ziffer gekommen sind, soll nunmehr erläutert werden.

2.2.2.1 Zu ALBRECHT (1960)

Die ursprünglichen Berechnungen von E$_S$ (1951) aufgrund von Betrachtungen über den Austausch in der Grenzschicht Meer/Luft beruhen auf den Angaben von MAC DONALD (1944) unter Verwertung der Formel von SVERDRUP (1936), also auf dem Sättigungsdruck des Wasserdampfes über der Meeresoberfläche E$_w$, dem Dampfdruck e$_a$ in der darüberliegenden Luft und der Windgeschwindigkeit v. ALBRECHT hat dann die von WÜST (1950) nachgewiesenen Beanstandungen am Atlas von MAC DONALD sowie die Karten von SCHOTT (1935, 1942) berücksichtigt (1960), wobei offen bleiben mag, ob diese Korrekturen an der absoluten Höhe und an der Verteilung von E$_S$ ganz ausreichen.

Es ist weiter zu beachten, daß MAC DONALD auf den Beobachtungen vom Mittagstermin beruht. Bei einer anderen Terminwahl geht nach PRIVETT in die Formel von SVERDRUP (1951) ein anderer Reduktionsfaktor ein. Jedoch wurde dieser Fehler von ALBRECHT durch den Vergleich mit den Berechnungen aus dem Wärmehaushalt implizite offenbar ausgeschaltet bis auf einen Rest von 1.5%. Denn ALBRECHT hat zur Erfüllung der Gleichung $\Sigma S - \Sigma V - \Sigma L = \Sigma W = 0$ die Werte S um 1,5% gesenkt, um nicht eine zu hohe Verdunstung zu bekommen. Richtiger dürfte sein, diese etwas willkürliche Korrektur nicht vorzunehmen sowie ΣS und ΣV unverändert zu lassen, so daß sich daraus **E$_S$ = 418.3 x 10^3 km^3** ergibt. Mit diesem Wert haben wir weitergearbeitet.

2.2.2.2 Zu PRIVETT (1960)

PRIVETT rechnet E$_S$ nach der vereinfachten Formel

$$E_S = 0.00587 (E_w - e_a) \cdot v$$

E$_S$: Verdunstung vom Meer in cm/Tag
E$_w$: Sättigungsdruck über Wasser in mb
e$_a$: Dampfdruck der Luft in mb
v   : Windgeschwindigkeit in Knoten.

In dieser Formel wurde die Konstante aus Berechnungen von E$_S$ über den Wärmehaushalt ermittelt, die für sieben über das Weltmeer verstreute Gebiete ausgeführt wurden, welche eine Ausdehnung von je 5 bis 10 Breitengraden und von je 10 bis 40 Längengraden haben. Allerdings streuen diese Faktoren ziemlich stark, führen aber für die Nord- und Südhalbkugeln zu gleichen Mittelwerten.

2.2.2   Evaporation (E$_S$)

The distribution maps for E$_S$ are based on the investigations of Albrecht (1960) and Budyko (1963) as well as, for northern oceans, Jacobs (1951), and for the southern oceans, Privett (1959, 1960). As explained in Section 2.2, we have taken E$_S$ = 425 (10^3) km^3 as a basis. How we arrived at this number shall now be explained.

2.2.2.1 According to Albrecht (1960)

The original calculations of E$_S$ (1951), based on considerations of the exchange in the sea/air boundary layer, depend on MacDonald's (1944) estimates using the Sverdrup (1936) formula, thus on the saturation vapor pressure over the ocean surface E$_w$, the vapor pressure e$_a$ in the overlying air, and the wind speed v. Albrecht then considered Wüst's (1950) indicated objections to MacDonald's Atlas as well as Schott's (1935, 1942) maps, whereby it may remain open whether these corrections of the absolute depth and distribution of E$_s$ suffice completely.

In addition it is noteworthy that MacDonald depended on observations from midday periods. For another time choice, according to Privett, another reduction factor enters into the Sverdrup (1951) formula.

However, this error was evidently eliminated (to a residual of 1.5%) implicitly by Albrecht through comparison with heat budget calculations. For Albrecht, to satisfy the equation, $\Sigma S - \Sigma V - \Sigma L = \Sigma W = 0$, decreased the value of S by 1.5% in order not to arrive at too high a value for evaporation. It might have been more appropriate not to undertake this somewhat arbitrary correction, and to leave ΣS and ΣV unchanged, so it would follow that **E$_S$ = 418.3 (10^3) km^3**. We continued the study with this value.

2.2.2.2 According to Privett (1960)

Privett computed E$_S$ according to the simplified formula

$$E_S = 0.00587 (E_w - E_a) v$$

E$_S$: Ocean evaporation in cm/day
E$_w$: Saturation vapor pressure over water in mb
e$_a$: Vapor pressure in the air in mb
v: Wind speed in knots.

In this formula, the constant was determined from heat-budget calculations of E$_S$, which were determined for seven scattered regions over the oceans, which have dimensions of about 5 to 40 latitude degrees, and about 10 to 40 longitude degrees. Of course, these factors are rather strongly scattered, but they lead to similar mean values for North and South.

PRIVETT ermittelt nun für das Weltmeer zwischen 0° und 50° S einen Wert E_S = 1390 mm. Zur Umrechnung auf das ganze Weltmeer gehen wir von WÜST (1954) aus; für das gleiche Gebiet gilt hiernach E_S = 1140 mm, d.h. PRIVETT ermittelt die Verdunstung um 21.9% größer als WÜST. Aufgrund dieser Korrektur ergibt sich für das ganze Weltmeer aus WÜST E_S = 351.2 x 10^3 km^3 ein umgerechneter Wert aus PRIVETT $\mathbf{E_S = 428.0 \times 10^3 km^3}$. Wir halten die Übertragung des auf 0° bis 50° S ermittelten Korrekturwertes auf das ganze Weltmeer für erlaubt, weil diese Zone den weitaus größten Teil aller Klimagebiete der Erde über dem Meere repräsentiert, da sie auch die Zone 0° bis 50° N wiederspiegelt, und haben deshalb diesen Wert der weiteren Bearbeitung zugrundgelegt.

2.2.2.3 Zu PRIVETT (1959)

Für den Indischen Ozean nördlich des Äquators liegen Monatskarten der Verdunstung, jedoch keine Jahreskarte vor. Die Monatskarten wurden roh nach Gitterpunkten eines Gradnetzes von 15° Abstand der Breiten- und Längengrade ausgewertet; der Maßstab schränkt die Genauigkeit ein. Die Auswertung führt zu E_S = 18.6 x 10^3 km^3. Vergleichsweise wurde der Wert nach ALBRECHT (1960) mit 21.4 x 10^3 km^3 errechnet, nach BUDYKO (1963) mit 18.3 x 10^3 km^3 geschätzt.

2.2.2.4 Zu JACOBS (1951)

Auch JACOBS berechnet E_S einerseits aus der Wärmebilanz, andererseits aus den klimatologischen Daten von MAC DONALD (1938). Der Vergleich wird für die gleichen vier Felder des Nordatlantik und Nordpazifik durchgeführt, die später auch PRIVETT (1960) verwendet hat. JACOBS findet

$$E_S = 0.143 (E_w - e_a) \cdot v$$
$$E_S = [mm/Tag], E_w, e_a = [mb], v = [m/sec.].$$

E_S nach JACOBS würde nach dem Vergleich dieser Formeln roh 87% von E_S nach PRIVETT betragen, also 370.0 x 10^3 km^3.

Wir haben etwas genauer gerechnet. Für 0° bis 60° N ohne Indischen Ozean ist E_S nach JACOBS 139.7, für den Indischen Ozean nach PRIVETT 18.6, umgerechnet auf JACOBS (87%) 17.0, zusammen 156.7 x 10^3 km^3. WÜST (1954) ermittelt für das Weltmeer von 0° bis 60° N 157.4, für das gesamte Weltmeer 351.2 x 10^3 km^3. Daraus ergibt sich für JACOBS (ganzes Weltmeer): E_S = 353.0 x 10^3 km^3.

Mit diesem Wert können wir aber noch nicht weiter rechnen. Denn MÖLLER- MANIER (1961) fanden als Mittel für die 7 Wetterschiffe des Nord- Atlantik, daß E_S nach JACOBS um 7.3% erhöht werden muß (5 Werte zwischen + 6% und + 9%, je ein Wert + 15% und – 4%). Daraus ergibt sich aus JACOBS umgerechnet für das ganze Weltmeer $\mathbf{E_S = 379 \times 10^3 km^3}$.

Am Rande sei erwähnt, daß sich nach SHELLARD (1962) für zwei Wetterschiffe eine Korrektur zu JACOBS von + 42%, also E_S = 501.0 x 10^3 km^3 ergeben würde, ein

Privett determined a value E_S = 1390 mm just for the oceans between 0° and 50°S. For conversion to the entire ocean we proceed from Wüst; according to this, for the same region, it holds true that E_S = 1140 mm, i.e., Privett found evaporation 21.9% greater than Wüst. On the basis of this adjustment there follows from Wüst's E_S = 351.2 (10^3) km^3 for the entire ocean, a converted value from Privett of $\mathbf{E_S = 428.0 (10^3) km^3}$. We think that transfer of the correction factor determined for 0° to 50° S to the entire oceans is permissible because this zone represents by far the largest part of all climatic zones of the earth over oceans, since it reflects also the zone 0 to 50° N. Therefore we took that value as a base for the further treatment.

2.2.2.3 According to Privett (1959)

For the Indian Ocean north of the equator, monthly evaporation maps exist, but not annual maps. The monthly maps were evaluated roughly from grid points of a degree network of 15° intervals of latitude and longitude; the scale limited the accuracy. The evaluation lead to E_S = 18.6 (10^3) km^3. By way of comparison, Albrecht (1960) computed a value of 21.4 (10^3) km^3, and Budyko (1963) estimated 18.3 (10^3) km^3.

2.2.2.4 According to Jacobs (1951)

Also Jacobs computed E_S, on the one hand from the heat balance, and on the other from MacDonald's (1938) climatological data. The comparison was carried out for the same four areas of the north Atlantic and north Pacific that Privett (1960) used later.
Jacobs found:

$$E_S \quad = \quad 0.143 (E_w - e_a) v$$
$$E_S \quad = \quad mm/day; E_w, e_a = mb; v = m/sec.$$

E_S according to Jacobs, from comparison with this formula, would amount to 87% of E_S according to Privett, or 370.0 (10^3) km^3.

We calculated somewhat more precisely. For 0° to 60°N excluding the Indian Ocean, E_S according to Jacobs is 139.7, for the Indian Ocean according to Privett 18.6, converted to agree with Jacobs (87%) 17.0, or altogether 156.7 (10^3)km^3. Wüst (1954) determined for oceans between 0° and 60°N 157.4, and for the total ocean 351.2 (10^3)km^3. It follows therefrom, for Jacobs (total ocean): E_S = 353.0 (10^3)km^3.

However, we·can still not calculate further with this value since Möller-Manier (1961) found, from the mean for 7 meteorological vessels in the north Atlantic, that Jacob's E_S must be increased by 7.3% (5 values between + 6% and + 9%, one at † 15%, and one – 4%). From this there follows, from Jacobs, converted for the total ocean, $\mathbf{E_S = 379 (10^3) km^3}$.

Incidentally is to be mentioned that, according to Shellard (1962), for two weather ships a correction of + 42% would be applied to Jacob's value, so that E_S = 501.0 (10^3) km^3,

Ergebnis, dem wir nicht beitreten, weil dieser Wert im Zusammenhang mit den Resultaten der übrigen Autoren als viel zu hoch erscheint.

2.2.2.5 Zu BUDYKO (1963)

Zwischen BUDYKO (1955), BUDYKO (1963), L'VOVIC (1969) und MIRA- ATLAS (1964) bestehen Differenzen, deren Gründe in den Publikationen in Umrissen angegeben sind. Die zwischen ALBRECHT (1960) und BUDYKO (1955) von ersterem festgestellte Übereinstimmung ist 1963 wieder verlorengegangen. Wir übernehmen (1963) $E_S = 452 \times 10^3 \, km^3$.

2.2.2.6 Zusammenfassung für E_S und P_S

Die Ausführungen dürften bestätigen, daß die auf zwei Grundlagen beruhende Ermittlung unserer Ausgangsgröße für E_S besser gesichert ist als die Ableitung der Ausgangsgröße für P_S.

Aus den vorstehend abgeleiteten Werten der einzelnen Autoren für E_S

ALBRECHT (1960)		$418 \times 10^3 \, km^3$
PRIVETT (1960)	$428 \times 10^3 \, km^3$	
JACOBS (1951)	$379 \times 10^3 \, km^3$	$404 \times 10^3 \, km^3$
BUDYKO (1963)		$452 \times 10^3 \, km^3$

ergibt sich ein rechnerisches Mittel von $425 \times 10^3 \, km^3$, wobei wir PRIVETT und JACOBS, die auf nicht ganz überdeckten Halbkugeln beruhen, je mit dem halben Gewicht eingesetzt haben. Zieht man die vier Ausgangswerte gleichrangig in Betracht, so ergibt sich $E_S = 419 \times 10^3 \, km^3$.

Andererseits fanden wir als rechnerisches $P_S = 395 \times 10^3 \, km^3$. Letzterer Wert würde wegen $D_S = -40 \times 10^3 \, km^3$ zu $E_S = 435 \times 10^3 \, km^3$ führen. Die geophysikalische Methode der Annäherung von zwei Seiten her läßt das Wertepaar 425/385 wegen des besser gesicherten Wertes von $E_S = 425 \times 10^3 \, km^3$ als das wahrscheinlichste erkennen. Somit wird also $P_S = 385 \times 10^3 \, km^3$.

Die Unterschiede betr. E_S bei den verschiedenen Autoren gehen auf mehrere Umstände zurück. Einmal werden für die Austauschbetrachtungen unterschiedlich aufgebaute Formeln verwendet. Bei gleichartigen Formeln sind verschiedene Konstanten in Gebrauch. Eine Reihe von Fehlerquellen, die im wesentlichen aus der Beschaffenheit des klimatologischen Grundmaterials über die Temperaturen der Wasseroberfläche und der Luft sowie über Bewölkung und Windgeschwindigkeit resultieren, schränken die Genauigkeit ein, führen auch zu systematischen Fehlern und verursachen ebenfalls die in den verschiedenen Berechnungen erscheinenden Differenzen. Schließlich fallen die für die beiden Berechnungsmethoden (Austausch und Strahlung) durchgeführten Vergleiche an einer Reihe von Festpunkten oder in einer Reihe von Gebieten in sich und unter den Autoren unterschiedlich aus. Alle die vorgenannten Umstände können im einzelnen nicht geklärt werden, weil die wissenschaftlichen und theoretischen Grundlagen für alle diese Untersuchungen noch nicht ausreichen.

--a result that we do not agree with since this value appears much too high in connection with results of other authors.

2.2.2.5 According to Budyko (1963)

Among Budyko (1955), Budyko (1963), L'vovic (1969), and Mira-Atlas (1964) there are differences whose bases are given in outline form in the publications. The formerly established agreement between Albrecht (1960) and Budyko (1955) ceased to exist in 1963. We accept the value of (1963), $E_S = 452 \, (10^3) \, km^3$.

2.2.2.6 Summary for E_S and P_S

Our description appears to show that the determination, depending on two bases, of our original data for E_S is more certain than the derivation of the original values for P_S.

From the above-derived values of individual authors for E_S, i.e.

Albrecht	(1960)		$418 \, (10^3) \, km^3$
Privett	(1960)	$428 \, (10^3) \, km^3$	
Jacobs	(1951)	$379 \, (10^3) \, km^3$	$404 \, (10^3) \, km^3$
Budyko	(1963)		$452 \, (10^3) \, km^3$

there follows an analytical mean of $425 \, (10^3) \, km^3$, in which we have given only half-weight to values of Privett and Jacobs which depend on less than hemispherical coverage. If one considers the four initial values to be of equal weight, there follows $E_S = 419 \, (10^3) \, km^3$.

On the other hand, we found analytically $P_S = 395 \, (10^3) \, km^3$. The latter value, on account of $D_S = -40 \, (10^3) \, km^3$, would yield $E_S = 435 \, (10^3) \, km^3$. The geophysical method of approximation from two sides identifies the value-pair 425/385 as most probable because of the more certain value of $E_S = 425 \, (10^3) \, km^3$. In this way, therefore, we have $P_S = 385 \, (10^3) \, km^3$.

The differences with regard to E_S among the various authors depend on several conditions. First, for the exchange considerations, differently constructed formulas are used. For similar formulas, various constants are used. A series of error sources, which essentially result from the nature of the climatological data for temperatures of the water surface and air as well as cloudiness and wind speed, reduce the accuracy and also lead to systematic errors, and likewise cause the differences that appear in the various computations. Finally, the conducted comparisons for the two computational methods (exchange and radiation) at a series of fixed points or in a succession of regions, turn out differently in themselves or among the authors. All of the above-named states of affairs cannot be cleared up individually because the scientific and theoretical bases for all of these investigations do not yet suffice.

An evaluation of the accuracy and of the errors is given in Section 7.1.2. The latter amounts to about 5%.

Eine Abschätzung der Genauigkeit und der Fehler ist in Ziff. 7.1.2 gegeben. Letzterer beläuft sich auf ca. 5%.

2.2.2.7 *Weiteres Vorgehen für E_S*

Die Führung der Isolinien auf der Grundlage der in Ziff. 2.2.2.6 fixierten Summe E_S = 425 x 10^3 km^3 wurde aus den Verteilungskarten von BUDYKO (1963), ALBRECHT (1960) und JACOBS/PRIVETT (1951/1960) abgeleitet. Wie unter 2.2.1 für P_S dargelegt, wurden in gleicher Weise die Schnittpunkte eines 10°- Netzes der Breiten- und Längengrade ausgewertet, dann die Mittelwerte der 10°- Breitenkreise und -zonen pro Ozean für jeden der drei Autoren errechnet. Letztere wurden dann auf E_S = 425 x 10^3 km^3 reduziert, diese wieder auf Breitenmittel und schließlich auf Gitterpunkte zurückgerechnet.

Nun sind die Auffassungen über die Verteilung der Verdunstung über den einzelnen Ozeanen bei den drei Autoren wesentlich stärker differenziert, als dies entsprechend bei den Niederschlagskarten der Fall ist. Deshalb weisen auch die rückgerechneten Werte der Gitterpunkte untereinander bei E_S größere Differenzen auf als bei P_S. Denn nur ein Drittel aller Gitterpunkte zeigte gute bis befriedigende Übereinstimmung, d.h., in diesen Gebieten sind die Auffassungen über die Verteilung von E_S der drei Autoren annähernd die gleichen.

Die geringere regionale Differenzierung der Abweichungen vom Mittel der drei Autoren fanden wir bei den aus PRIVETT (1960) und JACOBS (1951) gewonnenen Werten. Die stärkere Differenzierung nach ALBRECHT (1960) und BUDYKO (1963) veranlaßte uns, diese regionalen Auffassungsunterschiede in eigenen Weltkarten darzustellen.

ALBRECHT führt zu relativ hohen Werten in der Osthälfte des Atlantik, längs der nordamerikanischen Ostküste und insbesondere im Gebiet des Labradorstromes, über dem Brasilstrom, im nordwestlichen Drittel des Indischen Ozeans, über dem südwestlichen Drittel des Nordpazifik und längs der nordamerikanischen Westküste. Relativ niedrig ist E_S fast in der ganzen Westwindzone der Südhalbkugel sowie über dem zentralen und dem nordwestlichen Pazifik.

BUDYKO liefert ein verhältnismäßig hohes E_S zwischen New York und dem Labradorstrom, über dem Europäischen Nordmeer im Bereich des Golfstroms, über der Karibischen See und im Bereich des Benguelastroms, im nordöstlichen und zentralen Pazifik, zwischen Neu-Guinea und dem Tuamotu-Archipel sowie über der Nordhälfte der Westwindzone von den Falklandinseln ostwärts bis Neuseeland. Kleiner fällt E_S aus über dem Kanarenstrom und über dem brasilianischen Viertel des Südatlantik, im Grenzgebiet des Golfstroms gegen den Labradorstrom, im Indischen Ozean östlich Südafrika bis Madagaskar sowie nördlich des Äquators und anschließend von den Sunda-Inseln bis Taiwan, in den mittleren Breiten des östlichen Nordpazifik sowie westlich der Küste Chiles.

2.2.2.7 *Additional Procedures for E_S*

The behavior of the isolines, based on the fixed sum E_S = 425 (10^3) km^3 (Section 2.2.2.6) was derived from the distribution maps of Budyko (1963), Albrecht (1960), and Jacobs/Privett (1951/1960). As shown in 2.2.1 for P_S, in a similar manner the grid points of a 10°-network of latitude and longitude degrees were evaluated, then the mean values computed for 10°-latitude circles and zones, by oceans, for each of the three authors. The latter were then reduced for E_S = 425 (10^3) km^3, and these again recomputed for latitude means, and finally for grid points.

Now the interpretations of the distribution of evaporation over individual oceans differ more significantly among the three authors than is the case in this regard for the isohyetal maps. Therefore, the recomputed grid-point values show among one another greater differences for E_S than for P_S. So, only a third of all the grid points indicated good to satisfactory agreement, i.e. in these regions the interpretations of the distribution of E_S by the three authors are approximately the same.

We found smaller regional differentiation of deviations from the mean of the three authors from the values obtained from Privett (1960) and Jacobs (1951). The greater differentiation according to Albrecht (1960) and Budyko (1963) induced us to present these regional interpretation differences in special world maps.

Albrecht introduces relatively high values in the east half of the Atlantic, along the east coast of North America, and especially in the region of the Labrador stream, over the Brazilian stream, in the northwest third of the Indian Ocean, over the southwest third of the north Pacific, and along the North American coast. E_S is relatively low in the entire west-wind zone of the southern hemisphere, as well as over the central and northwestern Pacific.

Budyko provides a relatively high E_S between New York and the Labrador stream, over the European North Sea in the Gulf stream region, over the Caribbean Sea and in the Benguela stream region, in the northeastern and central Pacific, between New Guinea and Tuamotu archipelago as well as over the north half of the west-wind zone of the Falkland Islands eastward to New Zealand. E_S turns out to be smaller over the Canary stream and over the Brazilian fourth of the south Atlantic, in the intermediate region between the Gulf and Labrador streams, in the Indian Ocean east of South Africa to Madagascar as well as north of the equator, and finally from the Sunda Islands to Taiwan, in the mid-latitudes of the eastern north Pacific as well as west of the coast of Chile.

We give the above references in order to indicate where our distribution maps could be altered according as one gives a preference, of stronger weight, to Albrecht's or Budyko's interpretation.

Die vorstehenden Hinweise geben wir, um einen Anhalt dafür zu geben, wo unsere Verteilungskarten abgeändert werden könnten, je nachdem, ob man der Auffassung ALBRECHTS oder BUDYKOS den Vorzug, also ein stärkeres Gewicht gibt.

Bei der Entscheidung über die Bewertung der Unterschiede zwischen den drei Autoren griffen wir auf die gleichen Grundlagen zurück wie bei P$_S$ (siehe Ziff. 2.2.1).

Insgesamt glauben wir, auch für E$_S$ ein vernünftiges Verteilungsbild gefunden zu haben. Während die Gesamtsumme E$_S$ für das Weltmeer besser gesichert erscheint als die Summe P$_S$, ist andererseits das Verteilungsbild für die Verdunstung weniger gut fundiert als die Isolinienführung für den Niederschlag.

In the decision concerning evaluation of differences among the three authors, we refer to the same basis as with P$_S$ (see Section 2.2.1).

Altogether, we think we have derived a rational distribution map. Whereas the total sum E$_S$ for oceans appears more certain than the sum P$_S$, on the other hand the distribution map for evaporation is less well founded than the isohyetal description for precipitation

2.2.3   Abfluß (D$_S$)

Der Wasserdampfabfluß ergibt sich als Differenz P$_S$ minus E$_S$ rechnerisch für die Gesamtsumme D$_S$ = -40×10^3km^3 wie auch für jeden Punkt des für die Auswertung unserer Karten zugrundegelegten Netzes (Ziff. 4.1). Eine zusätzliche Kontrolle ist nicht möglich. Weder liegen direkte Messungen noch einigermaßen zuverlässige geophysikalisch fundierte Berechnungen vor. Die bisherigen Berechnungen für den Wasserdampftransport in der Atmosphäre stellen zu unsichere Schätzwerte dar, noch könnten sie zuverlässig auf den jeweiligen Abfluß aus den einzelnen Quellgebieten über den Ozeanen umgerechnet werden. Umgekehrt erhalten aber jetzt derartige Berechnungen mit unseren Verteilungskarten für D$_S$ eine besser gesicherte Grundlage für die Quellgebiete dieser Transporte, als sie bisher vorlag.

Die für die einzelnen Gitterpunkte errechneten Werte für D$_S$ = P$_S$ – E$_S$ wurden also in Kartenblätter der Ozeane eingetragen und aus diesen Punktwerten ein Verteilungsbild für D$_S$ entwickelt. Die Überprüfung des Verlaufs der Isolinien ergab, daß er in Übereinstimmung mit unseren Vorstellungen über die Verteilung des Abflusses vom Weltmeer ist, so daß nur wenige Korrekturen an E$_S$ oder P$_S$ zwecks Verbesserung der Linienführung von D$_S$ erforderlich waren. Hierin liegt eine zusätzliche Bestätigung dafür, daß die Verteilung von E$_S$ und P$_S$ wohl im wesentlichen zutreffend dargestellt ist.

2.2.3   Runoff (D$_S$)

Water vapor discharge is given as the difference P$_S$ – E$_S$ computed for the total sum D$_S$ = $- 40 (10^3)$ km^3 as well as for each of the networks (Section 4.1) taken as a basis for evaluation of our maps. An additional control is not possible. Neither direct measurements nor somewhat reliable geophysically founded estimates exist. Former estimates of water vapor transport in the atmosphere furnish more uncertain estimates, and cannot be reliably converted to actual runoff from the individual source areas over the oceans. Conversely, however, such computations now support with our distribution maps for D$_S$ a more certain basis for the source areas of these transports than they formerly exhibited.

The calculated values for D$_S$ = P$_S$ – E$_S$ for individual grid points were therefore used in the ocean maps, and from these point values a distribution map for D$_S$ was developed. Examination of the isoline pattern revealed that it is in agreement with our description of the distribution of discharge from oceans, so that only few corrections of E$_S$ and P$_S$ were necessary for the purpose of improving the isoline pattern. Herein lies an additional confirmation for the idea that the distribution of E$_S$ and P$_S$ is indeed, essentially, suitably described.

2.2.4   Bemerkungen über P$_S$, E$_S$ und D$_S$ zum Nordpolarmeer

Die Niederschlagskarten von Alaska, Kanada, Grönland, Skandinavien und der UdSSR reichen aufgrund von Messungen bis an das Nordpolarmeer heran oder greifen aufgrund von Messungen auf einzelnen Inseln auf das Meer über. Diese Darstellungen haben wir bis zum Nordpol hin extrapoliert, indem wir dort P$_S$ < 50 mm angesetzt haben.

2.2.4   Remarks Concerning P$_S$, E$_S$, and D$_S$ for Arctic Ocean

The precipitation maps for Alaska, Canada, Greenland, Scandinavia, and the USSR extend to the Arctic Ocean based on measurements, or spread over the ocean based on individual island measurements.
We have extrapolated these descriptions as far as the North Pole, in that we have inserted there P$_S$ < 50 mm.

Die Verdunstung basiert auf den folgenden Flächenmitteln von VOWINKEL/TAYLOR (1965):

Nordpolarmeer:

Zentrales Polargebiet	41 mm
Kara-Laptev-See	80 mm
Ostsibirische See	60 mm
Beaufort-See	58 mm
Gesamtes Gebiet	52 mm

Norwegisches und Barents-Meer:

80 - 75° N	208 mm
75 - 70° N	479 mm
70 - 65° N	643 mm
Gesamtes Gebiet	457 mm.

Diese Flächenmittel für E_S wurden dem Entwurf einer Verteilungskarte für E_S zugrundegelegt und auf dieser Grundlage dann $D_S = P_S - E_S$ ermittelt.

Evaporation is based on the following areal means from Vowinkel/Taylor (1965):

Arctic Ocean:

Central polar region	41 mm
Kara-Laptev Sea	80 mm
East Siberian Sea	60 mm
Beaufort Sea	58 mm
Total region	52 mm

Norwegian and Barents Sea:

80 - 75°N	208 mm
75 - 70°N	479 mm
70 - 65°N	643 mm
Total region	457 mm

This areal mean for E_S was taken as a basis for design of a distribution map for E_S, and on this basis then $D_S = P_S - E_S$ was determined.

3. Vergleich mit früheren Darstellungen

3. Comparison with Earlier Descriptions

Der hier erstmalig für die gesamte Erde vollzogene Abgleich der Karten für Niederschlag, Verdunstung und Abfluß entsprechend der Wasserbilanzgleichung P = E + D sowie die unter 1.4 erläuterte Verwendung neuen Beobachtungs- und Grundlagenmaterials führte zwangsläufig zu Abweichungen gegenüber den Kartenentwürfen früherer Autoren, die sich nur an die Beobachtungsdaten je einer dieser Größen gehalten haben. Sowohl für den Fachmann als auch für den weniger mit der hydrometeorologischen Materie vertrauten Benutzer des Kartenwerkes ist es daher dienlich, die Unterschiede hervorzuheben und zu begründen.

Precipitation, evaporation, and runoff maps for the entire earth were balanced here, for the first time, with respect to the equation P = E + D. This fact, and the use of new observational data, leads necessarily to discrepancies with earlier authors who have considered the data for only one of the terms. It is useful to point out and explain the discrepancies for the expert, as well as for the user who is less familiar with hydrometeorology.

3.1 Festland

Beim Festland sind deutlich problemlose Gebiete, in denen die Beobachtungen eine sichere und hinreichende Grundlage bieten, und problemreiche Gebiete, in denen entweder die Meßdichte der Meßstellen nicht ausreicht oder die Messung selbst Schwierigkeiten bereitet, zu unterscheiden. Hierbei entsprechen die Niederschlagskarten weitgehend den bisherigen Auffassungen über die regionale Verteilung. Sie weisen aber als Ergebnis neuer Meßwerte und -methoden sowie z.T. zwangsläufig auf der Grundlage neuer Abflußmessungen eine Reihe von Korrekturen auf. Größer sind die Abweichungen beim Abfluß in einigen Gebieten. Daraus sowie aus den verbesserten Berechnungsmethoden resultierten zum Teil beträchtliche Unterschiede bei der Verdunstung. Bisher nicht erfaßte Gebiete der Gebirge und Hochebenen sowie die polaren Bereiche im Norden und Süden sind nunmehr versuchsweise in gleicher Weise dargestellt wie das übrige Festland.

3.1 Land

There are distinct problem-free land areas for which the observations are reliable and adequate. There are also problem areas in which either the density of measurement stations is inadequate, or the measurement itself causes difficulties. The isohyetal maps agree, for the most part, with earlier regional maps. But a series of corrections appear as the result of more recent measurements and measurement methods. Pronounced runoff discrepancies occur in several regions and, as the result of improved methods of calculation, considerable differences in evaporation appear in some instances. Areas not considered in earlier studies (e.g., mountains, plateaus, and polar regions) are tentatively described in the same way as the rest of the land.

3.1.1 Niederschlag (P_L)

Bei dem Entwurf der Niederschlagskarten haben wir uns primär an die Quellenwerke gehalten. Die Unterschiede gegen die Weltkarten von DROSDOW (1964), Maßstab 1 : 60 Mill., und KNOCH 1 : 45 Mill., sind gering. Die meisten Abweichungen ergeben sich daraus, daß unser Maßstab wesentlich größer und die Linienführung daher mehr detailliert ist. Außerdem ist die Skalenweite unserer Isohyeten etwas geringer als bei den beiden Autoren.

Über *Europa* ist die Übereinstimmung gut. Im ebenen Norden haben wir im Übergang zur UdSSR die Werte etwas erhöht, soweit die schwedischen und finnischen Quellen dies gestatten. Die neue Abflußkarte von TRYSELIUS (1971) deutete darauf hin, daß die Niederschläge im inneren skandinavischen Gebirge deutlich höher sind als man bisher angenommen hatte. In allen Gebir-

3.1.1 Precipitation (P_L)

In the development of isohyetal maps we considered primarily the original publications. Differences between the maps of Drosdow (1964), scale 1: 6(10^7), and Knoch (1961), scale 1:4.5 (10^7), are small. Most of the differences in our maps result from the fact that our scale is substantially greater so that the lines indicate greater detail. Moreover, the intervals of our isohyets are somewhat smaller than the others.

For *Europe,* the agreement is good. In the northern plains we increased the values somewhat, insofar as Swedish and Finnish data would permit, in crossing to the USSR. The new runoff maps of Tryselius (1971) indicated that precipitation in the interior Scandinavian mountains is significantly greater than had been assumed. In all of the mountains of this part of the earth, our values are

gen dieses Erdteils sind wir den höheren Werten von
KNOCH näher als der wegen des Maßstabs stärker generalisierten Darstellung von DROSDOW mit Höchst-
werten bis über 2000 mm.

Im Norden *Asiens* haben wir aufgrund der Ergebnisse
von VROZNESENSKI (1967) höhere Niederschläge als
KNOCH angenommen. An der Küste des Eismeeres beläuft sich das Mehr auf etwa 30% und unter 60° N auf
15% bis 20%. Die Werte von DROSDOW überschreiten
wir um etwa 10%. Der Ural hat über 800 mm Niederschlag, bei KNOCH und DROSDOW wird er von der
500 mm-Linie umschlossen, erreicht jedoch nicht die
750- bzw. 1000 mm-Linie. Noch etwas über DROSDOW
hinausgehend wurden die Gebirge im Süden der UdSSR
über 800 mm bis über 1000 mm bewertet, während
KNOCH bei über 500 mm stehenbleibt. Im Kaukasus
ergeben sich bis über 3000 mm, DROSDOW und
KNOCH gehen nur über 2000 bzw. 1000 mm. Auch
nach der Pazifischen Küste hin haben wir die Gebirge
mit 800 bis 1000 mm stärker herausgearbeitet, DROS-
DOW und KNOCH gehen auf über 500 bzw. 750 mm.
Japanische Quellen führten uns in diesem Gebiet auf
über 3000 mm, wo DROSDOW und KNOCH generali-
sierend bei über 2000 mm bleiben. Wie für Europa so
gelten für Vorderasien in bezug auf die Darstellung der
Gebirge die gleichen Feststellungen: In Übereinstimmung mit KNOCH haben wir höhere Niederschlagsmengen angegeben als DROSDOW, der die 1000-bzw. 2000
mm-Linie kaum überschreitet, wo wir im Südwesten
Kleinasiens über 2000 mm und am Schwarzen Meer bis
über 3000 mm verzeichnen, in diesen beiden Fällen auch
abweichend von KNOCH. Im Jemen gehen wir auf über
1000 mm gegenüber 500 mm bzw. 750 bei DROSDOW
und KNOCH. Im Hindukusch und Karakorum fanden
wir in Anlehnung an FLOHN (1969) über 1600 bis über
2500 mm gegen 1000 bzw. 500 mm bei den beiden Autoren. Im Himalaya stimmen bei Berücksichtigung der maß-
stabbedingten Unterschiede die Darstellungen überein,
die Höchstwerte fallen bei uns größer aus. Im tibetanisch-
chinesischen Grenzgebiet haben wir uns im wesentlichen
zwischen KNOCH und DROSDOW gehalten, während
die Spezialkarten von China nach unten abweichen. Im
Quellgebiet von Yangtse und Hoangho erfordern die Abflußdaten höhere Niederschläge als bei den beiden Autoren. Dieser Teil der Darstellungen gehört zu den unsi-
chersten des Festlandes, ein Umstand, der erst nach Vorliegen genauerer Daten oder Karten aus China behoben
werden könnte. In den Gebirgen Vietnams fanden wir
mit 3000 mm höhere Werte als KNOCH (2000 mm). In
der Insulinde stimmen wir weitgehend mit den beiden
Autoren überein, soweit das Festland betroffen ist.

Die Niederschlagsverteilung über *Afrika* ist seit langem
gut bekannt. Wo sich Differenzen zu DROSDOW und
KNOCH ergeben, insbesondere in den Atlasländern und
über Äthiopien mit den bei uns höheren Werten, sind sie
vorwiegend maßstabsbedingt. In ähnlicher Weise stimmen wir über *Australien* und Neuseeland mit den beiden
Autoren überein, während wir den Niederschlag über Neu-

closer to the higher values of Knoch than to the more
generalized Drosdow description (maximum values in
excess of 2000 mm).

In northern *Asia,* we have assumed higher precipitation
amounts than Knoch based on Vroznesenski's (1967)
data. On the coast of the Polar Sea the increase amounts
to about 30%, and 15 - 20% below 60°N. Our values
exceed Drosdow's by about 10%. The Urals have over
800 mm precipitation; in Knoch and Drosdow they are
included within the 500 mm isohyet but do not reach
the 750 or 1000 mm level. Still exceeding Drosdow somewhat, we rated the mountains in southern USSR at 800 mm
to 1000 mm, whereas Knoch stopped at 500 mm. In the
Caucasian Mountains up to 3000 mm occurs; Drosdow and
Knoch go up to only 1000 or 2000 mm. Also along the Pacific Coast our estimates were 800 - 1000 mm in the mountains; Drosdow's and Knoch's are 500 or 750 mm. Japanese
publications led us in this area to 3000 mm, whereas Drosdow's and Knoch's generalizations stop at 2000 mm. The
same statements as for Europe, with respect to description of the mountains, are valid for the Near East: In
agreement with Knoch, we indicated higher precipitation
amounts than Drosdow who scarcely exceeded the 1000
or 2000 mm isohyet. In southwestern Asia Minor we
noted 2000 mm, and at the Black Sea up to 3000 mm—in
these two instances deviating also from Knoch. In Jemen
we go up to 1000 mm, as opposed to 500 or 750 mm by
Drosdow and Knoch. Based on Flohn (1969), we found
from 1600 to 2500 mm in Hindu-Kush and Karakorum, as
opposed to 500 or 1000 mm by the other authors. In the
Himalayas, our maximum values are greater considering
the scale-caused differences in the maps. In the Tibet-Chi-
nese border area we are essentially between Knoch and
Drosdow, whereas the special maps from China deviate
downward. In the source areas of the Yangtze and Hwang-
Ho, runoff data requires higher precipitation than the two
authors indicate. This part of the description is one of the
most uncertain for land areas – a circumstance that can be
eliminated only with more exact data or maps from China.
In the mountains of Vietnam we found higher values
(3000 mm) than Knoch (2000 mm). In the East Indies
we agree with both authors, for the most part, insofar
as land areas are concerned.

Precipitation distribution over *Africa* has been well-known
for a long time. Where differences exist with Drosdow
and Knoch, expecially in Atlas-lands and Ethiopia, our
higher values are mostly scale-caused. Similarly, for
Australia and New Zealand we agree with both authors,
whereas for New Guinea we assume with Knoch higher
precipitation than Drosdow, i.e., 4000 instead of 3000 mm.

Over the polar regions of *North America* our precipitation amounts were based on more recent data from the
USSR concerning wind effects; on the Polar Sea coast
they are about 30% higher than Knoch's. The new European map by UNESCO (1970) is more detailed and
indicates a somewhat higher value for Greenland than
Drosdow and Knoch. Likewise in Alaska and south of

guinea mit KNOCH höher als DROSDOW annehmen, und zwar über 4000 statt 3000 mm.

Auch über dem arktischen *Nordamerika* haben wir uns mit Niederschlagsmengen, die an der Eismeerküste um rund 30% höher als bei KNOCH liegen, an die neueren Erkenntnisse aus der UdSSR über den Windeinfluß angelehnt. Die neue Europakarte der UNESCO (1970) weist für Grönland eine mehr detaillierte Linienführung und eher etwas höhere Werte als bei DROSDOW und KNOCH auf. Ebenso kommen wir in Alaska auch südlich des Polarkreises auf Niederschlagsmengen, die um 10 bis 20% über DROSDOW und KNOCH liegen. Im übrigen Nordamerika gleichen sich die Karten, wenn man von der stärker detaillierten Darstellung im westlichen Gebirgsbereich absieht, die uns die Herausstellung einer Reihe orographisch bedingter Niederschlagsgebiete gestattet. Im nordwestlichen Mexiko werden die Werte von DROSDOW und KNOCH nach den neueren Quellen nicht ganz erreicht, im südlichen Mexiko sind die trockenen Talzüge bei uns stärker herausgearbeitet. Das übrige Mittelamerika stimmt weitgehend mit DROSDOW und KNOCH überein. Auf Cuba und Haiti müssen wir dagegen teilweise 2000 mm statt 1000 bzw. 1500 mm annehmen.

Die Niederschlagsverteilung über *Südamerika* hat im Bereich nördlich von 20° S nach neueren Informationen eine gewisse Umgestaltung erfahren. Die Kordilleren werden jetzt niederschlagsreicher als bisher angenommen, insbesondere in Peru. Auch das Amazonasbecken in seinem westlichen und südlichen Teil weist um 10% bis 20% höhere Mengen auf als DROSDOW und KNOCH angegeben haben, andererseits ist das niederschlagsärmere Gebiet im östlichen äquatorialen Bereich größer als bisher anzunehmen. Höhere Werte ergeben sich auch beim Guayana-Massiv. Südlich von 20° S sind die Darstellungen entsprechend der größeren Anzahl von Meßstellen weitgehend konform, ebenso im nordöstlichen Teil Brasiliens.

Für die *Antarktis* sind Vergleiche mit den genannten Autoren nicht möglich, weil dieser Kontinent dort kaum erfaßt ist.

3.1.2   Verdunstung (E_L)

Der Vergleich unserer Verdunstungskarten mit denen von BUDYKO (1963) erstreckt sich nur auf Teile des Festlandes, da BUDYKO folgende Gebiete in seine Darstellung nicht einbezogen hat: Grönland, arktische Randgebiete, Antarktis, innerasiatische Gebirge und Hochflächen, Gebiet der Rocky Mountains, Neuseeland, alle übrigen Hochgebirge und Hochflächen. Außerdem sind über dem Festland in der Regel Gebiete mit $E_L > 800$ mm, in Ausnahmefällen > 1000 mm nicht ausgewiesen.

Die Darstellung von GEIGER (1965) ist ihrem Demonstrativ-Zweck als Wandkarten entsprechend wenig detailliert und kann daher zu einem Vergleich nur großzügig herangezogen werden. Die Gebirge über 2000 m Höhe werden nicht berücksichtigt.

the Arctic Circle we get precipitation amounts 10 - 20% above those of Drosdow and Knoch. In the rest of North America the maps agree if one ignores the more detailed description in the western mountains which confirms a series of orographic precipitation zones. In northwestern Mexico, according to more recent publications, the values of Drosdow and Knoch are not entirely attained; in southern Mexico we derived higher values for dry valley regions. The remainder of *Central America* is mostly in good agreement with Drosdow and Knoch. For Cuba and Haiti, however, we must accept in part 2000 mm instead of 1000 or 1500 mm.

Precipitation distribution over *South America* underwent a certain transformation in the region north of 20°S according to more recent information. The Cordilleras now have more precipitation than formerly assumed, especially in Peru. Also, the western and southern parts of the Amazon basin show 10 - 20% higher amounts than Drosdow and Knoch have formerly assumed in the more arid region of the eastern equatorial zone. Higher values also occur in the Guianas. South of 20°S, as well as in northeastern Brazil, the maps largely agree because of the greater number of measurement stations.

For *Antarctica* it is impossible to make comparisons with other authors, as they have not recorded this continent.

3.1.2   Evaporation (E_L)

Comparison of our evaporation maps with those of Budyko (1963) extends only to parts of the continents since Budyko did not include the following areas in his description: Greenland, sub-Arctic regions, Antarctica, interior Asiatic mountains and high plains, Rocky Mountain region, New Zealand, and all other high mountains and plateaus. Moreover, as a rule land areas with $E_L > 800$ mm (> 1000 mm in exceptional cases) are not shown.

Geiger's (1965) description, corresponding to its demonstrative purpose for wall-maps, is poorly detailed, and can therefore be referred to only in a general way for comparison. Mountains over 2000 m high were not taken into account.

Prinzipiell basieren unsere Karten auf der hydrographisch ermittelten Differenz E = P – D, während jene von BUDYKO und GEIGER vorwiegend auf Wärmehaushaltsbetrachtungen beruhen.

Die wenigen Angaben BUDYKOS in *Europa* stimmen mit unserer Auffassung überein. Im Karpathenbecken liegen GEIGERS Werte mit 750 mm teilweise erheblich über unserem Wert. Im trockensten Teil erhielten wir Werte unter 500 mm.

An der Nordküste *Asiens* nimmt BUDYKO meist etwa 150 mm an, wir bleiben bei 100 mm oder etwas mehr in Anlehnung an die Angaben von VOWINKEL/TAYLOR (1965). Aber auch unser Befund für Ostsibirien mit Werten unter und um 200 mm dort, wo BUDYKO und GEIGER mit etwa 250 mm rechnen, weist bei uns auf eine insgesamt etwas niedrigere Verdunstung im subpolaren Bereich hin. Analog liegt auch der Gürtel von 300 mm und mehr bei uns etwas südlicher als bei BUDYKO. In Mittel- und Vorderasien, ebenso in der südöstlichen UdSSR und über Japan gibt es kaum Abweichungen gegenüber den früheren Karten.

In Syrien-Israel mit 400 bis 700 mm sind unsere Werte wesentlich höher als bei BUDYKO (200 bis 400 mm) und GEIGER (250 bis 500 mm). Auch über Indien zeigt sich die gleiche Tendenz: 400 bis 1000 mm bei BUDYKO bzw. 500 bis 1000 mm bei GEIGER stehen 600 bis 1400 mm bei uns gegenüber. Im gleichen Sinne finden wir bei BUDYKO an der Ostküste Vietnams 800 mm gegen 1200 mm bei uns, an der Südküste Chinas 800 gegen 1000 mm. GEIGER geht in Vietnam über 1000 mm und an Thailands Westküste auf 1250 mm, wo wir 1400 mm annahmen. Wir stimmen aber in Südchina mit ihm überein. Über dem mittleren und nördlichen China wie in der anschließenden östlichen UdSSR ist unsere Auffassung im Einklang mit den beiden genannten Autoren.

Auch in *Afrika* kommt BUDYKO zu niedrigeren Werten. So nimmt er auf 10° N rund 700 mm an, wo GEIGER und wir auf 1000 mm kommen. Das äquatoriale Randgebiet umgrenzt er mit E_L = 800 mm, GEIGER und wir ermittelten 1200 bis 1400 mm Verdunstung. Längs der Ostküste zieht er eine 600 mm-Linie, gegenüber 800 bis 1000 mm bei GEIGER und uns. Dies gilt auch im östlichen Südafrika (600 bzw. 750 gegen 700 bis 1000 mm), während im westlichen Südafrika die Übereinstimmung gut ist. An der Ostküste Madagaskars stehen bei BUDYKO und GEIGER 800 mm, bei uns 1000 bis 1400 mm.

In *Australien* nimmt die Verdunstung von 200 mm im Zentralbereich wie folgt zu: Bei BUDYKO nach Norden auf 600, bei GEIGER auf 1000 mm, nach Osten bei beiden Autoren auf 600 bis 800 mm, nach Südwesten auf 400 bzw. 500 mm. Unsere Küstenwerte betragen dagegen im N 1100 bis 1300 mm, im E 800 bis 1000 mm und im SW 1000 bis 1100 mm.

Nordamerika weist nördlich 50° N etwa übereinstimmende Verhältnisse auf. Östlich der Rocky Mountains geben BUDYKOS und GEIGERS Karten nach Südosten hin

Our maps are based principally on the hydrographically determined difference E = P – D, whereas those of Budyko and Geiger depend primarily on heat budget considerations..

In *Europe*, Budyko's limited data agree with our interpretation. In the Carpathian basin, Geiger's value of 750 mm is higher than ours in some instances; in the driest part we obtained a value less than 500 mm.

On the north coast of *Asia*, Budyko usually adopted 150 mm; we stay with 100 mm, or somewhat more, based on the data of Vowinkel/Taylor (1965). But our finding of 200 mm or less for eastern Siberia, where Budyko and Geiger estimate about 250 mm, indicates somewhat lower total evaporation in the subpolar region; as a result, our 300 mm isohyet lies more to the south than Budyko's. In central Asia and the Near East, as well as in southeastern USSR and Japan, there are scarcely any differences compared to the earlier maps.

In Syria-Israel, our values of 400 - 700 mm are distinctly higher than Budyko's (200 - 400 mm) and Geiger's (250 - 500 mm). The same tendency is apparant for India: 600 - 1400 mm as opposed to Budyko's 400 - 1000 mm and Geiger's 500 - 1000 mm. In the same sense, along the east coast of Vietnam our value is 1200 mm versus Budyko's 800 mm, and on China's south coast 1000 versus 800 mm. Geiger's value for Vietnam is 1000 mm, and for the west coast of Thailand it is 1250 mm compared to our 1400 mm. In south China we agree with him.Over central and northern China and adjacent parts of eastern USSR our interpretation is in harmony with both authors.

Budyko also arrives at lower relative values in *Africa*. At 10°N he accepts about 700 mm, whereas we and Geiger arrive at 1000 mm. He encircles the equatorial rain belt with E_L = 800 mm where we and Geiger estimated 1200 - 1400 mm; along the east coast the comparative values are 600 mm versus 800 - 1000 mm. The same relationship holds for eastern South Africa (600 or 750 mm versus 700 - 1000 mm), whereas in western South Africa the agreement is good. On Madagascar's east coast Budyko and Geiger give 800 mm versus our 1000 - 1400 mm.

In *Australia*, evaporation increases from 200 mm in the central region as follows: To the north it increases to 600 mm (Budyko), to 1000 mm (Geiger); to the east to 600 - 800 mm (both authors), and to the southwest to 400 or 500 mm. In contrast our coastal values are 1100 - 1300 mm (N), 800 - 1000 mm (E), and 1000 - 1100 mm (SW).

In *North America* north of 50°N approximate agreement exist. East of the Rocky Mountains the Budyko and Geiger maps show, toward the southeast, increases to from 400 or 500 mm to 800 or 750 mm, and in Florida 1000 mm. Our maps show a somewhat greater increase to from 400 to 900 mm, and finally to almost 1100 mm. On the west coast Budyko indicates a narrow 400 mm belt, and Geiger 500 mm; our value at 40°N goes up to 700 mm. In Central America a comparison is scarcely

eine Zunahme von 400 bzw. 500 auf 800 bzw. 750 mm und in Florida auf 1000 mm an. Die vorliegenden Karten zeigen etwas stärkeren Anstieg, und zwar von 400 mm auf 900 mm und zuletzt bis fast 1100 mm. An der Westküste hat BUDYKO in einem schmalen Saum vorwiegend 400, GEIGER 500 mm angenommen, unsere Werte gehen in 40° N bis 700 mm hinauf. In Mittelamerika ist ein Vergleich kaum möglich. Die Küstenwerte vom Golf von Mexiko und von der Karibischen See deuten an, daß BUDYKO die Verdunstung um 100 bis 200 mm niedriger annimmt als wir, während wir mit GEIGER etwa übereinstimmen.

Größere Unterschiede entstanden in *Südamerika:* Im zentralen Amazonasbecken hat BUDYKO ein Gebiet mit über 1000 mm, am Rande des Beckens von etwa 800 mm ermittelt. GEIGER bleibt im ganzen Becken zwischen 750 und 1000 mm. Wir nehmen am Rande 1200 mm und im Zentrum in großen Bereichen 1300 bzw. 1400 mm an. In Guayana stehen BUDYKO und GEIGER mit 1000 mm gegenüber 1300 bis 1400 mm bei uns. Unser 1300 mm-Gebiet am oberen Paraguay ist bei BUDYKO und GEIGER mit 1000 mm angegeben. Im Tiefland südlich 20° S ist die Übereinstimmung gut, an der Küste Chiles liegen wir um etwa 100 mm höher als GEIGER. An der Nordwestküste des Kontinents sind bei BUDYKO bis 800, bei GEIGER bis 1000 mm angedeutet, wir erreichen 1400 mm.

Für die *Antarktis* gilt das unter Ziff. 3.1.1 Gesagte entsprechend.

Insgesamt nimmt also BUDYKO in den regenreichen Tropen und Subtropen zwischen 200 und 400 mm weniger Verdunstung an als wir. In der gemäßigten Zone ist die Übereinstimmung befriedigend, im subpolaren Bereich liegen wir um etwa 50 mm bis zu 100 mm niedriger. Letzteres kann natürlich darin begründet sein, daß wir den Windeinfluß auf die Niederschlagsmenge noch zu gering geschätzt haben. Mit einem höheren P_L bei festliegendem D_L käme man also auch auf ein höheres E_L. Die Unterschiede gegen GEIGER liegen in gleicher Richtung; sie sind aber in der Tendenz geringer.

Wenn insgesamt die Verdunstung vom Festland von uns mit 71.4 x 10³km³ ≡ 481 mm angegeben wird, BUDYKO (1963) 61 x 10³km³ ≡ 410 mm mitteilt, so ist die Differenz von 70 mm mit obigen Feststellungen doch wohl noch nicht erklärt. Wir können nicht beurteilen, mit welchen Werten BUDYKO in seiner Berechnung von E_L für das ganze Festland die von ihm in der veröffentlichten Karte weiß gelassenen Gebiete berücksichtigt hat. Sie umfassen schätzungsweise fast 20% des Festlandes. Es ist daher hier nicht möglich, den Sachverhalt genauer zu klären. Die Angabe des Mira-Atlas (1964) stellt mit 72 x 10³km³ denn wohl auch eine indirekte Berichtigung des Atlas von 1963 dar.

possible. The coastal values for the Gulf of Mexico and the Caribbean Sea indicate that Budyko assumed evaporation 100 - 200 mm lower than we did, whereas we agree approximately with Geiger.

Greater differences occured in *South America:* In the central Amazon basin Budyko found an area with 1000 mm, and at the edge of the basin about 800 mm. Geiger stays between 750 and 1000 mm for the entire basin. We accept 1200 mm at the border, and 1300 or 1400 mm in a large central region. In Guiana, Budyko and Geiger stop at 1000 mm, as opposed to our 1300 - 1400 mm. Our 1300-mm area in upper Paraguay is 1000 mm according to Budyko and Geiger. In the lowlands south of 20°S the agreement is good; on the coast of Chile we are about 100 mm higher than Geiger. On the northwest coast of the continent Budyko indicates 800 mm, Geiger up to 1000 mm, and we reach 1400 mm.

For *Antarctica* the statements under 3.1.1 are of value correspondingly.

In summary, for the rainy tropics and sub-tropics Budyko assumes between 200 and 400 mm less evaporation than we assume. In the temperate zone the agreement is satisfactory; in the subpolar region our values are about 50 - 100 mm lower. The latter, of course may be based on the fact that we still have underestimated the wind effect on precipitation. With higher P_L and constant D_L, one would arrive at a higher E_L. Our differences with Geiger are in the same direction, but they tend to be smaller.

Since our total evaporation from land is 71.4(10³)km³ ≡ 481 mm, and Budyko's (1963) 61(10³)km³ ≡ 410 mm, the difference is 70 mm; but this difference is still not completely explained by the above statements. We are unable to judge which values Budyko used (for those areas left blank in his published maps) in his calculation of E_L for the total land area. The areas left blank make up almost 20% of the land area. Therefore it is not possible here to explain the state of affairs more precisely. The Mira-Atlas (1964) statement of 72 (10³) km³ probably was based on an indirect adjustment of Budyko's 1963 Atlas.

3.1.3   Abfluß (D$_L$)

Für einen Vergleich steht uns die Karte von L'VOVITCH (1964), Maßstab 1 : 60 Mill. zur Verfügung, die ziemlich detailliert gezeichnet ist. Sie enthält bis 600 mm Isolinien im Abstand von 200 mm, außerdem 50, 100, 1000 und 1500 mm und sie beruht auf Abflußmessungen. Die Zehrgebiete in den abflußlosen Bereichen sind nicht dargestellt. [1])

Über *Europa* ist die Übereinstimmung gut. Im polaren Norden nimmt L'VOVITCH 400 bis 600 mm an, wo wir auf 300 bis 400 mm gekommen sind. Hier sind wir in Übereinstimmung mit TRYSELIUS (1971), während die Abflüsse zu dem inneren skandinavischen Gebirgsbereich nach dieser Quelle nunmehr höher anzusetzen sind. Die Gebirge sind bei L'VOVITCH weniger detailliert und weisen in der Höhe 600 bis 1500 mm auf, wo wir 1000 bis 2000 mm ermittelten.

Auch in *Asien* stimmen wir im Bereich der UdSSR befriedigend überein. Wir fanden weitgehend ähnliche Werte, im Ural jedoch 400 mm bei uns gegen 600 mm bei L'VOVITCH. In Mittelasien stimmen wir überein. Auch in Japan sind die Ergebnisse sehr ähnlich. In Vorderasien haben wir in den Gebirgen teilweise höhere Werte eingetragen, als dies bei L'VOVITCH in seinem Maßstab möglich ist. So entstehen Differenzen von 400 bis 2000 mm bei uns gegenüber 200 bis 1500 mm. Die Abflußmengen aus den Gebirgen Südwestarabiens kommen bei L'VOVITCH nicht zum Ausdruck. In Vorderindien stimmen die Auffassungen überein, in Hinterindien sind die abflußarmen Ebenen Burmas, Thailands und Kambodschas von L'VOVITCH nicht dargestellt (D$_L$ = 400 mm statt 100 bis 200 mm bei uns). Im ohnehin schwierigen Grenzgebiet zwischen Tibet und China hat L'VOVITCH wohl einen zu geringen Abfluß bis maximal 600 mm angenommen, wo wir bis 1400 mm ansetzen. Nach Osten umfaßt bei L'VOVITCH die 1000 mm-Linie ein etwas größeres Gebiet als bei uns, auf Taiwan nehmen wir 1000 bis 2000 mm, L'VOVITCH nur 400 mm an. Mit einem Niederschlag von 2000 bis 3000 mm kann letzteres nicht vereinbart werden. Die Darstellungen in der Insulinde und auf Neuguinea sind kaum vergleichbar, weil L'VOVITCH 1500 mm als höchste Isolinie verwendet, hier aber verbreitet Abflüsse bis über 3000 mm vorkommen dürften.

Auch in *Afrika* ergeben sich bei großzügiger Übereinstimmung des Verteilungsbildes eine Reihe teils erheblicher Unterschiede. In den Atlasländern kommen wir auf 400 bis 600 mm, L'VOVITCH auf 200 mm. Die 200 mm-Linie umschließt südlich der Sahara bei L'VOVITCH ein etwas größeres Gebiet als bei uns, aber die Höchstwerte bleiben erheblich zurück. In Äthiopien gibt L'VOVITCH bis 400 mm, wir nehmen bis 1000 mm an. In tropischen Regengebieten der Küste endet die Darstellung von L'VOVITCH mit 1500 mm, wir geben 2000 bzw. 2500 mm an. Das zentrale Kongogebiet haben wir auf 700 mm

3.1.3   Runoff (D$_L$)

For comparison L'vovitch's (1964) rather detailed map scale 1: $6(10^7)$, is available. It contains isolines up to 600 mm in graduations of 200 mm, also 50, 100, 1000, and 1500 mm lines, and it is based on runoff measurements. The infiltration areas in regions without runoff are not evaluated. [1])

Over *Europe* the agreement is good. In the polar north where we arrive at 300 - 400 mm, L'vovitch accepts 400 - 600 mm. Here we are in agreement with Tryselius (1971), but according to him runoff in the interior Scandinavian mountains is somewhat higher. The mountains are given in less detail by L'vovitch, and indicate 600 - 1500 mm at the peak compared to our 1000 - 2000 mm.

Agreement is also satisfactory in *Asia*, in the USSR region. We found similar values as a rule, but in the Urals 400 mm versus 600 mm for L'vovitch. In central Asia we agree, and in Japan the results are similar. In the Near East we entered higher values in the mountains, in some instances, than is possible for the L'vovitch map scale. So there are differences between our range (400 - 2000 mm) and his (200 - 1500 mm). Runoff quantities from the mountains of southwest Arabia are not expressed by L'vovitch. In the Near Indies the interpretations agree; in Indo-China the low runoff plains of Burma, Thailand, and Cambodia are not described by L'vovitch (D$_L$ = 400 mm, instead of our 100 - 200 mm). In the difficult border region between Tibet and China, L'vovitch probably assumed runoff too low (maximum 600 mm); we used values up to 1400 mm. To the east, L'vovitch's 1000-mm line encompasses a somewhat greater area than ours; in Taiwan we assume 1000 - 2000 mm, L'vovitch only 400 mm. With precipitation of 2000 - 3000 mm, the latter cannot be justified. The interpretations in the East Indies and New Guinea are scarcely comparable since L'vovitch used 1500 mm as the highest isoline, but here widespread runoff over 3000 mm may occur.

In *Africa,* there is general agreement but also a series of important differences. In the Atlas-lands we arrive at 400 - 600 mm, L'vovitch at 200 mm. L'vovitch's 200-mm line encompasses a somewhat larger area than ours south of the Sahara, but the maximum value is considerably lower. In Ethiopia L'vovitch gives up to 400 mm, we assume up to 1000 mm. In tropical rainy areas along the coast L'vovitch stops at 1500 mm; we give 2000 - - 2500 mm. We appraised the central Congo at 700 mm whereas L'vovitch did not go above 400 mm. But in the eastern part of Congo he assumes the 600 mm area to be larger. In east and south Africa, as well as Madagascar, only very small differences occur as a result of generalization.

In *Australia* there are no basically new assumptions with the exception that our overall runoff maxima are somewhat higher than those of L'vovitch. This is especially

---

[1]) Siehe Fußnote zu Ziff. 2.1.3

[1]) See footnote, section 2.1.3

veranschlagt, wo L'VOVITCH nicht auf über 400 mm kommt, dafür ist bei ihm das 600 mm-Gebiet im östlichen Kongo größer. In Ost- und Südafrika sowie auf Madagaskar treten nur kleinere, in der Generalisierung begründete Unterschiede auf.

In *Australien* ergeben sich keine grundlegenden neuen Annahmen mit der Ausnahme, daß die höchsten Abflüsse überall bei uns etwas höher liegen als bei L'VOVITCH. Besonders ausgesprochen ist dies in den Neuseeländischen Alpen, wo L'VOVITCH bis 1000 mm, wir bis 4000 mm gehen. Aber alle diese Differenzgebiete sind flächenmäßig verhältnismäßig klein und daher ohne größere Auswirkung auf die globale Auswertung.

In *Nordamerika* sind die Unterschiede über weite Flächen hin unerheblich. Im Süden Labradors sowie auf Neufundland und Neuschottland sind die Gebiete mit 600 mm bei uns weiter ausgedehnt und gehen stellenweise bis 800 mm Abfluß hinauf. Andererseits bleiben wir an der Golfküste auf über 4000 mm, während L'VOVITCH bis 600 mm annimmt. An der pazifischen Küste endet L'VO-VITCH im kanadischen Anteil mit Werten um 1500 mm, wo wir bis 400 mm errechnen; an der Westküste der USA hat L'VOVITCH im Norden 1000 mm eingetragen, wir gehen bis 1400 mm. Zu einer genaueren Beurteilung Mittelamerikas reicht der Maßstab bei L'VOVITCH nicht recht aus. Großräumig ist die Übereinstimmung gegeben, die Höchstwerte erscheinen mehrfach niedriger als bei uns.

In *Südamerika* haben allerdings neue Messungen und Erkenntnisse vom Amazonas das Bild erheblich verändert. Während L'VOVITCH die aequatoriale Zone des Beckens auf 600 mm schätzt und nördlich bis 1000 mm, südlich bis 400 mm geht, finden wir in zwei Dritteln des Gebietes mehr als 1000 mm bis 2000 mm im Nordwesten, bis 1400 mm im Südosten. Im Guayanagebiet nehmen wir 1000 bis 2000 mm Abfluß an, L'VOVITCH bleibt bei 1000 mm.[1]) In der neuen Karte hat L'VOVITCH (1973) allerdings die Abflußwerte beträchtlich erhöht. Die Kordilleren hat L'VOVITCH über die Isolinien von 400 bis 1000 mm hinaus nicht besonders herausgearbeitet. Hier fließen aber verbreitet 2000 mm, im einzelnen bis 3000 mm und an einem kleinen Küstenstreifen über 5000 mm ab. Südlich 20° S sind unsere Gebiete über 200 mm bzw. über 600 mm größer als bei L'VOVITCH, im Süden Brasiliens schätzen wir bis 1000 mm. In Chile reicht die Grenze bei L'VOVITCH mit 1500 mm nicht aus. Hier fließen verbreitet 5000 mm ab.

Bezgl. der *Antarktis* siehe Ziff. 3.1.1 entsprechend.

Bis auf Südamerika ist also die Übereinstimmung zwischen L'VOVITCH und uns befriedigend; sie findet ihre Grenze im Maßstab, d.h. in den kleinen Gebieten hohen Abflusses, wo unsere weit über die 1500 mm-Obergrenze von L'VOVITCH hinausgehenden, bis 4000 mm erreichenden Werte eindeutig in den dortigen großen Niederschlagshöhen begründet sind. Für die Berechnung des Gesamtabflusses des Festlandes spielt dies bei L'VOVITCH keine Rolle, da er von den Abflußmessungen der einzelnen Ströme ausgegangen ist, also seine Karte anscheinend

pronounced in the New Zealand Alps where L'vovitch goes up to 1000 mm, compared with our 4000 mm. But the areas of these regions are relatively small, and therefore of little importance in the global evaluation.

In *North America* the differences are unimportant over wide areas. In south Labrador, as well as Newfoundland and Nova Scotia, our 600-mm area is more extensive and goes up to 800 mm in places. On the other hand, on the Gulf coast we stop at 400 mm whereas L'vovitch assumes up to 600 mm. L'vovitch does not exceed 1500 mm on the Canadian Pacific coast where we obtain up to 4000 mm; on the west coast of the USA L'vovitch recorded 1000 mm in the north where we go up to 1400 mm. L'vovitch's scale does not permit a more precise evaluation for Central America; agreement exists for the most part, but his maxima usually appear lower than ours.

New measurements and knowledge of the Amazon have changed the picture considerably in *South America*. Whereas L'vovitch evaluated the equatorial zone of the basin at 600 mm, toward the north at up to 1000 mm, and toward the south up to 400 mm, we found more than 1000 mm over two-thirds of the area (up to 2000 mm northwest, 1400 mm southeast). In the Guiana region, we assume 1000 - 2000 mm, L'vovitch 1000 mm. The new data from Amazon and Orinoco (see 2.1.4) were not known 1964. In the new map L'vovitch (1973) increased the runoff values considerably. L'vovitch did not work out the Cordillera isolines in detail between 400 and 1000 mm. But here widespread runoff of 2000 mm occurs, in individual instances up to 3000 mm, and in small coastal bands over 5000 mm. South of 20°S our 200-mm or 600-mm areas are larger than those of L'vovitch; in southern Brazil we estimated up to 1000 mm. In Chile L'vovitch's 1500 mm boundary does not suffice; here widespread runoff of 5000 mm occurs.

Concerning *Antarctica* see chapter 3.1.1.

Except for South America, therefore, our agreement with L'vovitch is satisfactory. Agreement is limited by the map scale, i.e., by small areas with high runoff. Our values up to 4000 mm, exceeding by far the 1500-mm maximum of L'vovitch, clearly depend on locally great precipitation depth. This is not a factor in L'vovitch s calculation of the total runoff from land because he started with the runoff quantities of individual streams and apparently did not planimeter his maps. On the other hand we used runoff data and planimetering, and attempted to bring both into agreement, but also thereby to be able to interpolate as well as possible for areas without runoff measurements.

nicht planimetriert hat. Wir haben dagegen Messungsergebnisse und Planimetrierung verwendet und beides in
Einklang zu bringen gesucht, dadurch aber auch die Gebiete ohne Abflußmessungen auf möglichst schlüssige
Weise interpolieren können.

3.2   Weltmeer

Da auf den Ozeanen die direkten Messungen spärlich sind,
können die Kartenentwürfe für diese Teile der Erde natürlich mehr den subjektiven Auffassungen unterliegen als jene für das Festland. Während sich das bisher bekannte
Verteilungsbild beim Niederschlag in den Grundzügen
kaum, in Einzelheiten teilweise änderte, kommen beim
Vergleich der Verdunstungskarten die größeren Differenzen als Folge von unterschiedlichen Auffassungen der
einzelnen Autoren stärker zum Ausdruck. Bei $D_S = P_S -
E_S$ ist ein Vergleich nur mit ALBRECHT möglich; die
Differenzen beruhen teilweise auf unterschiedlichen Auffassungen über die beiden Größen P_S und E_S.

3.2.1   Niederschlag (P_S)

Nordpolarmeer: Die Annahme, daß am Südrand P_S bei
100 mm liegt, ist in Übereinstimmung mit WÜST (1954),
DROSDOW (1964) und KNOCH (1961). Weitere Vergleiche sind nicht möglich.

Atlantik: Die wenigsten Probleme gab der Nordatlantik
als der am besten erforschte Teil des Weltmeers auf.
Nachdem wir uns gem. Ziff. 2.2 auf ein bestimmtes Niveau für die Niederschlagshöhe festgelegt und die einzelnen Gitterpunktwerte ermittelt haben, war deren Streuung gering und gestattete eine fast eindeutige Festlegung
der Isohyeten. Einer Diskussion der Unterschiede bedarf
es also nicht. Das gilt auch für die Nebenmeere.

Weiter südlich mag strittig sein, ob das Gebiet von 2000
mm über 5° N von dem Gebiet vor der afrikanischen Küste getrennt ist oder nicht, wie es ALBRECHT und
DROSDOW annehmen. Nördlich der Amazonasmündung
kommen wir im Anschluß an das Festland auf über 3000
mm, ein Wert, der nach den dortigen Beobachtungen
nach neuerer Auffassung eindeutig ist. ALBRECHT
bleibt vor der Küste von Guayana bis Nordost-Brasilien
hinter unseren Werten zurück, die sich aus den Land-
beobachtungen auf das Meer übertragen lassen. Im Gegensatz zu ALBRECHT und KNOCH weichen die Werte
von DROSDOW in den westlichen Subtropen des Atlantik von KNOCH und ALBRECHT nach oben ab. Wir sind
unter Berücksichtigung der Zirkulation mehr den letzteren gefolgt. Zweifelhaft sind über dem Atlantik und über
dem Indischen Ozean 1200 mm in rund 45° S. AL-
BRECHT deutet stellenweise sogar 1500 mm an, bei
DROSDOW und KNOCH gibt es allgemein keine Isohyete
zwischen 1000 und 1500 mm. In Analogie zur Nordhalbkugel scheinen aber doch wohl mindestens 1200 mm in
dieser Westwindzone mit ihren Frontensystemen gerechtfertigt.

3.2   Oceans

Since direct measurements over the oceans are scanty,
map descriptions may be more subjectively based than
for land areas. Whereas the main features of the former
distribution of precipitation are scarcely changed in principles, but partly in details, the more important differences are pronounced by comparison of evaporation maps,
because of different interpretation of individual authors.
For $D_S = P_S - E_S$, a comparison is possible only with Albrecht. Differences depend in part on dissimilar interpretations of the magnitudes of both P_S and E_S.

3.2.1   Precipitation (P_S)

Arctic. The assumption that P_S is 100 mm at the south
border is in agreement with Wüst (1954), Drosdow (1964),
and Knoch (1961). Further comparisons are not possible.

Atlantic; The north Atlantic, the most-studied part of
the oceans, presented the fewest problems. After we defined a certain level for precipitation depth and determined the individual grid-point values (Section 2.2), their
variation was small and confirmed an almost unequivocal
fixation of the isohyets. Therefore, there is no need for a
discussion of the differences. This holds also for the
adjoining seas.

Further south it may be questionable whether, as Albrecht
and Drosdow assume, the 2000-mm region above 5°N is
separate from the area along the *African coast.* North of
the *Amazon estuary* we find 3000 mm, a value which
according to measurements in that place is unquestioned.
Albrecht assumes lower values than ours along the coast
of Guiana to northeast Brazil since the land measurements
may be transferred to the sea. In contrast to Albrecht
and Knoch, Drosdow's values in the *western sub-tropics
of the Atlantic* are higher. We were inclined to follow the
latter, considering the circulation pattern. Over the Atlantic and Indian Oceans at about 45°S, 1200 mm is doubtful. Albrecht even indicated 1500 mm at places; in
Drosdow and Knoch there are generally no isohyets between 1000 and 1500 mm. But in analog with the northern hemispere, at least 1200 mm appears justifield in
this west-wind zone with its frontal systems.

In the *subpolar region* (true also for the *Pacific* and
Indian Oceans) we favor Drosdow's values versus Albrecht
and Knoch, considering available measurements from the
Antarctic border, Graham-Land, and a few islands.

Indian Ocean. The precipitation distribution is altered,

Im subpolaren Gebiet – das gilt auch für den Indischen Ozean und den Pazifik – schlossen wir uns mit Rücksicht auf die vom Rande der Antarktis, vom Graham-Land und von den wenigen Inseln vorliegenden Messungen mehr an DROSDOW als an ALBRECHT und KNOCH an.

Indischer Ozean: Entsprechend dem vom Atlantik und Pazifik abweichenden Zirkulationssystem insbesondere im nördlichen Viertel dieses Ozeans ist die Niederschlagsverteilung abgewandelt.

Das große Gebiet mit über 2000 mm nördlich von 10° S ist bei DROSDOW wesentlich größer ausgefallen als bei ALBRECHT und KNOCH. Wahrscheinlich hat DROSDOW die Inselwerte von den Seychellen und Malediven überbewertet, die Beobachtungen von der afrikanischen Küste nicht genügend berücksichtigt. Andererseits dehnt ALBRECHT das Gebiet über 2500 mm südwestlich von Sumatra zu stark nach Westen aus; wir halten es mehr küstenbezogen und entsprechend begrenzt. An der Ostküste des Golfs von Bengalen sind nach den Beobachtungen eindeutig bis 4000 mm anzusetzen; ALBRECHT bleibt bei 2500, DROSDOW hat kleine Gebiete bis 5000 mm, die uns unsicher erscheinen. Mit KNOCH erscheinen uns bis 4000 mm richtig. Ein beträchtlicher Unterschied ist bei dem niederschlagsarmen Gebiet zwischen 20° und 30° S zu erkennen. DROSDOW und KNOCH dehnten es am wenigsten, ALBRECHT am meisten nach Westen aus. Wir haben in Anlehnung an das Hochdruckgebiet dieser Breiten eine fast an ALBRECHT angelehnte Ausdehnung nach W zugrundegelegt. Im Südwesten Madagaskars, also im Lee der Insel, hat ALBRECHT offensichtlich zu hohe Werte angesetzt. Die Karten von DROSDOW und KNOCH, deren Auffassung wir uns anschließen, werden dem genannten Effekt gerecht.

Die Probleme um die Westwindzone und den subpolaren Bereich wurden bereits beim Atlantik erörtert. Die diesbezüglichen Ausführungen gelten auch für den Indischen Ozean.

Pazifik: Die Untersuchungen von WYRTKI (1956) und SEELYE (1950) stellen wichtige konkrete Grundlagen für die Berichtigung der bisherigen Auffassungen über die indonesischen Meeresgebiete und den Südwest-Pazifik dar, denen wir uns angeschlossen haben. In Anlehnung an die Linienführung am Ostrand der Celebes-See haben wir dann das Gebiet mit mehr als 3000 mm kleiner als bei KNOCH und größer als bei DROSDOW angenommen, ohne den geringeren Werten von ALBRECHT folgen zu können. Das gleiche gilt für das Gebiet zwischen Neuguinea und Samoa. Bei der Linienführung zwischen den Philippinen und Japan konnten wir wegen der vorliegenden Messungen den höheren Werten von DROSDOW und den geringeren Annahmen von ALBRECHT nicht folgen. Vor der Küste von Alaska weisen die Messungen von Festland eindeutig auf über 3000 mm hin, während DROSDOW bei 2500 mm stehen bleibt. Auch die 4000 mm von KNOCH im Alexander-Archipel bestehen wohl zu Recht.

especially in the northern quarter of this ocean, in correspondence with the changing circulation system of the Atlantic and Pacific.

The larger area north of 10°S with 2000 mm is given a higher value by Drosdow than by Albrecht and Knoch. Drosdow probably overestimated the island values from the Seychelles and Maldives, and did not give enough consideration to observations from the African coast. On the other hand, Albrecht extended the 2500 mm area south of Sumatra too far west; we think it is coast-related and correspondingly limited. On the east coast of the Bay of Bengal, according to observations, up to 4000 mm is clearly applicable; Albrecht stays with 2500, and Drosdow has small areas with up to 5000 mm--which appears doubtful. With Knoch, up to 4000 mm appears right to us.

A considerable difference is to be distinguished in the light precipitation zone between 20° and 30°S. Drosdow and Knoch extended it least toward the west, Albrecht most. Based on the high pressure area of this latitude, we have accepted a westward extension largely according to Albrecht. To the southwest of Madagascar, i.e., in the Mozambique Channel Albrecht apparently applied too high a value. The maps of Drosdow and Knoch, whose interpretation we accept, take the indicated effect into account.

The problems of the zone of westerlies and the subpolar region were already discussed with the Atlantic. The related statements are also valid for the Indian Ocean.

Pacific: The investigations of Wyrtki (1956) and Seelye (1950) provide important concrete bases, which we have adopted, for correction of former interpretations over the Indonesian sea area and the southwest Pacific. Based on the isohyet at the east coast of the Celebes Sea, we assumed 3000 mm for the area. This value is smaller than Knoch's and larger than Drosdow's; we could not accept Albrecht's smaller values. The same holds for the area between New Guinea and Samoa. Because of existing measurements, we cannot accept Drosdow's higher values and Albrecht's lower assumptions for the isohyets between the Philippines and Japan. Land measurements clearly indicate 3000 mm for the coast of Alaska, but Drosdow assumes 2500 mm. Also, Knoch's 4000 mm for the Alexander Archipelago probably is correct.

Over the east half of the north Pacific we assumed a much larger value than Knoch and Drosdow based on Albrecht, considering the pressure distribution, and in analogy with the north Atlantic; we cannot regard sea-side measurements from the Hawaiian Islands as representative for the open sea. On the other hand we used, with Knoch and Drosdow, 1500 mm for the Kuroshio, which is more than Albrecht assumed but comparable to the Gulfstream area.

Differences in the interpretations are greater in the south Pacific. Clear solutions are not possible; we used uncertain measurements and analogies, and Geiger's (1965) air pressure and circulation maps.

Über der Osthälfte des Nord-Pazifik haben wir das niederschlagsarme Gebiet in Anlehnung an ALBRECHT unter Berücksichtigung der Druckverteilung und in Analogie zum Nordatlantik wesentlich größer als bei KNOCH und DROSDOW angenommen; die Messungen von den Leeseiten der Hawai-Inseln konnten wir nicht als für das freie Meer repräsentativ ansehen. Andererseits haben wir über dem Kuro-Siwo — wie KNOCH und DROSDOW — verbreitet 1500 mm, damit also mehr als ALBRECHT angenommen und uns dadurch auch dem Bereich des Golfstroms angepaßt.

Größer sind die Auffassungsunterschiede auf dem Südpazifik. Eindeutige Lösungen sind nicht möglich; wir haben uns an unsicheren Messungen und Analogien sowie an den Karten von GEIGER über die Luftdruck- und Strömungsverhältnisse orientiert.

Die Korallensee betrachten DROSDOW und noch mehr KNOCH als relativ niederschlagsarm bis unter 1000 mm. Aufgrund der recht kritischen Bewertung der Inselmessungen durch ALBRECHT haben wir uns mit Werten um 1500 mm dessen Auffassung angeschlossen, die auch von SEELYE (1950) vertreten wird. Östlich und westlich von Neuseeland erscheinen uns die Werte von KNOCH als zu niedrig, wenn man sich an den Messungen auf der Doppelinsel und deren Umgebung orientiert, so daß wir uns an DROSDOW und ALBRECHT angenähert haben. Den Widerspruch DROSDOW-KNOCH gegen ALBRECHT im zentralen Südpazifik haben wir im Sinne des letzteren gelöst, wobei wir an die westlich angrenzende Darstellung von SEELYE (1950) anknüpften und GEIGER (1965) berücksichtigten. Bezüglich des subpolaren Gebietes verweisen wir auf den Schlußsatz beim Atlantik.

3.2.2   Verdunstung (E_S)

Nordpolarmeer: Vergleiche mit anderen Autoren als VOWINKEL-TAYLOR (1966), deren Untersuchung wir unserer Karte zugrundegelegt haben (siehe Ziff. 2.2.4), sind nicht möglich, da das Nordpolarmeer bei den übrigen Bearbeitern nur andeutungsweise in sehr verzerrter Projektion oder gar nicht dargestellt ist.

Atlantik: Über dem Europäischen Nordmeer bleiben die Annahmen von VOWINKEL-TAYLOR (1966) erheblich unter den Werten von ALBRECHT und BUDYKO. Wir haben uns ersterer Auffassung angeschlossen, die sich aus Analogie mit dem Nordpazifik als berechtigt erweist. So finden wir z.B. E_S = 600 mm, wo ALBRECHT und BUDYKO 800 mm einsetzen. Im Bereich des Labradorstroms klaffen ALBRECHT und BUDYKO weit auseinander, z.B. 400 gegen 600 mm, JACOBS weist in die Richtung von ALBRECHT; letztere Werte erscheinen in diesem Kaltwassergebiet gerechtfertigt. Im Bereich des Golfstroms herrscht weitgehende Übereinstimmung, insbesondere nehmen alle Autoren im Westen in 35° N übereinstimmend gut 2500 mm an. Im Golf von Mexiko hat ALBRECHT im Hinblick auf die Wassertemperatur wohl zu niedrige Werte, z.B. 1250 mm gegen 1500 mm nach BUDYKO und JACOBS.

Drosdow, and especially Knoch, considered the Coral Sea as relatively precipitation-poor (less than 1000 mm). On the basis of Albrecht's very critical evaluation of island measurements, we accepted the 1500 mm which Seelye (1950) also defended. East and west of New Zealand Knoch's values appear to be too low, if one looks at the measurements from the double-island and its surroundings, so we tended to agree with Drosdow and Albrecht. The contradiction, Drosdow-Knoch versus Albrecht, in the central Pacific, was decided in favor of the latter; we resisted Seelye's (1950) interpretation and considered Geiger's (1965) for adjacent areas to the west. With respect to the subpolar region, we refer to the final statement for the Atlantic.

3.2.2   Evaporation (E_S)

Arctic. Comparisons with other authors, such as Vowinkel-Taylor (1966) whose work was taken as the basis for our maps, are not possible since the Arctic Ocean is described only tentatively, if at all, in a very distorted projection.

Atlantic. Over the European North Sea, the Vowinkel-Taylor (1966) assumptions are considerably lower than those of Albrecht and Budyko. We have accepted the former interpretation because it appears justified by analogy with the north Pacific. So we found, e.g., E_S = 600 mm where Albrecht and Budyko use 800 mm. In the region of the Labrador current, Albrecht and Budyko differ greatly, e.g., 400 versus 600 mm, and Jacobs leans toward the Albrecht interpretation; the latter's values appear justified in this cold-water region. In the Gulfstream area, widespread agreement prevails; in particular all authors assume about 2500 mm in the West at 35°N. In the Gulf of Mexico, Albrecht's values are probably too low considering the water temperatures, e.g., 1250 mm versus 1500 mm according to Budyko and Jacobs.

A more extensive area with greater differences extends from the East at 40°N to the West at 35°S. We trace this to Albrecht's greater emphasis (versus Budyko and

Ein weiteres Gebiet größerer Unterschiede erstreckt sich im Osten von 40° N bis zum Westen in 35° S. Wir führen es darauf zurück, daß ALBRECHT die höhere Wärmeeinstrahlung stärker berücksichtigt als BUDYKO und JACOBS; hier handelt es sich um Differenzen von ± 150 mm, auf 20° S sogar ± 500 mm; PRIVETT hält hier die Mitte, nimmt aber im Zentrum des Hochs die Verdunstung etwas höher an, während BUDYKO hier erheblich niedriger schätzt. In der Westwindzone finden wir allgemein bei ALBRECHT die niedrigeren, bei BUDYKO die höheren Werte. Anschließend daran haben wir im subantarktischen Bereich höhere Werte als ALBRECHT angenommen, z.B. 400 mm statt 300 bis 350 mm.

Für die Ostsee ergibt sich nach WÜST (1952) und BROGMUS (1952) 475 mm, nach Korrektur um + 17% rund 550 mm, übereinstimmend mit BUDYKO; ALBRECHT dürfte bei 600 bis 700 mm liegen, unser Wert ist 500 mm. Das Europäische Mittelmeer hat nach DAUME (1950) und WÜST eine mittlere Verdunstung von 1400 bis 1450 mm, nach ALBRECHT von 1300 mm, BUDYKO von rund 1250 mm. Wir haben rund 1350 mm angenommen. Beim Schwarzen Meer sind unsere Werte von 1000 bis 1100 mm in Übereinstimmung mit ALBRECHT und NEUMANN-ROSENAN (1954); BUDYKO bleibt bei 800 mm, JACOBS nimmt 840 mm, nach Korrektur um 17%, fast 1000 mm an.

Wir fügen hier auch das zum Festland gehörende Kaspische Meer an. Es hat in unserer Auffassung ein E$_L$ von 1000 bis 1200 mm; BUDYKO setzt über 1000 mm an, GEIGER ebenfalls.

Indischer Ozean: Die Darstellungen weisen auch hier beträchtliche Unterschiede auf. Im tropischen Bereich sowie im Warmwassergebiet vor der südafrikanischen Westküste hat ALBRECHT die höheren Werte, BUDYKO liegt niedriger, PRIVETT hält etwa die Mitte. Im Arabischen Meer und im Golf von Bengalen betragen die Unterschiede bis 800 mm, östlich Südafrika bis 600 mm. Im Roten Meer und analog im Persischen Golf müssen wir in Anlehnung an NEUMANN (1952) wesentlich höhere Werte (bis 2250 mm) annehmen als die übrigen Autoren, die bei 1400 mm liegen. In der südlichen subtropischen Zone stimmen die drei Autoren mit Werten von gut 2000 mm weitgehend überein. Die Verhältnisse in der Westwindzone sind denen im Atlantik ähnlich. Die Unterschiede zwischen BUDYKO und ALBRECHT mit dessen niedrigeren Werten betragen bis 400 mm. PRIVETT liegt wiederum meist in der Mitte. Im subantarktischen Gebiet schlossen wir uns der Auffassung von ALBRECHT, der hier höhere Werte als im Südatlantik annimmt, weitgehend an bzw. wir bleiben im östlichen Teil in Analogie an die beiden Nachbarozeane etwas darunter.

Pazifik: Wie im Nordatlantik weist das Kaltwassergebiet rings um Kamtschatka bei BUDYKO eine höhere Verdunstung auf als bei ALBRECHT und JACOBS. Die Unterschiede erreichen 500 mm. Im nördlichen Pazifik liegt BUDYKO ein wenig tiefer. Größere Differenzen kommen im mittleren und östlichen Nordpazifik zum Vorschein. Hier hat BUDYKO die höheren, ALBRECHT die niedri-

Jacobs) on radiant energy. The differences are of the order of 150 mm, even 500 mm at 20°S; Privett used the mean value here, but in high pressure centers assumed somewhat higher evaporation compared to Budyko. In the zone of westerlies Albrecht generally assumes the lower, and Budyko the higher values. Finally, in the subarctic region we assumed higher values than Albrecht, e.g., 400 mm instead of 300 - 350 mm.

For the Baltic Sea, after a + 17% adjustment of Wüst's (1952) and Brogmus's (1952) 475-mm value, there is about 550 mm, in agreement with Budyko; Albrecht permits 600 - 700 mm, our value is 500 mm. According to Daume (1950) and Wüst, average evaporation from the Mediterranean Sea is 1400 - 1450 mm, according to Albrecht it is 1300 mm, and after Budyko about 1250 mm. We assumed about 1350 mm. For the Black Sea, our values of 1000 - 1100 mm are in agreement with Albrecht and Neumann-Rosenan (1954); Budyko assumes 800 mm, and Jacobs 840 mm, which after a 17% adjustment is almost 1000 mm.

We also consider the Caspian Sea here. According to our interpretation E$_S$ is 1000 - 1200 mm; Budyko and Geiger indicate 1000 mm.

Indian Ocean. The descriptions show considerable differences here too. In the tropical and warm-water regions along the west coast of South Africa, Albrecht's values are higher, Budyko's lower, and Privett's about average. In the Arabian Sea and Bay of Bengal, the differences amount to as much as 800 mm, and east of South Africa up to 600 mm. In the Red Sea, and similarly in the Persian Gulf, in dependence on Neumann (1952) we must assume much higher values (up to 2250 mm) than the other authors (about 1400 mm). In the southern subtropical zone, the three authors agree for the most part on values not less than 2000 mm. The relationships in the zone of westerlies are similar to those in the Atlantic. The differences between Budyko-Albrecht versus the lower values amount to as much as 400 mm. Again Privett is intermediate. In the subantarctic region we followed the interpretation of Albrecht (who assumed higher values here than in the south Atlantic) except in the eastern part where, in analogy with the two adjacent oceans, our values are somewhat lower.

Pacific. As in the north Atlantic, the cold-water region around Kamchatka has greater evaporation according to Budyko than according to Albrecht and Jacobs. The differences go up to 500 mm. In the north Pacific, Budyko is a little lower, greater differences appear in the central and eastern north Pacific. Here Budyko has the higher values, Albrecht the lower, and Jacobs's are nearer to Albrecht's outside of the subtropical high zone (where his are even higher than Budyko's). We attempted a compromise between these different interpretations.

To the west and south, Budyko's values between southeast Asia, Philippines, Melanesia, and Samoa become lower, Albrecht's higher, Privett's intermediate, and those of Jacobs are not uniform. Southeast of China no analogy.

geren Werte, JACOBS liegt außerhalb des Subtropenhochs näher bei ALBRECHT, im Hoch eher höher als
BUDYKO. Unsere Darstellung versucht einen Kompro-
miss zwischen diesen verschiedenen Auffassungen.

Nach Westen und Süden werden dann BUDYKOS Werte
zwischen Südostasien, Philippinen, Melanesien und Samoa
niedriger, ALBRECHT wird höher, JACOBS ist nicht einheitlich, PRIVETT liegt in der Mitte. Südöstlich von
China ist keine Analogie zum Atlantik um Florida gegeben, vielmehr liegen die Werte von ALBRECHT und BU-
DYKO dort gerade umgekehrt als im Atlantik. Die Differenzen erreichen im Südchinesischen Meer bis 800 mm, in
Melanesien bis 400 mm. Im mittleren Südpazifik stoßen
wir dann auf ein größeres Gebiet positiver Abweichung
bei BUDYKO, negativer Differenz bei ALBRECHT.
Auch hier fehlt die Analogie zum Südatlantik. Westlich
Nordchile hat BUDYKO niedere, ALBRECHT höhere
Werte. In der Westwindzone berechnete ALBRECHT
fast durchwegs eine geringere, BUDYKO eine höhere
Verdunstung. PRIVETT liegt im westlichen Bereich
noch unter ALBRECHT, im östlichen über BUDYKO.
In der subantarktischen Zone sind unsere Werte etwas
unter ALBRECHT gelegen.

3.2.3   Abfluß ($D_S = P_S - E_S$)

Der Abfluß D_S vom Weltmeer ergibt sich aus P_S minus E_S,
ist also negativ und bedeutet einen Wasserdampfabfluß in
die Atmosphäre. Über dem Weltmeer stellt er sich auch
als die Differenz von Gebieten mit Wasserabgabe ($P_S - E_S$
< 0) und mit Wasseraufnahme ($P_S - E_S > 0$) dar. In den
Verteilungskarten haben wir erstere Gebiete mit Minus-
Zeichen und gestrichelten Isolinien, letztere Gebiete mit
+-Zeichen und – bis auf die Ergänzungslinien – ausgezo-
genen Isolinien kenntlich gemacht.

Als Vergleichskarte nehmen wir jene von ALBRECHT
(1960). Die übrigen Autoren haben ihre Darstellungen
auf P_S oder E_S beschränkt.

Nordpolarmeer: Um den Nordpol überwiegt eine geringe Wasserabgabe als Folge von geringem Niederschlag und
höherer Verdunstung vom teilweise offenen Meer im
Sommer. Mit dem Anwachsen der Niederschlagsmenge
zum umgebenden Festland hin ergibt sich eine Wasseraufnahme. Die Karte von ALBRECHT enthält keine Einzelheiten über dieses Gebiet, nimmt aber durchwegs eine
überwiegende Verdunstung an.

Atlantik: Die Verteilung stimmt im Grundsatz mit AL-
BRECHT überein. Im einzelnen ergeben sich jedoch wegen der bei P_S und E_S erörterten unterschiedlichen Auffassungen und wegen unserer mehr in die Einzelheiten
gehenden Kartendarstellungen zahlenmäßige Unterschiede. So finden wir südlich Island und östlich Grönland
eine wesentlich höhere Wasseraufnahme, bei Neufundland ebenfalls höhere Werte als Folge der von uns ange-
nommenen höheren Niederschläge und geringeren Verdunstung. Im Mittelmeer ist eine etwas höhere Wasserabgabe anzunehmen. Östlich Mittelamerika ist die Wasseraufnahme, in der Karibischen See die Abgabe höher, da

with the Atlantic and Florida is given; moreover,
Albrecht's and Budyko's values are just reversed compared with the Atlantic. In the South China Sea, the
differences are as great as 800 mm, in Melanesia up to
400 mm. In the central south Pacific we find then a large
area of positive deviation by Budyko, negative by
Albrecht. The analogy with the south Atlantic is missing
here. West of northern Chile Budyko has the lower values, Albrecht the higher. Almost throughout the zone
of westerlies Albrecht computed lower evaporation,
Budyko higher. In the western region, Privett is even
below Albrecht, but above Budyko in the east. In the
subantarctic zone, our values are somewhat lower than
Albrecht's.

3.2.3   Runoff ($D_S = P_S - E_S$)

Runoff from oceans D_S, as the difference $P_S - E_S$ is negative and refers to water vapor transfer in the atmosphere.
Over the oceans it also shows the difference between
regions of water loss ($P_S - E_S < 0$) and water gain
($P_S - E_S > 0$). On the maps we have designated the former areas with minus signs (−) and dashed isolines, and
the latter with plus signs (+) and solid isolines (except for
supplementary lines).

For the comparisons, we use Albrecht's (1960) maps.
The other authors limited their descriptions to P_S or E_S.

Arctic. Around the North Pole small water loss prevails
as a result of low precipitation and higher evaporation in
summer from partly open seas. With increase of precipitation toward the surrounding land there ist a water
gain. Albrecht's maps include no details for this area,
but assume throughout a predominant evaporation.

Atlantic. The distribution agrees basically with Albrecht.
In detail, however, there are numerical differences because
of the mentioned differences of interpretation with
respect to P_S and E_S, and because of our more detailed
mapping. So we find south of Iceland and east of Greenland significantly higher water gain, also higher values
near Newfoundland as a result of our assumed higher
precipitation and lower evaporation. In the Mediterranean
Sea, a somewhat higher water loss is to be assumed. East
of Central America the water gain is greater, and in the
Caribbean Sea the loss is greater because we estimated
higher evaporation. In both principal areas of water loss
we agree approximately, just as in the gain-area of the
eastern equatorial zone. As opposed to Albrecht, we
show a distinct water-gain region along the Guiana-Ama-

wir die Verdunstung höher bewertet haben. In den beiden Hauptgebieten der Wasserabgabe stimmen wir etwa überein, ebenso im Aufnahmegebiet der östlichen äquatorialen Zone. Im Gegensatz zu ALBRECHT ergibt sich bei uns vor der Guayana-Amazonas-Küste ein deutliches Wasseraufnahmegebiet; denn die Niederschlagsmengen sind wesentlich höher als bei ALBRECHT. In der Westwindzone kommt ALBRECHT zu einer größeren Wasseraufnahme als wir, weil die Verdunstung von ALBRECHT niedriger angesetzt ist

Indischer Ozean: Die prinzipielle Übereinstimmung mit ALBRECHT ist auch hier gegeben. Die zahlenmäßigen Differenzen sind in zwei Küstenbereichen größer, in denen wir zu größeren Niederschlagsmengen, also zu höherer Wasseraufnahme gekommen sind, und zwar für die indische Westküste sowie die Westküste von Burma und Thailand. In den beiden Kerngebieten der Wasserabgabe liegen wir zahlenmäßig etwa gleich, im westlichen Teil der Westwindzone hat ALBRECHT eine höhere Wasseraufnahme wegen geringer Verdunstung, wie beim Südatlantik.

Pazifik: Auch für den Pazifik stimmen wir mit ALBRECHT im Grundsatz gut überein. Jedoch errechneten wir im östlichen Nordpazifik eine etwas höhere Wasserabgabe als ALBRECHT. Im Bereich der Philippinen und Insulinde gilt ähnliches wie für einzelne Küstengebiete des Indischen Ozeans: Wegen höheren Niederschlags sind die Werte der Wasseraufnahme in unseren Karten größer, während wir auch über dem Pazifik in der schmalen äquatorialen Zone zu etwa gleichen Werten kommen. Die Zahlenwerte in dem großen südpazifischen Wasserabgabegebiet stimmen gut überein, ebenso die Wasseraufnahme in der Westwindzone sowie westlich Chile, hier wiederum mit Ausnahme des Küstengebiets.

zon coast because precipitation is considerably higher than Albrecht's. In the zone of westerlies, Albrecht arrives at a greater water gain than we do because his evaporation is less.

Indian Ocean. Basic agreement with Albrecht exists here too. The numerical differences are greater in two coastal regions (i.e., west coast of India, and of Burma-Thailand) because we arrived at greater precipitation, and consequently at higher water gain. In both central regions of water loss we are numerically about the same; in the western part of the zone of westerlies, Albrecht's water gain is higher than in the south Atlantic because of lower evaporation.

Pacific. Also for the Pacific, agreement with Albrecht is basically good. Nevertheless we estimated somewhat higher water loss than Albrecht in the eastern north Pacific. In the Philippines and East Indies region, the results are similar to those for individual coastal areas of the Indian Ocean: because of higher precipitation, water gain values are greater on our maps, whereas we also arrive at about the same values in the narrow equatorial zone over the Pacific. The numerical values agree well in the large south Pacific water loss region, and also for the water vapor gain in the zone of westerlies and west of Chile (again with the exception of the coastal region).

4. Auswertung der Verteilungs-karten zur Berechnung der Wasserbilanz

4. Evaluation of the Distribution Maps for Calculation of the Water Balance

Wie aus den vorherigen Kapiteln wohl hervorgeht, ist der Entwurf der Verteilungskarten für P, E und D nicht unabhängig von der Auswertung zur Berechnung der Wasserbilanzen erfolgt. Es ist vielmehr der Kartenentwurf auf die jeweilige Zwischenauswertung im Sinne der Wasserbilanz abgestellt gewesen. Kartenentwurf und Auswertung mußten daher so lange wiederholt werden, bis für jeden Punkt der Erdoberfläche P = E + D erfüllt war.

As indeed follows from preceding chapters, the development of distribution maps for P, E, and D did not take place independent of water balance computations. On the contrary, development was delayed during intermediate evaluations leading to the water balance. Map development and evaluation had to be repeated until for every point on the earth's surface P = E + D was realized.

4.1   Gitternetz

Die Auswertung aller Verteilungskarten für P, E und D erfolgte nach der Gitternetzmethode. Dabei sind aus Gründen der rationellen Arbeit für das Festland und für das Weltmeer verschieden große Gitter verwendet worden. Wegen der einförmigen Verteilung aller Elemente über dem Weltmeer sowie wegen der geringeren Genauigkeit bzw. Detaillierung der Kartendarstellungen genügte auf den Ozeanen ein weitmaschigeres Gitter als bei den Kontinenten, was zu einer erheblichen Einsparung von Gitterpunkten, d. h. Auswertungsarbeit führte.

Die Gitterpunkte sind aequidistant angeordnet. Der mittlere Abstand beträgt beim Festland 1° Breite = 111 km, beim Weltmeer 2 1/2° Breite, d. h. 278 km. Mit dieser Anordnung entspricht das Netz dem Grundsatz der Flächentreue und machte uns unabhängig von Kartenprojektionen, also frei in der Auswahl der Grundkarten nach sonstigen Gesichtspunkten der Zweckmäßigkeit, insbesondere der Geländedarstellung mit Isohypsen und möglichst wenig unterschiedlicher Maßstäbe innerhalb des Festlandes bzw. des Weltmeeres. Jeder Gitterpunkt repräsentiert über dem Festland eine Fläche von rund 12.200 km², über dem Weltmeer das 6.25-fache, also rund 76.200 km². Die Gesamtfläche der Erde von 510 Mio km² war schließlich in 41.840 Teilflächen gegliedert.

Neben diesen Grundsätzen für das Gitternetz ergaben sich zwangsläufig gewisse Modifizierungen. Wegen der möglichst einfachen Bezeichnung jeden Gitterpunktes mußte ein überschaubares, von den Meridianen abhängiges System gewählt werden, das die Netze in Streifen von 10 bzw. 20 Längengraden aufteilt. Dann entfallen am Äquator

Festland: 10 Gitterpunkte auf 10 Längengrade
Weltmeer: 8   „   „ 20   „

Daraus ergibt sich wegen der Verjüngung der Erdoberfläche nach den Polen hin die Anzahl der Gitterpunkte gemäß Tab. 6. Bei der Anordnung des Gitters mußte weiter beachtet werden, daß die spätere Auswertung nach 5°-Breitenzonen vorgesehen war, die Gitterreihen also zweckmäßig nicht auf die diese Zonen abgrenzenden Breiten-

4.1   Grid Network

Evaluation of all the distribution maps for P, E, and D took place according to the grid network method. In the interest of efficiency, different sized grids were used for continents and oceans. Because of the uniform distribution of the elements over oceans, as well as the lower accuracy and lesser map detail, a wider mesh grid sufficed for oceans than for continents. This led to a considerable reduction in the total number of grid points.

The grid points were arranged at equal intervals. The average distance amounted to 111 km (1.0°) for continents and 278 km (2.5°) for oceans. With this arrangement, the network complied with the principle of areal truth and was independent of map projections. This made us free to choose basic maps according to former viewpoints of suitability, especially land maps with isolines, and least possible differences in scale within continents or oceans. Each grid point represented about 12.200 km² of land surface, and 6.25 times as much, or about 76.200 km² of sea surface. The total area of the earth's surface, 510(10⁶)km², was ultimately segmented into 41840 partial areas.

In addition to these grid-network stipulations, there were certain necessary modifications. In order to simplify the denotation of each grid point, a comprehensive meridian-based system had to be chosen which separated the network into 10° or 20° longitude strips. At the equator there were,

Continents: 10 grid points for 10° longitude,
Oceans: 8 grid points for 20° longitude.

From this, because of the convergence of meridians toward the poles, the number of grid points by latitude are as given in Table 6.

In the arrangement of the grids ist also had to be considered that, since later evaluation by 5°-latitude zones was anticipated, the grid rows must not fall on latitude-zone boundaries but must represent 5° zones equidistant along a meridian.

grade fallen sollten, sondern diese 5°-Zonen aequidistant
in der meridionalen Richtung repräsentieren mußten.

Tabelle 6   Zahl der Gitterpunkte nach Breitenkreisen
Table 6   Number of Grid Points by Latitude Circles

Festland Breitengrade von . . .	bis . . .	Zahl pro 10 Längengrade	Weltmeer Breitengrade von . . .	bis . . .	Zahl pro 20 Längengrade
Continents Latitude degrees from . . .	*to . . .*	*Number per 10 longitude degrees*	*Oceans Latitude degrees from . . .*	*to . . .*	*Number per 20 longitude degrees*
0 1/2	17 1/2	10	1 1/4	18 3/4	8
18 1/2	31 1/2	9	21 1/4	33 3/4	7
32 1/2	40 1/2	8	36 1/4	43 3/4	6
41 1/2	48 1/2	7	46 1/4	53 3/4	5
49 1/2	56 1/2	6	56 1/4	63 3/4	4
57 1/2	62 1/2	5	66 1/4	71 1/4	3
63 1/2	69 1/2	4	73 3/4	78 3/4	2
70 1/2	75 1/2	3	81 1/4	86 1/4	1
76 1/2	80 1/2	2	87 1/2	90	insgesamt 3
81 1/2	86 1/2	1			*Total 3*
87	90	insgesamt 17			
		Total 17			

4.2   Auswertung nach Gitterpunkten

Für die in vorstehender Weise fixierten und auf Deckblät-
tern für jedes Kartenblatt dargestellten Gitterpunkte wurden die entsprechenden Werte aus den Verteilungskarten
für P und E entnommen. Die Bewertung jeden Gitterpunktes geschah in der üblichen Weise, indem der Wert der
meist zwischen einzelnen Isolinien liegenden Punkte nach
der Interpolationsmethode abgeschätzt wurde. Durch die
Vielzahl der Punkte wird daher automatisch eine große
Genauigkeit der Auswertung erzielt, nachdem etwaige
systematische Schätzungsfehler abgestellt wurden. Eine
gesonderte Auswertung für D unterblieb, vielmehr wurde
D = P – E für jeden Gitterpunkt bei der rechnerischen
Bearbeitung ermittelt. Dies ist insofern gerechtfertigt,
weil die D-Werte als Integrale für die Flußgebiete Eingang
gefunden und bei der Umlegung auf Isolinien planimetri-
sche Kontrollen erfolgten. Soweit im Zuge des Abgleichs
generelle Korrekturen angebracht wurden, wurden diese
auf die ursprüngliche Auswertung innerhalb der rechnerischen Bearbeitung übertragen. Die Auswertungen wurden listenweise erfaßt und dann in Lochkarten nachfol-
genden Formats übertragen.

4.2   Evaluation According to Grid Points

For grid points established in the manner described, and
plotted on overlays for each map, corresponding values
of P and E were taken from the distribution maps. Evaluation of each grid point was accomplished in the usual
manner, i.e., by interpolation between isolines. Great
accuracy was obtained automatically as a result of the
large number of points and special computation routines
which reduced the systematic estimation error. Separate
evaluation for D was omitted; rather D = P – E was determined for each point mathematically. This is justified
since the D-values, obtained as integrals at the watershed
mouth, and converted to isolines, underwent planimet-
ric control. Corrections adopted in the course of comparison were carried over in the process of numerical analysis.
The resulting data were listed and punched on computer
cards according to the following format:

Muster (Format) einer Lochkarte

Computer card format

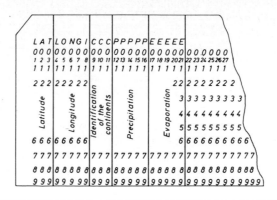

4.3   Berechnung von Wassermengen und -höhen

Die rechnerische Auswertung des gewonnenen Zahlen-materials erfolgte mittels Computer-Programmen. Grund-lage dieser Auswertung ist die Berechnung der Mengen und Höhen von P, E und D nach den einzelnen 5°-Brei-tenzonen (= 36) der Erde. Jede dieser Zonen wurde dabei in folgender Weise gegliedert:

a) gesamte Erdfläche innerhalb der Zone,

b) gesamte Land- oder Meerfläche in der Zone,

c) individuelle Kontinente oder Ozeane in der Zone,

d) Unterteilung der Kontinente in periphere und zentrale Gebiete.

Von diesen Zonenwerten ausgehend wurden sodann die Mengen und Höhen von P, E und D errechnet

e) für die einzelnen Kontinente und Ozeane als Ganzes,

f) für die peripheren und zentralen Gebiete innerhalb der Kontinente,

g) für das Festland und das Weltmeer als Ganzes sowie getrennt nach Halbkugeln und

h) für die gesamte Erde (global).

Diese Rechnungen schließen auch den Abgleich zwischen P, E und D für das Weltmeer bzw. für die ganze Erde ein. Nachdem beim Weltmeer der Wert D_S nicht als Kontroll-größe benutzt werden kann — anders auf dem Festland, wo er gesondert als Abfluß gemessen wird — konnte erst die Schlußrechnung zeigen, ob $P_S - E_S = D_S$ in den Kartenentwürfen richtig getroffen war, nämlich gleich dem Wert D_L. Diese Übereinstimmung hatten wir tat-sächlich bis auf einen minimalen Fehler von 2 mm erzielt, entsprechend 2 ‰ von P_S oder E_S. Der Schlußabgleich dieses Fehlers war also eine rein formale Angelegenheit ohne sachliche Bedeutung.

4.3   Calculation of Water Volumes and Depths

Analytical evaluation of the data was accomplished using a computer program to compute the volumes and depths of P, E and D for the earth's thirty-six 5° latitude zones. Each of these zones was arranged by:

a) total area within the zone,

b) total land and ocean areas in the zone,

c) individual continents or oceans in the zone,

d) subdivision of continents into peripheral (runoff) and central (interior drainage) regions.

From these zonal values the volumes and depths of P, E, and D were computed

e) for total individual continents and oceans,

f) for peripheral and central regions within the conti-nents,

g) for total land and ocean, and separately by hemispheres,

h) for the total earth (global).

The computations also include the balance between P, E, and D for oceans and the entire earth. Since for oceans the value D_S cannot be used as a control (as on land where it is measured separately as runoff), the final estimate can show whether $P_S - E_S = D_S$ was correctly entered in the maps (i.e., $= - D_L$). This agreement was obtained with a minimal error of 2 mm, corresponding to 0.2% of P_S or E_S. The residual error was purely a formal consideration without factual meaning.

4.4   Besonderheiten der Berechnung

Die Berechnung der Wassermengen und -höhen, die in den unter 4.3 genannten Teilgebieten der Erde und global fal-len, verdunsten oder abfließen (Festland) bzw. überschie-ßend verdunsten (Weltmeer), aus den Gitterpunktwerten ist gegeben:

4.4   Calculation Details

Calculation of water volumes and depths (for regions given in Section 4.3) of evaporation and runoff (land) or excess-ive evaporation (ocean) from the grid-point values is given:

a) für die Wasserhöhen als arithmetisches Mittel aus den einzelnen Punktwerten,

b) für die Wassermengen durch Multiplikation dieser mittl. Höhe mit der Bezugsfläche.

Das Verfahren wird dadurch kompliziert, daß die Gitterpunkte ein etwas unterschiedliches Flächengewicht haben. Hierfür gibt es zwei Ursachen.

Die erste Ursache besteht darin, daß wir es gemäß Ziff. 4.1 mit zwei nebeneinander bestehenden, in der praktischen Anlage nicht nahtlos ineinander übergehenden Netzen zu tun haben. Da jeweils das Land bzw. das Meer bis zur Küste mit dem jeweiligen Gitter überdeckt wurden, ergibt sich insgesamt eine etwas größere Zahl von Gitterpunkten, als sie der Fläche der Erdoberfläche entspricht, und zwar relativ mehr dort, wo die Küsten lang sind, d.h. auf der Nordhalbkugel. Tab. 7 enthält die entsprechenden Angaben.

a) for water depths as an arithmetic mean of the individual point values,

b) for water volumes by multiplication of mean depths and areas.

The method was complicated by the fact that the grid points have somewhat different areal weights. There are two reasons for this.

The first reason is that (according to Section 4.1) we have to do with two adjacent overlapping networks. Since both land and sea were covered with grids up to the coast, the total number of grid points is somewhat greater than the total area of the earth would permit. The excess of points is relatively greater where coasts are long, i.e., in the northern hemisphere. The corresponding data are given in Table 7.

Tabelle 7 Berichtigte Anzahl und rohes Flächengewicht der Gitterpunkte
Table 7 Corrected Number and Unadjusted Areal Weight of the Grid Points

	Festland Continents			Weltmeer Oceans		
	Fläche 10^6 km^2 *Area* 10^6 km^2	Punkte Zahl *Number of points*	Fläche je Punkt km^2 *Area per point km^2*	Fläche 10^6 km^2 *Area* 10^6 km^2	Punkte Zahl *Number of points*	Fläche je Punkt km^2 *Area per point km^2*
Nordhalbkugel *Northern hemisphere*	100.3	8279	12115	154.7	12806	12080
Südhalbkugel *Southern hemisphere*	48.6	4017	12098	206.4	16738	12331

Erde insgesamt: Auf 510.0 Mio. km^2 41840 Punkte mit je 12189 km^2
Total earth: For 510.0 (10^6)km^2, 41840 points, one point for each 12189 km^2.

Der zweite Grund ergibt sich aus der Struktur der Gitternetze, indem zum Pol hin ein unstetiger Übergang von einer bestimmten Punktzahl pro 10 bzw. 20 Längengrade zu der nächst niedrigeren Punktzahl stattfindet. Deshalb hat auf der aequatorwärtigen Seite dieser Streifen mit einheitlicher Punktzahl unser Gitter gegenüber einem stetig zum Pol abnehmenden Gitter etwas zu wenig, auf der polwärtigen Seite etwas zu viel Punkte. Um flächentreu zu rechnen, d. h. um allen Gitterpunkten die richtigen Flächengewichte zu geben, bedarf es also korrigierender Faktoren gemäß Tab. 8.

Außerdem ist drittens wegen der Abplattung der Erde der meridionale Abstand der Breitenkreise, an denen die Gitter orientiert sind, zum Aequator hin etwas kleiner, zum Pol hin etwas größer. Diese Tatsache führt zu weiteren Korrekturen gemäß Tab. 8.

The second reason derives from the structure of the grid network, since toward the poles there is a varying change in the number of points per 10° or 20° of longitude. On this account, the number of points in zones toward the equator is somewhat too small, and the number poleward is somewhat too large in our network, compared to a network with constant poleward decrease. In order to give each point the correct areal weighting, correction factors were required (Table 8).

In addition, a third reason ist that, because of polar flattening of the earth, the meridional distances between latitude circles (on which the network is oriented) are smaller toward the equator, and larger toward the poles. This fact leads to the additional corrections given in Table 8.

Tabelle 8   Korrekturfaktoren für die Flächengewichte der Koordinatengitter
Table 8   Correction Factors for Areal Weights of the Grid Points

A. Nordhalbkugel – *Northern Hemisphere*

| Nordbreite / *Latitude* | Fläche (10^3 km²) / *Area (10^3 km²)* | | | Korrektur wegen | | | Gesamtkorrektur | |
	Land / *Land*	Meer / *Ocean*	Erde / *Globe*	Abplattung *Correction for Flattening*	Unstetigkeit Land *Inconstancy Land*	Meer *Ocean*	Land / *Land*	Meer / *Ocean*
90–85 N		980	980	1.005	0.780	0.812	0.784	0.816
85–80	390	2540	2930	005	1.092	1.047	1.097	1.051
80–75	1185	3665	4850	004	0.982	0.867	0.986	0.870
75–70	2330	4410	6740	004	1.003	0.964	1.007	0.968
70–65	6105	2465	8570	003	0.958	1.020	0.961	1.023
65–60	7205	3130	10335	003	1.004	0.923	1.007	0.926
90–60	17215	17190	34405					
60–55	6635	5375	12010	002	0.994	1.075	0.996	1.077
55–50	8050	5550	13600	002	1.015	0.973	1.017	0.975
50–45	8455	6620	15075	001	0.993	1.081	0.994	1.082
45–40	8015	8415	16430	001	1.024	0.982	1.025	0.983
40–35	7635	10020	17655	000	0.991	1.056	0.991	1.056
35–30	7920	10835	18755	000	1.004	0.962	1.004	0.962
60–30	46710	46815	93525					
30–25	7945	11760	19705	1.000	0.986	1.013	0.986	1.013
25–20	7140	13360	20500	0.999	1.027	1.055	1.026	1.054
20–15	6160	14990	21150	998	0.994	0.953	0.992	0.951
15–10	5080	16555	21635	997	0.976	0.976	0.973	0.973
10– 5	5340	16615	21955	996	0.991	0.991	0.987	0.987
5– 0	4765	17360	22125	0.995	0.999	0.999	0.994	0.994
30– 0	36430	90640	127070					
90– 0 N	100355	154645	255000					

Tabelle 8   Korrekturfaktoren für die Flächengewichte der Koordinatengitter
Table 8   Correction Factors for Areal Weights of the Grid Points

B. Südhalbkugel – *Southern Hemisphere*

Südbreite	Fläche (10^3 km^2)			Korrektur wegen			Gesamtkorrektur	
				Abplat-tung	Unstetigkeit			
	Land	Meer	Erde		Land	Meer	Land	Meer
Latitude	*Area (10^3 km^2)*			*Correction for*			*Total correction*	
				Flattening	*Inconstancy*			
	Land	*Ocean*	*Globe*		*Land*	*Ocean*	*Land*	*Ocean*
0– 5 S	5340	16785	22125	0.995	0.999	0.999	0.994	0.994
5–10	5055	16900	21955	996	0.991	0.991	0.987	0.987
10–15	4415	17220	21635	997	0.976	0.976	0.973	0.973
15–20	5000	16150	21150	998	0.994	0.953	0.992	0.951
20–25	5045	15455	20500	0.999	1.027	1.055	1.026	1.054
25–30	4270	15435	19705	1.000	0.986	1.013	0.986	1.013
0–30	29125	97945	127070					
30–35	3015	15740	18755	000	1.004	0.962	1.004	0.962
35–40	1170	16485	17655	000	0.991	1.056	0.991	1.056
40–45	595	15835	16430	001	1.024	0.982	1.025	0.983
45–50	375	14700	15075	001	0.993	1.081	0.994	1.082
50–55	205	13395	13600	002	1.015	0.973	1.017	0.975
55–60	5	12005	12010	002	0.994	1.075	0.996	1.077
30–60	5365	88160	93525					
60–65	35	10300	10335	003	1.004	0.923	1.007	0.926
65–70	1800	6770	8570	003	0.958	1.020	0.961	1.023
70–75	4200	2540	6740	004	1.003	0.964	1.007	0.968
75–80	4110	740	4850	004	0.982	0.867	0.986	0.870
80–85	2930	.	2930	005	1.092	1.047	1.097	1.051
85–90	980	.	980	1.005	0.780	0.812	0.784	0.816
60–90	14055	20350	34405					
0–90 S	48545	206455	255000					

Beide Korrekturen wurden dann gem. Tab. 8 in einem Faktor für jede 5°-Breitenzone zusammengefaßt. Sie sind derart ausgeglichen, daß sich für die ganze Erde der Faktor 1.000 ergibt.

Die Berechnung mußte diesen Besonderheiten Rechnung tragen und wurde für die Ermittlung der Wassermengen entsprechend programmiert. Die Wasserhöhen ergeben sich gleichzeitig für alle Gebiete mit einheitlicher Fläche pro Punkte gemäß Tab. 7 und einheitlicher Korrektur gemäß Tab. 8 als arithmetisches Mittel der Gitterpunkte. In den wenigeren Fällen von Gebieten mit gemischten Korrekturen mußte ein mittels Tab. 7 und Tab. 8 gewichtetes Mittel gebildet werden, um die Wasserhöhen zu erhalten oder – was auf das gleiche hinausläuft – die Wassermenge durch die zugehörige Fläche dividiert werden.

Die aus der Gitterpunktmethode resultierenden Abweichungen der errechneten Flächengrößen von den effektiven Flächen sowie die aus den unterschiedlichen Gewichten der Gitterpunkte sich ergebenden rechnerischen Differenzen und schließlich die durch Abrundungen hervorgerufenen Unterschiede innerhalb des Zahlenwerkes sind in den im Anhang befindlichen Extenso-Tabellen nicht ausgeglichen. Die letzten Stellen in denTabellen sind nur als Rechengrößen anzusehen. Sachlich sind sie ohne Bedeutung.

Ferner können die einzelnen Teilgebiete der Erde in den Randzonen nicht exakt flächentreu von den über die ganze Erde gleichmäßig erstreckten Punktgittern erfaßt werden. Auch daraus ergeben sich einzelne sachlich unbedeutende Ungenauigkeiten in den Tabellen.

Schließlich wird die Abgrenzung der Kontinente und Ozeane in der Literatur unterschiedlich gehandhabt, so daß daraus Differenzen für die Zahlenangaben über die Teilgebiete der Erde entstehen. Die hier zugrundegelegte Abgrenzung ist auf S. 11 und 12 erläutert.

Both corrections were summarized (Table 8) to yield one factor for each 5°-latitude zone. They are balanced so that for the entire earth the factor is 1.000.

These computational details and adjustment factors are necessary for the determination of water volumes, and were consequently programmed. Water depths are given for all regions with uniform area per point (Table 7), and with the correction (Table 8) as arithmetic mean for the grid points. In the few instances of regions with mixed corrections, a weighted mean must be derived from Tables 7 and 8 in order to obtain water depths, or (what amounts to the same thing) the water volume divided by the appropriate area.

The deviations in area size (from the effective area) that result from the grid-point method, as well as computational differences based on the variable weights of grid points, and finally differences caused by rounding in the numerical analysis are not balanced in the appended tables. The last lines in the tables are to be viewed as computed values. Actually they are of no importance.

Moreover, the areas of marginal regions of the earth were not precisely defined by the globally uniform grid points. This introduces some insignificant imprecision in the tables.

Finally, continental and ocean boundaries were differentially treated in the literature, so the numerical values differ for individual regions of the earth. The boundaries adopted in this work are described on page 11 and 12.

5. Wasserhöhen, Wassermengen und Wasserbilanzen für die gesamte Erde und für Teile der Erde

In Kapitel 5 sind die Wasserhöhen und -mengen der Wasserhaushaltskomponenten Niederschlag, Verdunstung und Abfluß sowie die Bilanzen für die gesamte Erde und untergliedert nach Teilgebieten (Halbkugeln, Kontinente, Ozeane, periphere und zentrale Gebiete) und im Vergleich zum Globus dargelegt. Die Begrenzung der einzelnen Kontinente und Ozeane ist auf Seite 11-12 erläutert. Ausdrücklich sei darauf hingewiesen, daß unter „Australien" stets, soweit nicht besonders vermerkt, dieser Kontinent mit Neuguinea, Neuseeland, Tasmanien und den sonstigen Inseln im Pazifik zusammengefaßt wird.

Zum Verständnis der Darlegungen über die Wasserhöhen, Wassermengen und Wasserbilanzen im vorliegenden Kapitel 5 sei vorweg festgestellt:

a) Das Festland der Erde umfaßt 148,9 x 10^6 km^2 (=29%), das Weltmeer 361,1 x 10^6 km^2 (=71%) der Oberfläche der Erde von 510.0 x 10^6 km^2 (=100%). Die Landflächen stehen somit zu den Wasserflächen im Verhältnis von ca. 1 : 2.4. Auf der Nordhalbkugel ist das Verhältnis 39 : 61, auf der Südhalbkugel 19 : 81.

b) Innerhalb der Landflächen entfallen 0,8 x 10^6 km^2 (=0,15%) auf Binnenmeere und -seen sowie 1,6 x 10^6 km^2 (=0,3%) auf Inlandeis und -gletscher. Bei den Meeresflächen sind im Mittel etwa 7,5 x 10^6 km^2 (=1,5%) mit Meer- und Schelfeis bedeckt, und zwar im Sommer rund 6.0, im Winter rund 9,0 x 10^6 km^2.
Die vorgenannten Prozentsätze stellen jeweils die Anteile an der ganzen Erdoberfläche dar. In bezug auf die Land- bzw. Meerflächen lauten die Prozentsätze: Binnenmeere und -seen (0,5%), Inlandeis mit Gletschern (1,1%), Meer- und Schelfeis (2,1%).

5.1 Wasserbilanz der gesamten Erde

Das Ergebnis der Berechnung für die gesamte Erde, die globale Wasserbilanz, ist in der Tabelle 9 wiedergegeben.

Diese und die folgenden Tabellen im Text von 5.2 stellen einen Auszug aus den Tabellen I—XIV im Anhang dar.

5. Water Depths, Volumes, and Balances for the Entire Earth and its Parts

In Chapter 5, the depths and volumes of the water budget components: precipitation, evaporation, and runoff, are given along with their balances and relative magnitudes, for the entire earth and its parts (i.e., hemispheres, oceans, continents, and peripheral and interior regions). The boundaries of the individual continents and oceans are explained on page 11-12. „Australia" is meant to include New Guinea, New Zealand, Tasmania, and the other Pacific islands.

For understanding the explanations of Chapter 5 concerning water depths, volumes, and balances, it is first established that:

a) Land surfaces comprise 148.9 (10^6)km^2 (= 29%) and water surfaces 361.1 (10^6) km^2 (= 71%) of the total earth surface of 510.0 (10^6) km^2 (= 100%). Consequently, the ratio of land to water surface area is approximately 1:2.4. In the northern hemisphere the ratio is 39:61, in the southern hemisphere, 19:81.

b) Within land areas, inland lakes and seas cover 0.8 (10^6) km^2 (= 0.15%), and inland ice and glaciers 1.6 (10^6) km^2 (= 0.3%). Over the oceans, sea and shelf ice cover 7.5 (10^6) km^2 (= 1.5%) on the average, or about 6.0 in summer vs. 9.0 (10^6) km^2 in winter.

These percentages are in terms of the total earth surface. In terms of respective land and ocean surfaces, the percentages are: interior seas and lakes (0.5%), inland ice and glaciers (1.1%), and sea and shelf ice masses (2.1%).

5.1 Water Balance of the Entire Earth

The result computed for the entire earth, i.e., the global water balance, is given in Table 9.

This and the following Tables within the text of 5.2 are extracts from the detailed Tables I—XIV in the Appendix.

Tabelle 9   Weltwasserbilanz
Table 9   World Water Balance

	Festland *Continents* ($148.9 \times 10^6 \, km^2$)			Weltmeer *Oceans* ($361.1 \times 10^6 \, km^2$)			
	P_L	E_L	D_L	D_S	E_S	P_S	
Wassermengen *Water volumes*	111.1	71.4	39.7	-39.7	424.7	385.0	$10^3 \, km^3$
Wasserhöhen *Water dephts*	746	480	266	- 110	1176	1066	mm

Globus *Globe*	($510 \times 10^6 \, km^2$): $P_g = E_g = 496.1 \times 10^3 \, km^3 \equiv 973$ mm

Die pro Jahr im Umlauf befindlichen Wassermengen der gesamten Erdoberfläche ($P_G = E_G$) betragen 496,1 x $10^3 km^3$. Sie entsprechen einer Wasserhöhe von 973 mm oder rund 1 Meter Wasserschicht. − Zum Vergleich wird auf Ziff. 1.4, Tab. 2 verwiesen.

Die Aufteilung auf das Festland und auf die Weltmeere der Erde ergibt: Vom gesamten Wasserumsatz entfallen im Mittel 82% auf das Weltmeer, wobei P_S = 78% und E_S = 86% ausmachen. Den Landflächen verbleiben bei P_L = 22% und bei E_L = 14%, somit nur 18% des gesamten Umsatzes. Diese Feststellung macht die überragende Bedeutung des Wasserumsatzes über dem Weltmeer deutlich. Er umfaßt 4/5 der Weltwasserbilanz. Die Bilanz über dem Weltmeer stellt also die entscheidende Ausgangsbasis für die Wassertransporte in der Atmosphäre und eine Quelle für die Transporte in der Hydrosphäre dar. Welchen Einfluß dieser Umstand auf die Fehlergrenzen der Berechnungen hat, ist aus Ziffer 7.1 zu ersehen.

Aus der Tabelle 9 ist schließlich auch ersichtlich, daß die Verdunstung über den Weltmeeren (1176 mm) den dort fallenden Niederschlag (1066) um 110 mm übertrifft, so daß das Meer eine negative Wasserbilanz aufweist. Der Unterschuß wird jedoch durch den Abfluß von den Landflächen, wo im Mittel 746 mm Niederschlag fallen, aber nur 480 mm verdunsten, abgedeckt. Quantitativ übersichtlicher ist dieser Sachverhalt durch die Wassermengenbilanz wiedergegeben, weil dort die Flächenverhältnisse Land/Meer bereits berücksichtigt sind. Das Defizit der Ozeane von 39.7 x $10^3 km^3$ wird durch 39.7 x $10^3 km^3$ aus dem Flußwasser der Kontinente ausgeglichen.

The annually circulated water quantity ($P_G = E_G$) for the entire earth amounts to 496.1 (10^3) km^3. This corresponds to a water depth of 973 mm, or a water layer of about 1 m. For comparison see chapt. 1.4, Tab. 2.

The allotments for continents and oceans show: Of the total exchange, 82% occurs over oceans, on the average (78% for P_S and 86% for E_S). Only 18% of the exchange occurs over land (P_L = 22%, E_L = 14%). These figures make the predominate importance of ocean exchanges clear; they constitute 4/5 of the world water balance. The ocean balance represents the decisive basis for atmospheric water transport and, of course, almost the exclusive source of water to be transported in the hydrosphere. The influence of this circumstance on the error limits of the computation is explained in Section 7.1.

Finally, from Table 9, it is also apparent that ocean evaporation (1176 mm) exceeds precipitation (1066 mm) by 110 mm, so that for oceans the water balance is negative. The deficit is satisfied, however, by runoff from land areas where, on the average, precipitation is 746 mm but evaporation is only 480 mm. This fact is more readily apparent from the water volume balance where the land/ocean area relationships are already considered. The ocean deficit of 39.7 (10^3) km^3 is balanced by an equal volume of runoff from the continents.

5.2   Wasserbilanz von Teilgebieten der Erde

5.2.1   Erdhalbkugeln

Die Flächen der beiden Erdhalbkugeln, der Nord- und der Südhemisphäre, können als gleich betrachtet werden, jedoch haben sie verschiedene Anteile der Land- und Meeresflächen. Die Nordhalbkugel (NHK) hat 100,3 x $10^6 km^2$ Landflächen, die Südhalbkugel (SHK)

5.2   Water Balances of Earth Parts

5.2.1   Hemispheres

The areas of the northern and southern hemispheres can be considered equal, but they have different fractions of land and ocean surface. The northern hemisphere (NHK) has 100.3 (10^6) km^2 of land surface, the southern hemisphere (SHK) only 48.6 (10^6) km^2; on the other hand,

nur 48,6 x 10^6 km^2; hingegen hat die Südhemisphäre 206,5 x 10^6 km^2 Meeresflächen und die Nordhalbkugel nur 154,6 x 10^6 km^2. Dem Ungleichgewicht der Erdoberflächen entsprechen beachtenswerte Verschiedenheiten im Wasserhaushalt, wie sie aus den Tabellen 10 und 11 sowie aus der Abb. 2 ersichtlich sind.

the southern hemisphere has 206.5 (10^6) km^2 of ocean surface, the northern hemisphere only 154.6 (10^6) km^2. The inequality of earth surface corresponds with notable water budget differences which are apparent from Tables 10 and 11, as well as in Figure 2.

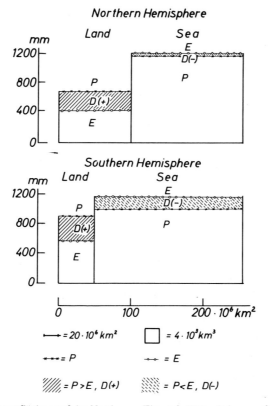

Abb. 2 Wasserbilanzen der Land- und Wasserflächen auf der Nord- und Südhalbkugel der Erde.

Figure 2. Water Balances of Land and Water Surfaces of Northern and Southern Hemispheres of the Earth.

5.2.1.1 Wassermengen

Die Niederschlagsmengen der beiden Halbkugeln sind zwar nahezu gleich, die Südhalbkugel erhält nur etwa 1/2% mehr. Ein erheblicher Unterschied besteht hingegen bei der Verdunstung (38,3 x 10^3 km^3). Bezogen auf die Gesamtverdunstung der Erde liefert die NHK nur 46%, die SHK jedoch 54%. In Relation zum globalen Mittelwert verdunstet die NHK 93%, die SHK 107%. Die hohen Werte für E der Südhemisphäre gehen auf den großen Anteil an Wasserflächen und davon in erster Linie auf den Süd-Pazifik zurück.

5.2.1.1 Water Volumes

Precipitation volumes for the two hemispheres are indeed almost the same, but the southern hemisphere receives about 1/2 % more. On the other hand, a considerable difference exists for evaporation, 38.3 (10^3) km^3. Relative to total earth evaporation, NHK is only 46% whereas SHK is 54%; in relation to the global mean, NHK evaporation is 93%, and SHK 107%. The higher values for E in the southern hemisphere follow from the greater fraction of water surface area, especially in the south Pacific.

Tabelle 10   Flächen, Wassermengen und -höhen, aufgeteilt auf die beiden Erdhalbkugeln
Table 10   Areas, Water Volumes and Depths, by Hemispheres

Gebiet *Region*	Fläche *Area* $10^6\,km^2$	Wassermengen $(10^3\,km^3)$ *Water volumes* P			Wasserhöhen (mm) *Water depths* P			% von P % *of P* E	
		P	E	D	P	E	D	E	D
Nordhalbkugel *Northern hemisphere*	100.3	68.0	43.6	24.4	678	435	243	64	36
Südhalbkugel *Southern hemisphere*	48.6	43.1	27.8	15.3	888	572	316	64	36
Festland *Land*	148.9	111.1	71.4	39.7	746	480	266	64	36
Nordhalbkugel *Northern hemisphere*	154.6	179.4	185.3	- 5.9	1160	1198	- 38	103	- 3
Südhalbkugel *Southern hemisphere*	206.5	205.6	239.4	-33.8	996	1160	-164	116	-16
Weltmeer *Ocean*	361.1	385.0	424.7	-39.7	1066	1176	-110	110	-10
Nordhalbkugel *Northern hemisphere*	255.0	247.4	228.9	18.5	970	897	73	93	7
Südhalbkugel *Southern hemisphere*	255.0	248.7	267.2	-18.5	975	1048	- 73	107	- 7
Erde, global *Earth, global*	510.0	496.1	496.1	0	973	973	0	100	0

Während die Erdoberfläche der Nordhemisphäre einen positiven Wassersaldo P − E=18.5 x 10^3km^3 aufweist, verbucht die Erdoberfläche der Südhemisphäre einen ständigen Wasserverlust P − E = −18.5 x 10^3 km^3. Der Wassergewinn der Erdoberflächen der Nordhalbkugel wird als Meeresstrom über den Äquator hinweg auf die Südhemisphäre abgeführt; dafür liefert diese in Gestalt des Wasserdampfüberschusses einen gleichhohen Betrag über den Äquator hinweg in der Atmosphäre an die Atmosphäre der Nordhalbkugel ab.

Der Wasser- bzw. Wasserdampfstrom, der ständig den Äquator von Nord nach Süd oder von Süd nach Nord überschreitet, macht 4% der Wasserbilanz der Erde oder 7% der Niederschlagsmengen auf die Erdhalbkugeln aus. Mit dem Abstrom des Wasserdampfes aus der SHK werden dieser ca. 600 x 10^{15} kcal/a an latenter Wärme entzogen und zunächst der Atmosphäre der NHK, sowie nach Kondensation und Niederschlag der Erdoberfläche der Nordhemisphäre zugeführt.

Vorstehende Ausführungen über den Wasserausgleich zwischen den beiden Halbkugeln, wie er durch die Unterschiede von P und E bedingt ist, werden in Ziff. 5.5.3 mit der Berücksichtigung der unterschiedlichen Zuflüsse vom Festland zum Weltmeer fortgeführt.

An den Hemisphärenunterschieden von P, E und D sind Festland und Weltmeer nicht in gleicher Weise beteiligt. Betrachtet man die Mengen in Tab. 10, so sind jene des

Whereas the northern hemisphere shows a positive water balance, P − E = 18.5 (10^3) km^3, for the southern hemisphere it is permanently negative, P − E = −18.5 (10^3) km^3. The water gain of the northern hemisphere surface is carried away across the equator to the southern hemisphere in ocean currents; an equal amount is delivered in the form of atmospheric water vapor across the equator to the northern hemisphere.

The water or water-vapor flux from north to south or south to north across the equator amounts to 4% of the world water balance, or 7% of hemispherical precipitation. With water vapor transport from the SHK there is about 600 (10^{15}) kcal/a of latent heat entrained and added first to the atmosphere of the NHK, and after condensation and precipitation to the NHK surface.

The remarks above on the water compensation between hemispheres, as involved by the differences of P and E, are produced in chapter 5.5.3 with the consideration of the diverse influxes from Land to Oceans.

Hemispheric differences among P, E, and D do not show up in the same way for oceans and continents. If one considers the volumes in Table 10, each of the values for contintents is greater for the NHK because of the larger proportion of land in the northern hemisphere. Conversely, the P, E, and D volumes for oceans of the SHK are greater than those of NHK oceans.

Festlandes der NHK entsprechend dem großen Landan-
teil der Nordhalbkugel dominierend. Umgekehrt sind die
Mengen der Meere der SHK größer als jene der Nord-
meere.

**Tabelle 11   Flächen, Wassermengen und -höhen, aufgeteilt auf die beiden Erdhalbkugeln
in Prozenten der globalen Werte für die ganze Erde**
Table 11   Areas, Water Volumes and Depths, by Hemispheres in % of Global Values

Gebiet *Region*	Fläche *Area*	Wassermengen *Water volumes*			Wasserhöhen *Water depths*		
		P	E	D	P	E	D
Festland							
Nordhalbkugel *Northern hemisphere*	67	61	61	61	91	91	91
Südhalbkugel *Southern hemisphere*	33	39	39	39	119	116	118
Weltmeer *Ocean*							ΔD_S[1]
Nordhalbkugel *Northern hemisphere*	43	47	44	15	112	102	+ 66
Südhalbkugel *Southern hemisphere*	57	53	56	85	96	99	-47
Erde *Globe*							
Nordhalbkugel *Northern hemisphere*	50	50	46	+4	100	93	+ 7
Südhalbkugel *Southern hemisphere*	50	50	54	- 4	100	107	- 7

[1] ΔD_S bedeutet den %-Satz, um den der Mittelwert von D_S für das Weltmeer (-110 mm) übertroffen oder unterschritten wird.
ΔD_S signifies the percentage deviation from the mean value of D_S for oceans (-110 mm).

Bei dem Vergleich der Werte mit den globalen Mengen
der Erde in Tabelle 11 sind die Anteile des Festlandes
auf den beiden Halbkugeln gleich, und zwar für NHK 61%,
für die SHK 39%. Dies gilt jedoch nicht für die Ozeane.
Die Wassermengen der Weltmeere in der SHK und NHK
verhalten sich bei P_s wie 47:53, bei E_s wie 44:56 und bei
D_s wie 15:85. Überall also hat die Südhalbkugel aus den
obengenannten Gründen das höhere Gewicht.

By comparison of the values with the global volumes in
Table 11, the fractions of P_L, E_L, and D_L for continents
are the same in both hemispheres, i.e., 61% NHK, and 39%
SHK. This is not true, however, for the oceans. The water
volumes over oceans in the NHK and SHK are in ratios:
for P_S 47:53, for E_S 44:56, and for D_S 15:85. Everywhere,
therefore, because of the surface area difference, the southern hemisphere has the greater values.

5.2.1.2 Wasserhöhen

Die Wasserhöhen sind in Beziehung zum jeweiligen Mittelwert für die ganze Erde gesetzt. Für das Festland hat
die Nordhalbkugel deutlich die niedrigeren Werte (P_L, E_L
und D_L: 91%), Süd die höheren Beträge: $P_L = 119\%$, $E_L =$
116%, $D_L = 118\%$. E_L und D_L spiegeln also das niedrigere
bzw. höhere P_L wider; sie nehmen an der Aufteilung
der Niederschlagshöhen fast gleichmäßig teil, nämlich
im Verhältnis 64% zu 36% (Tab.10). Auf dem Weltmeer
sind die Wasserhöhen in Nord höher: P_S erreicht 112%,

5.2.1.2 Water Depths

Water depths are considered in relation to the corresponding mean value for the entire earth. Land areas of the
northern hemisphere obviously have the smaller values
(P_L, E_L and D_L: 91%), and of the southern hemisphere
larger values: $P_L = 119\%$, $E_L = 116\%$, and $D_L = 118\%$. So,
E_L and D_L reflect lower or higher P_L-values; they follow
the distribution of precipitation almost exactly, i.e., in the
ratio of 64% to 36% (Table 10). Over oceans, water depths
in the North are higher: P_S is 112%, and E_S 102% of the

E_S 102% des Mittelwertes für die Erde (Tab. 11), D_S überschreitet letzteren in Nord um 66% und bleibt in Süd um 47% dahinter zurück. Über dem Meere kann man von einer Aufteilung des Niederschlags P_S auf E_S und D_S nicht sprechen. Hier ist festzustellen, daß sich im Verhältnis zu P_S ergibt: E_S in Nord 103%, in Süd 116%, auf dem ganzen Weltmeer 110%. Somit bleibt D_S im Verhältnis zu P_S in Nord auf -3%, in Süd auf -16% und insgesamt auf -10%. Die auf der Südhalbkugel relativ höhere Verdunstung E_S wird wiederum auch in diesen Ziffern deutlich.

global mean (Table 11). D_S exceeds the latter by 66% in the North, and is 47% lower in the South. Over the oceans, one cannot relate E_S and D_S to the distribution of precipitation. Here it can be determined that in relation to P_S: in the North E_S is 103%, in the South 116%, for the total ocean 110%. From this it follows that D_S in relation to P_S is: in the North -3%, in the South -16%, and overall -10%. The relatively higher evaporation over the southern hemisphere is also apparent from these figures.

5.2.2   Kontinente

Die Aufteilung der Wassermengen und -höhen auf die Kontinente ist bei Nord- und Südamerika, bei den Polargebieten sowie Afrika eindeutig, weil dort die Flußgebiete mit den Landflächen identisch sind. Dies trifft für Europa und Asien nicht in gleicher Weise zu, ebenso für Australien, weil dort die Inselgruppen hinzugezählt sind. Die Zahlenwerte sind in der Tabelle 12 und als Prozentwerte bezogen auf die Gesamtbilanz der Erde in Tabelle 13 enthalten. In den Abbildungen 3 und 4 sind die Zusammenhänge illustriert.

5.2.2   Continents

The distribution of water volumes and depths for the continents is unequivocal for North and South America, the polar regions, and Africa because runoff areas are identical with the continent boundaries. This is not true in the same way for Europe, Asia, and Australia since island groups are included. The data are given in Table 12, and as a percent of the total earth balance in Table 13. The relationships are illustrated in Figures 3 and 4.

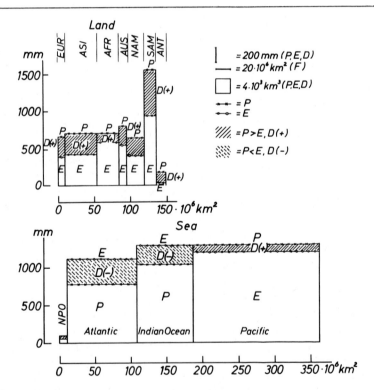

Abb. 3 Wasserbilanzen der einzelnen Kontinente und Ozeane der Erde.
Senkrecht: Wasserhöhen in mm
Waagrecht: Flächengrößen in 10^6 km²
Die Blöcke entsprechen somit den Wassermengen (km³).

Figure 3. Water Balances of Individual Continents and Oceans of the Earth:
Ordinates: Water Depths in mm
Abscissas: Areas in 10^6 km²
Blocks are in Proportion to Water Volumes (km³).

5.2.2.1 Wassermengen

Unter den sieben Kontinenten steht Asien entsprechend der erheblich größeren Fläche nach den Wassermengen

5.2.2.1 Water Volumes

Among the seven continents, the water volumes are greatest for Asia on account of its considerably greater area;

an der Spitze, Südamerika folgt dicht auf. Afrika hat hohe Mengen der Verdunstung, daher einen verhältnismäßig geringen Abfluß. Es folgen Nordamerika, Australien, Europa und Antarktis. Die Prozentwerte für den Anteil an den Wassermengen des Festlandes weichen in Südamerika vom Flächenanteil erheblich nach oben, bei der Antarktis stark nach unten ab. Im übrigen liegen sie in der Nähe des Flächenanteils, bei Afrika vom hohen Verdunstungs- und dem geringen Abflußwert abgesehen.

5.2.2.2 Wasserhöhen

Deutlicher kommen diese Verhältnisse bei den Wasserhöhen zum Ausdruck. Südamerika ragt mit seinen hohen Beträgen für P_L, E_L und D_L sowohl nach Wasserhöhen als nach Prozenten der Festlandsmittel weit hinaus. Die hohen Regenmengen mit entsprechendem E_L und D_L im tropischen Tiefland und in der Kordillere sowie in den südlichen Anden wirken sich hier aus. Die Werte P_L = 1564 mm, E_L = 964 mm, D_L = 618 mm bedeuten 209, 197 und 232% der Mittelwerte des Festlandes. Relativ hohe Regenmengen (803 mm) hat auch „Australien", und zwar einschließlich der Inseln und wegen des hohen Anteils an den Tropenregen auf Neuguinea sowie auf den größeren Inseln von 0° bis 15° S, ferner wegen des Regenreichtums auf Neuseeland südlich 35° S. Auch E_L und D_L sind mit 534 und 269 mm bzw. E_L = 111% reichlich. Auf dem eigentlichen Kontinent liegt jedoch P_L bei 447, E_L bei 420 und D_L bei 27 mm.

Die weiteren vier Kontinente (Afrika, Nordamerika, Asien, Europa) kommen ziemlich einheitlich auf P_L = 696 bis 645 mm. Aber das Verhältnis von Verdunstung und Niederschlag (E_L/P_L) ist unterschiedlich; es ist am größten in Afrika (84%), am kleinsten in Nordamerika (67%), Asien (60%) und Europa mit (57%). Diese Reihenfolge entspricht fast jener der mittleren geographischen Breite bzw. der Lufttemperatur; in der Mitte der Reihe erscheinen Nordamerika und Asien vertauscht, weil das höhere P_L und wohl auch die größere Meereshöhe in Asien dort den Abfluß verstärkt bzw. die Verdunstung mindert. In diesem Zusammenhang sei noch auf den relativ höheren Anteil der Verdunstung in Australien (E_L/P_L = 67 %) verwiesen; auf dem engeren Kontinent ohne die Inselgruppen ist aber E_L/P_L sogar 94%. Im Vergleich zu Südamerika (E_L/P_L = 60%) ist hier das höhere, dort das niedrigere P_L zu beachten, woraus in Südamerika ein geringerer, in Australien ein größerer %-Anteil bei E_L resultiert.
Unter den Bezugswerten zu den Mittelwerten für das Festland sind Südamerika und Australien bereits erwähnt. Die Reihenfolge der übrigen Kontinente ist beim Niederschlag: Asien, Afrika, Europa und Nordamerika. Bei der Verdunstung hat Afrika den hohen Wert von 121%, Europa dagegen einen relativ niedrigen Satz von 78% als Folge von dessen nördl. Lage. Die Werte von Asien und Nordamerika liegen mit 88% bzw. 84% fast in der gleichen Reihenfolge mit der mittleren geographischen Breite der Kontinente.

Der Abfluß fällt in Europa und Asien mit 106% und 104% am höchsten aus, Nordamerika fällt wegen seines geringeren Wertes für P_L dagegen zurück. In Afrika

South America follows close behind. Africa has high evaporation volumes, hence relatively low runoff. North America, Australia, Europe, and Antarctica have lower values. The relative water volumes are accentuated for South America by the areal reduction, and strongly diminished for Antarctica. For the others areal proportionality is approximated, except for Africa with high evaporation and low runoff values.

5.2.2.2 Water Dephts

These relationships are more readily apparent for water depths. South America clearly stands out with its higher absolute amounts of P_L, E_L and D_L, as well as for depths as percentages of continental means. The higher precipitation amounts, and corresponding E_L and D_L in tropical lowlands, in the Cordilleras, and in the southern Andes are the cause of this. The values P_L = 1564 mm, E_L = 964 mm, and D_L = 618 mm indicate 209, 197, and 232% of the continental means. „Australia's" precipitation is relatively high (803 mm) because it includes the islands, and because of the high proportion of tropical rain in New Guinea and the larger islands between 0° and 15° S, and also because of New Zealand's rainy zone south of 35° S. Also E_L and D_L with 534 and 269 mm are relatively large (E_L = 111%). For Australia proper, however, P_L is 447, E_L is 420, and D_L is 27 mm.

The other four continents are about the same with P_L = 696 to 645 mm. But the ratio of evaporation and precipitation (E_L/P_L) is different; it is greatest in Africa (84%), smallest in North America (67%), Asia (60%), and Europe (57%). This sequence complies closely with the mean geographic latitude or air temperature; in the middle of the series North America and Asia appear out of order because higher P_L, and greater elevations in Asia probably reduce evaporation and increase the runoff. In this connection, there is also a higher ratio of evaporation in Australia (E_L/P_L = 67%), and for the continent itself not counting the island groups E_L/P_L is 94%. In comparison with South America (E_L/P_L = 60%), the lower P_L is noteworthy, from which a lower relative E_L results.

The relative values for South America and Australia were already mentioned. The precipitation ranking for the remaining continents is: Asia, Africa, Europe, and North America. Africa has the high evaporation value, 121%; Europe's is relatively low, 78%, as a result of its northerly location. The values for Asia and North America, 88 and 84% respectively, are in line with the sequence of mean latitudes of the continents.

Runoff is highest for Europe, 106%, and Asia, 104%; North America lags behind because of its lower P_L-value. High evaporation in Africa reduces the relative runoff D_L to 43%. In Australia, on the other hand, higher E_L is compensated for by higher P_L; in South America this effect is much greater. For Europe and North America, the reciprocal effects between E_L and D_L are clear; as mentioned earlier, Asia falls somewhat outside the normal sequence.

drückt die hohe Verdunstung E_L den Abfluß D_L auf
43% des Mittelwerts der Festländer herab. Dagegen wird
das höhere E_L in Australien bei D_L durch das größere
P_L kompensiert. In Südamerika tritt dieser Effekt weit
stärker hervor. Bei Europa und Nordamerika ist die
Wechselwirkung zwischen E_L und D_L deutlich, Asien
fällt, wie vorher erwähnt, etwas aus der Reihe heraus. Als
absolut trockenstes Gebiet stellt sich – von der Antarktis abgesehen – der Kontinent Australien (ohne Inseln)
mit dem niedrigsten P_L (60%) und D_L (11%) und –
durch den niedrigen P_L bedingt – im Vergleich mit dem
ganzen Festland auch unterdurchschnittlichen E_L (86%) dar.

With the exception of Antarctica, Australia (without islands), as the absolutely driest region, has the lowest relative P_L (60%) and D_L (11%) and also, because of the low
P_L, a below average E_L (86%).

The special conditions for Antarctica with smaller water
volumes and depths are only suggested by the fractions
of E_L from P_L and a high proportion of D_L.

Tabelle 12 Flächen, Wassermengen und -höhen, aufgeteilt auf die einzelnen Kontinente und Ozeane
Table 12   Areas, Water Volumes and Depths, by Continents and Oceans

Gebiet / Region	Fläche Area $10^6 km^2$	Wassermengen Water volumes $(10^3 km^3)$ P	E	D	Wasserhöhen Water depths (mm) P	E	D	% von P E	D	φ_m
Europa / Europe	10.0	6.6	3.8	2.8	657	375	282	57	43	54° N
Asien / Asia	44.1	30.7	18.5	12.2	696	420	276	60	40	30° N
Afrika / Africa	29.8	20.7	17.3	3.4	696	582	114	84	16	9° N
Australien / Australia	8.9	7.1	4.7	2.4	803	534	269	67	33	26° S
(ohne Inseln) (without islands)	(7.6)	(3.4)	(3.2)	(0.2)	(447)	(420)	(27)	(94)	(6)	(25° S)
Nordamerika / North America	24.1	15.6	9.7	5.9	645	403	242	62	38	51° N
Südamerika / South America	17.9	28.0	16.9	11.1	1564	946	618	60	40	15° S
Antarktis / Antarctica	14.1	2.4	0.4	2.0	169	28	141	17	83	77° S
Festland / Land	148.9	111.1	71.4	39.7	746	480	266	64	36	23° N
Nordpolarmeer / Arctic Ocean	8.5	0.8	0.4	0.4	97	53	+44	55	45	77° N
Atlantik / Atlantic	98.0	74.6	111.1	-36.5	761	1133	-372	149	-49	5° N
Ind. Ozean / Indian Ocean	77.7	81.0	100.5	-19.5	1043	1294	-251	124	-24	28° S
Pazifik / Pacific	176.9	228.5	212.6	15.9	1292	1202	+90	93	7	11° S
Weltmeer / Ocean	361.1	385.0	424.7	-39.7	1066	1176	-110	110	-10	8° S
Erde / Earth	510.0	496.1	496.1	0	973	973	0	110	0	0°

φ_m bedeutet: Mittlere geographische Breite des Gebiets
φ_m *denotes: mean regional latitude.*

Die besonderen Verhältnisse der Antarktis mit sehr geringen Wassermengen und -höhen, mit einem sehr geringen Anteil von E_L an P_L und einem entsprechend hohen Anteil von D_L seien nur angedeutet.

Tabelle 13 Flächen, Wassermengen und -höhen, aufgeteilt auf die einzelnen Kontinente und Ozeane in Prozenten der globalen Werte für die ganze Erde

Table 13   Areas, Water Volumes and Depths, by Continents and Oceans in % of Global Values

Gebiet *Region*	Fläche *Area*	Wassermengen *Water Volumes*			Wasserhöhen *Water depths*		
		P	E	D	P	E	D
Europa *Europe*	7	6	5	7	88	78	106
Asien *Asia*	30	28	26	31	93	88	104
Afrika *Africa*	20	19	24	8	93	121	43
Australien *Australia*	6	6	7	6	108	111	101
(ohne Inseln) *(without islands)*	(5)	(3)	(9)	(1)	(60)	(86)	(11)
Nordamerika *North America*	16	14	14	15	86	84	91
Südamerika *South America*	12	25	24	28	209	197	232
Antarktis *Antarctica*	9	2	0	5	23	6	53
Festland *Land*	29	22	14	.	77	49	
Nordpolarmeer *Arctic Ocean*	2	0	0	1	9	5	$\Delta D^{1)}$ +140
Atlantik *Atlantic*	27	19	26	-92	71	96	-238
Ind. Ozean *Indian Ocean*	22	21	24	-49	98	110	-127
Pazifik *Pacific*	49	60	50	40	121	102	+192
Weltmeer *Ocean*	71	78	86	.	110	121	.
Erde *Globe*	100	100	100	-	100	100	-

[1] ΔD bedeutet den %-Satz, um den der Mittelwert von D für das Weltmeer (-110mm) übertroffen oder unterschritten wird.
ΔD signifies the percentage deviation from the mean value of D for oceans (-110 mm).

5.2.3 Ozeane

Die Zahlenwerte sind in den Tabellen 12 und 13 enthalten und in den Abbildungen 3 und 4 veranschaulicht.

5.2.3 Oceans

The data are given in Tables 12 and 13, and illustrated in Figures 3 and 4.

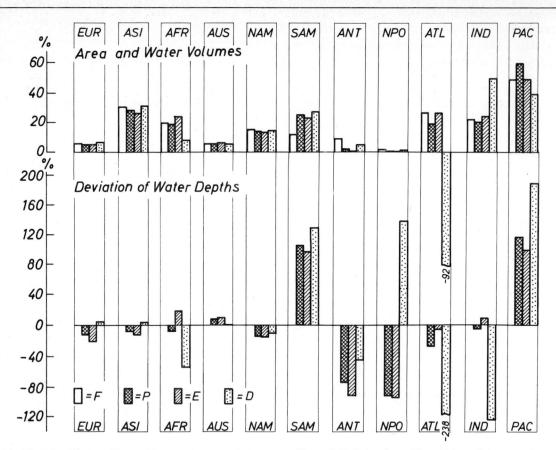

Abb 4 Verteilung der Flächen (F) und Wassermengen und -höhen (P, E, D) auf die einzelnen Kontinente und Ozeane.
Oben: Prozentuelle Anteile an den Globalwerten für die Land- und Wasserflächen der Erde.
Unten: Prozentuelle Abweichung von den Globalwerten für die Land- und Wasserflächen der Erde.

Figure 4. *Relative Areas (F) and Water Volumes and Depths (P, E, D) of Individual Continents and Oceans.*
Above: Land and Water Surfaces in Percent of Global Values.
Below: Relative Deviations of Water Depths from Global Values.

5.2.3.1 Wassermengen

Unter den vier Ozeanen stellt sich der Pazifik als der große Wasserspeicher mit P_S = 228.5 und E_S = 212.6 x $10^3 km^3$ dar, so daß er die Wassermenge D_S = 15.9 x $10^3 km^3$ gewinnt. Ihm folgt beim Niederschlag der Indische Ozean, bei der Verdunstung der Atlantik, dessen Wasserdefizit gut 90% des Überschusses des Festlandes aufzehrt, während der Indische Ozean gut 120% des Überschusses des Pazifik verbraucht. Das Nordpolarmeer spielt im Wasserhaushalt der Erde eine noch wesentlich geringere Rolle als die Antarktis, indem dort nur ein Drittel Niederschlag des letzteren fällt, das je zur Hälfte in E_S und D_S aufgeteilt wird. Vom Wasserhaushalt des Weltmeeres erfaßt so der Pazifik beim Niederschlag 60%, die beiden anderen Ozeane je um 20%; bei der Verdunstung entfallen auf den Pazifik 50%, auf die beiden anderen Ozeane je 25%.

5.2.3.1 Water Volumes

Among the four oceans, the Pacific is the great water store with P_S = 228.5 and E_S = 212.6 $(10^3)km^3$, and a water gain D_S = 15.9 (10^3) km^3. It is followed by Indian Ocean precipitation, and Atlantic evaporation; the Atlantic deficit absorbs at least 90% of the land excess, whereas the Indian Ocean requires 120% of the Pacific excess. The Arctic Ocean has an even smaller part than Antarctica in the global water budget since its precipitation is only' one-third as great, halves of which appear as E_S and D_S. In the global ocean water budget, Pacific precipitation makes up 60%, both other oceans each about 20%; Pacific evaporation is 50% of the total, the other two oceans about 25% each.

5.2.3.2 Wasserhöhen

Auch der Wasserhöhe nach liegt der Pazifik beim *Niederschlag* mit P_S = 1292 mm an der Spitze der Ozeane und erreicht damit 121% des Mittelwertes für die Weltmeere. Die Niederschlagshöhe hat ihre Ursache in dem großen

5.2.3.2 Water Depths

Also with respect to water depths of *precipitation* the Pacific with P_S = 1292 mm is first with 121% of the mean for oceans. This high precipitation is caused by the large and productive tropical rain regions between 20° N and 20° S

und ergiebigen tropischen Regengebiet, im Westen zwischen 20° N und 20° S, im Osten zwischen 5° und 10° N, sowie in dem ausgedehnten Gebiet ergiebigen Niederschlags westlich Nordamerika zwischen 45° und 60° N sowie dem ebenfalls ergiebigen Staubereich vor Südamerika in 35° bis 55° S. In der Ausdehnung der subtropischen Trockengebiete steht dieser Ozean etwa in der Mitte. Dem Pazifik folgen bei der Niederschlagshöhe der Indische Ozean mit 1043 mm und der wesentlich trockenere Atlantik mit nur 761 mm. Bei ersterem sind es die reichlichen Niederschläge zwischen 10° N und 15° S im ausgedehnten Bereich der südlichen Tropen und vor den Westküsten Vorder- und Hinterindiens als Folge des SW-Monsuns, hinter denen die Gebiete geringerer Flächenausdehnung in den nördl. Subtropen zurücktreten. Beim Atlantik ist die regenreiche tropische Zone in 0° bis 10° N schmal, nördlich und besonders südlich schließen sich dann ausgedehnte Trockengebiete an, bis in der Westwindzone mehr Niederschlag, aber über dem Südatlantik doch weniger als über dem Ind. Ozean fällt. So steht im Verhältnis zum Weltmeer der Pazifik mit 121% einem durchschnittlichen Wert von 98 % beim Indischen Ozean, aber nur 71% beim Atlantik gegenüber.

Bei der *Verdunstungs*höhe hält der Indische Ozean mit 1294 mm, entsprechend 110% des Mittels für das Weltmeer die Spitze. Hier wirken sich die hohen Werte für E_S zwischen 30° N und 35° S aus, denen im N kein Anteil an verdunstungsärmeren polwärtigen Gebieten gegenübersteht. Ihm folgt der Pazifik mit 1202 mm = 102%. Anders als beim Indischen Ozean weist hier die Zone zwischen 15° N und 5° S eine geringere Verdunstungshöhe auf, während die hohen Werte für die Verdunstungshöhe auf 15° bis 30° N und 5° bis 25° S beschränkt sind. In der südlichen Westwindzone sind die Unterschiede gering, das ist aber auch im wesentlichen ein Ausdruck unserer geringeren Kenntnisse über diese Gebiete. An letzter Stelle steht der Atlantik mit 1133 mm = 96%. Hier ist das verdunstungsreiche Gebiet von 15° N dem Azorenhoch folgend bis 40° N ausgedehnt, im Südatlantik reicht es von 5° bis 25° S. In der nördlichen Westwindzone hat der Atlantik im Golfstromgebiet eine höhere Verdunstungshöhe, im Süden vermutlich ein geringeres E_S als der Pazifik und der Indische Ozean. Trotz der größeren meridionalen Ausdehnung der verdunstungsreichen Gebiete fällt das Mittel für den Atlantik geringer aus, weil diese Gebiete eine relativ geringere Ost-Westerstreckung haben als beim Pazifik, und ähnliches gilt für die südliche gemäßigte Zone.

Ein Zusammenhang der mittleren Verdunstungshöhe mit der mittl. geogr. Breite ist bei den drei Ozeanen insofern zu erkennen, als die Verdunstungshöhe mit zunehmender Breite wächst. Dies gilt aber nur für die hier zugrunde liegenden Breiten von 5° bis 28°. Im übrigen wird auf die Ziff. 5.4 verwiesen, wo diese Frage ausführlicher behandelt ist.

Wenn wir nun noch einen Blick auf den Anteil von E_S an P_S werfen, so liegt dieser beim Pazifik und Nordpolarmeer mit 93% bzw. 55% unter 100%, während beim Indischen Ozean und beim Atlantik mehr als der Niederschlag

in the West, and between 5° and 10° N in the East, as well as by the extensive regions of high precipitation west of North America between 45° and 60° N, and off South America between 35° and 55° S. The Pacific is influenced in an average way by the dry sub-tropical zone. The Pacific is followed by Indian Ocean precipitation (1043 mm) and the considerably drier Atlantic (761 mm). The former is explained by the high precipitation between 10° N and 15° S in the extensive south-tropical region, and along the west coasts of South and Southeast Asia as a result of the SW-monsoon, and by the smaller areal extent of the northern sub-tropics. In the Atlantic, the rainy tropical zone between 0° and 10° N ist narrow; to the north and especially to the south extensive arid regions are added until in the zone of westerlies precipitation exceeds that in the Indian Ocean, but in the south Atlantic it is less. So, relative to the ocean mean, the Pacific value is 121%, the Indian Ocean 98%, and the Atlantic 71%.

The Indian Ocean has the greatest *evaporation* depth with 1294 mm, corresponding to 110% of the mean for oceans. Here the high E-values between 30° N and 35° S are effective because in the north no part of the poleward low evaporation region is included. The Pacific is next highest with 1202 mm = 102%. In contrast to the Indian Ocean, a smaller evaporation maximum appears between 15° N and 5° S, whereas the high values for evaporation maxima between 15° to 30° N and 5° to 25° S are reduced. In the southern zone of westerlies the differences are small, but essentially this is also an expression of our lesser knowledge of this region. The Atlantic is in last place with 1133 mm = 96%. Here the high evaporation region extends from 15° to 40° N following the Azores high, and in the south Atlantic from 5° to 25° S. In the northern zone of westerlies, higher Atlantic evaporation occurs in the Gulfstream area, but in the South probably . E_S is lower than in the Pacific or Indian Ocean. In spite of the greater meridional extent of the high evaporation areas, the mean for the Atlantic is less because these areas have a smaller east-west extension than in the Pacific, and the same applies for the south temperate zone.

A relationship between mean evaporation depths and latitudes for the three oceans can be identified to the extent that evaporation increases with decreasing latitude. This is true, however, only for the latitudes used here between 5° and 28°. The remainder will be referred to in Section 5.4 where this question is treated in detail.

Taking another look at the ratios of E_S and P_S, for the Pacific and Arctic Oceans they are 93% and 55% respectively, whereas for the Indian Ocean and Atlantic, where evaporation exceeds precipitation, they are 124% and 149%.

Characteristical for the three great oceans is the small scattering of the values of E_S, as evaporation is governed mainly by the energy flow, but independent from P_S with its great variation. This shows easily the comparison in Tab. 12 with the continents situated in somewhat the same middle latitudes. E_L fluctuates in South America, Africa and Australia between 946 and 534 mm, while P_L has values between

schlag verdunstet, nämlich 124% bzw. 149%.

Für die drei großen Ozeane ist die geringe Streuung der Werte für E_S charakteristisch, weil die Verdunstung hauptsächlich vom Energiefluß bestimmt, aber von P_S mit dessen großer Streuung unabhängig ist. Dies zeigt der Vergleich in Tabelle 12 mit den in etwa gleichen mittleren Breiten gelegenen Kontinenten deutlich. In Südamerika, Afrika und Australien streut E_L zwischen 946 und 534 mm, während P_L zwischen 1564 und 696 mm liegt. Bei den Ozeanen hingegen streut E_S zwischen 1294 bis 1133 mm und P_S zwischen 1292 bis 761 mm. In Prozenten vom mittleren Betrag ergibt sich als Streuung: E_L = 54%, P_L = 72% und E_S = 13%, P_S = 52%.

Die *Abfluß*höhe (D_S) der Ozeane kennzeichnet die Wasserdampfab- oder -zuflüsse. Dem geringen Überschuß von D_S beim Pazifik (90 mm) stehen die hohen Defizite von D_S = −251 beim Indischen Ozean und −372 mm beim Atlantik gegenüber. Groß ist D_S beim Pazifik zwischen 0° und 10° N und von 45° bis 60° N. Hohe Defizite weisen der Pazifik von 20° bis 30° N, der Indische Ozean von 10° bis 30° N und von 15° bis 35° S, der Atlantik von 15° bis 40° N und von 0° bis 35° S auf, d.h. in 2 (PAC), in 8 (IND) und in 12 (ATL) 5°-Breitenzonen. Vom Mittelwert für das Weltmeer weicht D_S beim Pazifik um +192%, beim Nordpolarmeer um +140%, dagegen beim Indischen Ozean um −127% und beim Atlantik um − 238% ab.

5.2.4   Periphere und zentrale Gebiete des Festlandes

Aufschluß über Niederschlag, Verdunstung und Abfluß in den peripheren Gebieten, das sind die zum Weltmeer entwässernden Areale, und den zentralen Gebieten, worunter die abflußlosen Gebiete des Festlandes zu verstehen sind, gibt die Tab. 14. In Abb. 5 sind die Ergebnisse veranschaulicht und mit den Kontinenten insgesamt, also ohne Trennung der beiden Gebiete, gem. Abb. 3 vergleichbar. Ausführliche Angaben enthalten die Tabellen VIII-XIV im Anhang.

Zunächst ist bezüglich der Flächengrößen der zentralen Gebiete festzustellen, daß diese 22% oder rund ein Fünftel des ganzen Festlandes umfassen. Sie sind auf die Kontinente unterschiedlich aufgeteilt: Australien hat fast die Hälfte, Afrika zwei Fünftel, Asien ein gutes Viertel, Europa gut 15%, Nord- und Südamerika unter 10%, Antarktis Null %. Die Abgrenzung der abflußlosen Gebiete ist übrigens fließend, indem einzelne Einzugsgebiete zeitweise zum Weltmeer entwässern, zeitweise aber vom Weltmeer abgeschlossen sind. Eine andere Sachlage betrifft die innerhalb des Einzugsgebiets des Ob (Sibirien) liegenden abflußlosen Gebiete von 440000 km², die wir zum Obgebiet gerechnet haben, die aber von anderen Autoren ausgeklammert werden. Deshalb schwanken auch die Zahlenangaben über die Gesamtfläche in der Literatur. In Asien und Afrika führen unsere Ermittlungen eher an die obere Grenze. Aus diesem Grunde liegt auch die in Ziff. 2.1.3 (Tab. 4) nach Marcinek (1964) angegebene periphere Fläche etwas höher als bei uns, die Fläche der Zentralgebiete also entsprechend niedriger.

1564 and 696 mm. However on the oceans E_S is scattered from 1294 to 1133 mm and P_S from 1292 to 761 mm. Expressed in percent of the average value the variation is: E_L = 54%, P_L = 72% and E_S = 13%, P_S = 52%.

Runoff depths (D_S) for the oceans refer to water vapor losses or gains. The small Pacific excess D_S (90 mm) contrasts with higher deficits of D_S = −251 for the Indian Ocean and −372 mm for the Atlantic. In the Pacific between 0° and 10° N, and from 45° to 60° N, D_S is large. High deficits occur in the Pacific between 20° and 30° N, in the Indian Ocean from 10° to 30° N and from 15° to 35° S, and in the Atlantic between 15° and 40° N and 0° to 35° S, i.e., in 2 (PAC), in 8 (IND), and in 12 (ATL) 5°-latitude zones. Relative to the ocean mean, the Pacific is +192% and the Arctic +140%, as opposed to −127% for the Indian Ocean and −238% for the Atlantic.

5.2.4   Peripheral and Interior Regions of the Continents

Information is given in Table 14 concerning precipitation, evaporation, and runoff from peripheral regions that drain to oceans and interior regions with internal drainage. The results are illustrated in Figure 5 and comparable collectively for continents, i.e., without separation of the two regions according to figure 3. Detailed informations are given in Tables VIII-XIV in the Appendix.

First, the area of the interior regions include 22%, or one-fifth, of the total land. These regions are differentially distributed by continents: Australia has almost one-half, Africa two-fifths, Asia one-quarter, North and South America less than 10%, and Antarctica zero %. However the boundaries of the regions without runoff are changeable because individual watersheds sometimes drain to the ocean but are at times isolated. Another state of affairs concerns the interior regions within the watershed of Ob (Siberia). There are 440000 km² without runoff, which we included with the Ob but other authors excluded. For this reason the areal data vary in the literature. In Asia and Africa, our estimates tend toward the higher limits. Also on this basis, as indicated in Section 2.1.3, Marcinek's (1964) peripheral areas are somewhat higher than ours, and the interior areas consequently lower. See Table 4.

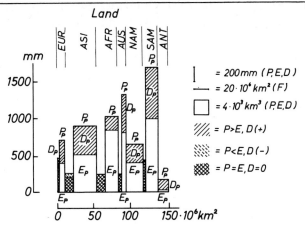

Abb. 5 Wasserbilanzen der einzelnen Kontinente, getrennt nach peripheren und zentralen Gebieten.

Figure 5. Water Balances of Individual Continents differentiated by Peripheral and Interior Regions.

Insgesamt entfallen bei 22% Flächenanteil nur rund 10% des Wasserumsatzes des Festlandes auf die abflußlosen zentralen Gebiete, der weitaus überwiegende Teil aber, nämlich rund 90% bei 78% Flächenanteil, auf die zum Weltmeer entwässernden peripheren Gebiete. Die P_L- und E_L-Höhen betragen in den zentralen Gebieten 33 bzw. 51%, in den peripheren Gebieten 119 bzw. 114% der Werte des ganzen Festlandes, die D_L-Höhe beläuft sich hier auf 129%. Die zentralen Gebiete sind also insgesamt als ausgesprochene Trockengebiete charakterisiert.

Im einzelnen aber stellt sich das europäische Zentralgebiet als verhältnismäßig feucht dar: P_Z = 459, E_Z = 310, D_Z = 149 mm. Die weiteren, relativ feuchten Zentralgebiete in Süd- und Nordamerika mit P_Z = E_Z = 427 bzw. 344 mm spielen wegen ihrer geringen Ausdehnung keine wesentliche Rolle. Entscheidend für den trockenen Charakter der Zentralgebiete sind Asien, Afrika und Australien mit P_Z = E_Z = 211, 227 und 238 mm; sie umfassen 29.1 x 10^6 km^2 = 86% der Fläche des gesamten abflußlosen Gebiets der Erde.

Dort also, wo die zentralen Gebiete als Folge der Orographie oder der Zirkulation der Atmosphäre vom Meere stärker abgeschlossen sind, sind P_Z = E_Z am niedrigsten: Asien, Afrika und Australien, dabei Asien vorwiegend als Folge der Oberflächengestalt, Afrika und Australien wegen der Lage vorwiegend in den Subtropen. Andererseits hat das in der Westwindzone gelegene, nach Westen völlig offene abflußlose Gebiet in Europa – überwiegend das Einzugsgebiet der Wolga – die höchste Niederschlagsmenge. Hier ist übrigens P_Z > E_Z, weil das überschießende D_Z im Kaspimeer, also in Asien aufgezehrt wird, dort also E_Z > P_Z und damit D_Z negativ ausfüllt. In den übrigen Kontinenten greifen die abflußlosen Gebiete nicht über die Grenzen der Kontinente hinweg. Die kleinen zentralen Gebiete in Nord- und Südamerika nehmen mit den höheren Kämmen der sie umschließenden Gebirge an deren höherem Niederschlag in einem gewissen Ausmaß teil. In der Antraktis wird der ganze Kontinent durch das zum Rande des Kontinents fließende Inlandeis zum Weltmeer entwässert.

Only about 10% of the global water exchange occurs over the 22% of land area in interior regions without runoff, whereas the much greater part, i.e., 90% occurs over the 78% of the land in peripheral areas that drain to the oceans. In the interior regions, P_L- and E_L-values amount to 33 and 51%, respectively, of the continental means; in peripheral regions they amount to 119 and 114%, and the D_L-value is 129%. The interior regions are characterized, therefore, as very dry regions.

In individual instances, however, as in the european interior with P_Z = 459, E_Z = 310, and D_Z = 149 mm, the central region is relatively moist. The other relatively moist interior regions in South and North America with P_Z = E_Z = 427 or 344 mm play no important part because of their limited geographic extension. Typical of the dry character of interior regions are those in Asia, Africa, and Australia with P_Z = E_Z = 211, 227, and 238 mm, respectively; they encompass 29.1 (10^6) km^2 = 86% of the total area of regions without runoff.

Where the central regions are more secluded as the result of orography or atmospheric circulation, P_Z = E_Z are also lowest: Asia mostly as the result of land form, Africa and Australia as a consequence of their primary sub-tropical locations. Conversely, the European region without runoff, completely open to the west in the zone of westerlies (mainly the Volga basin) has the highest precipitation. Here, moreover, P_Z > E_Z since the surplus D_Z is absorbed in the Caspian Sea, in Asia, where E_Z > P_Z so that D_Z becomes negative. In the other continents, regions without runoff do not extend across continental borders. The small interior regions in North and South America share to some extent in the higher precipitation of surrounding mountains. The entire continent of Antarctica is drained by the flow of inland ice to its ocean borders.

Tabelle 14   Flächen, Wassermengen und -höhen der peripheren (p) und zentralen (z = abflußlosen) Gebiete des Festlandes

Table 14   Areas, Continental Water Volumes and Depths for Peripheral (p) Regions, and Interior (z) Regions (without runoff)

Gebiet *Region*		Fläche *Area* 10^6 km²	Wassermengen (10^3 km³) *Water volumes*			Wasserhöhen (mm) *Water depths*			% von P *% of P*	
			P	E	D	P	E	D	E	D
Europa	p	8.3	5.8	3.3	2.5	699	389	310	56	44
Europe	z	1.7	0.8	0.5	0.3	459	310	149	68	32
Asien	p	31.4	28.0	15.5	12.5	892	495	397	55	45
Asia	z	12.7	2.7	3.0	-0.3	211	232	-21	110	-10
Afrika	p	17.6	17.9	14.5	3.4	1023	829	194	81	19
Africa	z	12.2	2.8	2.8	.	227	227	.	100	-
Australien	p	4.7	6.1	3.7	2.4	1308	799	509	61	39
Australia	z[1]	4.2	1.0	1.0	.	238	238	.	100	-
Nordamerika	p	23.2	15.3	9.4	5.9	657	405	252	62	38
North America	z	0.9	0.3	0.3	.	344	344	.	-	-
Südamerika	p	16.4	27.4	16.3	11.1	1665	993	672	60	40
South America	z	1.5	0.6	0.6	.	427	427	.	-	-
Antarktis	p	14.1	2.4	0.4	2.0	169	28	141	17	83
Antarctica	z	.	.	.	.	.	.	.	.	.
Festland	p	115.7	102.9	63.2	39.7	890	546	344	61	39
Land	z	33.2	8.2	8.2	.	247	247	.	100	.
% des Festlandes	p	78	92	89	100	119	114	129	.	.
%[1] *of the land's*	z	22	8	11	.	33	51	.	.	.

[1] Australien (z) ist zugleich der Wert für Australien (ohne Inseln). Auf letzteren kommen zentrale Gebiete nicht vor.

Australia (z) is at the same time the value for Australia (without archipelago). At the islands there are no interior regions.

In den peripheren Gebieten ergeben sich nun im Vergleich zu Tab. 12 bzw. Abb. 3 (ganze Kontinente) je nach dem Anteil der im allgemeinen trockenen zentralen Gebiete charakteristische Unterschiede, die nachfolgend erläutert werden.

Beim Niederschlag der peripheren Gebiete ragt Südamerika um 100 mm höher hinaus; hier sind die zentralen Gebiete anteilsmäßig klein; aber bei Australien, in dem die peripheren Gebiete die gute Hälfte der Fläche umfassen und im küstennahen sowie im tropischen Bereich gelegen sind, fallen peripher 500 mm mehr als im Durchschnitt und fast 1100 mm mehr als im Zentralgebiet. In Afrika fällt P_P um gut 300 mm höher aus als im Durchschnitt und 800 mm höher als im Zentralgebiet; für diese Feststellung ist der große Anteil des peripheren Gebiets am tropischen Klima in Zentralafrika entscheidend. Schließlich liegt in Asien P_P um 200 mm höher als P_L und um nicht ganz 700 mm höher als der Nieder-

In the peripheral regions there are characteristic differences, in comparison with Table 12 or Figure 3 (entire continents), according to the proportion of dry interior regions. These differences will now be explained.

Precipitation in the peripheral regions of South America is 100 mm higher; here the interior regions are relatively small, but in Australia where peripheral regions make up more than half of the area and are near tropical coasts, peripheral precipitation is 500 mm greater than the average, and almost 1100 mm greater than in the central region. In Africa, P_P is at least 300 mm above average, and 800 mm greater than in the interior; the decisive factor here is the large fraction of peripheral area in the tropical climate. In Asia, P_p is 200 mm higher than P_L, and not quite 700 mm higher than P_z. Here a series of factors work together: The proportion of monsoon area with high precipitation, of subarctic regions with low precipitation, and finally the fact that a series of larger streams seize

schlag P_Z in den zentralen Gebieten. Hier wirken eine Reihe von Faktoren zusammen: Der Anteil an den Monsungebieten mit hohen Niederschlagsmengen, an den subarktischen Gebieten mit geringen Niederschlagsmengen und schließlich die Tatsache, daß eine Reihe großer Ströme bis weit in die Trockengebiete Innerasiens hineingreift. Schließlich ist P_P in Europa aus den bereits erwähnten Gründen nur um 40 mm größer als P_L und um 240 mm höher als P_Z, während der sehr geringe Flächenanteil der Zentralgebiete in Nordamerika P_P nur wenig höher ausfallen läßt als P_L, obwohl die Zentralgebiete um mehr als 300 mm weniger Niederschlag haben.

Wegen der auf dem Festland geltenden Gesetzmäßigkei-. ten im Zusammenhang von P, E und D führt der Vergleich von P_P mit E_P und D_P tendenziell in den peripheren Gebieten zu ähnlichen Ergebnissen wie für P_L. Die Reihenfolge der Kontinente bleibt bei E_P etwa erhalten, wobei E_P in Australien und Afrika um fast 250 mm größer ist als E_L, in Asien um gut 70 mm und in Europa um gut 10 mm. D_P fällt in Australien um 240 mm, in Asien um 120 mm, in Afrika um 80 mm und in Europa um 30 mm höher als D_L. Der größere Anteil der abflußreichen subarktischen Gebiete in Asien (und der borealen Gebiete in Europa) beeinflußt hier D_P positiv stärker als der relativ geringere Abfluß aus den Tropengebieten Afrikas. Bei Australien wird der Durchschnitt durch den relativ geringeren Flächenanteil der abflußreichen peripheren Gebiete um den genannten hohen Betrag übertroffen.

far into the arid interior regions. Finally, P_p in Europe is only about 40 mm greater than P_L, for the reasons already mentioned, and about 240 mm greater than P_z, whereas the very small proportion of interior areas in North America makes P_p only a little higher than P_L but, nevertheless 300 mm higher than precipitation in the central regions.

On account of the regularities in the relationships of P, E, and D on land, the comparisons of P_p with E_p and D_p in peripheral areas tend to lead to results similar to those for P_L. The continental sequence for E_p is almost preserved since E_p in Australia and Africa is about 250 mm greater than E_L in Asia about 70 mm, and in Europe at least 10 mm. In Australia D_p is about 240 mm greater than D_L, in Asia about 120 mm, in Africa about 80 mm, and in Europe about 30 mm. The greater fraction of high runoff subarctic area in Asia, and the boreal region in Europe, increase D_p more than the lower runoff from tropical regions in Africa. In Australia, the average was increased to the given high amount by the relatively small fraction of high runoff area.

5.3   5°-Breitenzonen, hemisphärisch
(Nord- und Südhemisphäre getrennt)

Das Zahlenmaterial für diesen Abschnitt ist ausführlich in den Tabellen XV bis XXXIV im Anhang enthalten. Die Abb. 6 bis 12 veranschaulichen die Zusammenhänge zwischen P, E, D und den 5°-Breitenzonen der Erde, und zwar jeweils für die einzelnen 5°-Breitenzonen zwischen 90° N und 90° S nach folgenden Gesichtspunkten:

a. nach Wassermengen $(10^3 km^3)$
b. nach Wasserhöhen (mm)
c. nach Prozenten der Global- bzw. der Zonenwerte
d. nach Festland, Weltmeer und Globalwert
e. nach Kontinenten und Ozeanen

5.3   Hemispherical 5°- Latitude Zones
(North and South Separated)

The numerical data for this section are given in detail in appendix Tables XV through XXXIV. Figures 6 through 12 illustrate the relationships among P, E, and D and each 5°-latitude zone between 90° N and 90° S in terms of:

a. Water volumes $(10^3 km^3)$
b. Water depths (mm)
c. Percentages of global or zonal values
d. Land, ocean, and global values
e. Continent and ocean values

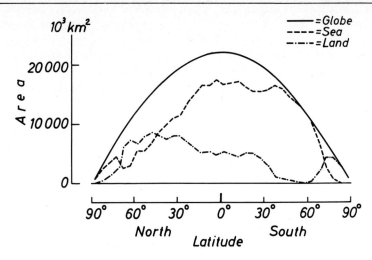

Abb. 6 Meridionalverteilung der Flächen der einzelnen 5°-Breitenzonen, getrennt nach Festland, Weltmeer, Globus.

Figure 6. Meridional Distribution of Areas of 5°-Latitude Zones, of Land, Oceans and global.

5.3.1   Flächengrößen

Die Flächen der 5°-Breitenzonen liegen zwischen 0.1 und 22.1 x 10^6 km², unter 60° bei 11.2, unter 30° bei 19.2 und am Äquator bei 22.1. x 10^6 km². In den Tab. I, XV-XVII sind die Zahlenwerte detailliert angegeben. In Abb. 6 ist die Aufteilung auf Festland und Weltmeer dargestellt: Das Schwergewicht der Landflächen liegt zwischen 45° und 70° Nord sowie bei 70° bis 90° Süd. Die Wasserflächen haben unter 40° bis 65° Süd sowie unter 80° bis 90° Nord ihr größtes Gewicht. Wegen der Genauigkeit der Flächenangaben siehe Ziff. 4.4.

5.3.2   Wassermengen

Die Wassermengen (vgl. Abb. 7) hängen vom Ausmaß der Erdoberflächen und von den Wasserhöhen ab. Sie repräsentieren Teilbeträge in der gesamten Wasserbilanz bzw. am gesamten Wasserumsatz der Atmosphäre und stellen Ausgangswerte für Untersuchungen über die Wassertransporte in der Atmosphäre und Hydrosphäre dar. Näheren Einblick in die Gesetzmäßigkeiten, die erst in den Wasserhöhen zum Ausdruck kommen, enthält Ziff. 5.3.3.

5.3.1   Areas

The areas of 5°-latitude zones lie between 0.1 and 22.1 (10^6) km² : 11.2 at 60°, 19.2 at 30°, and 22.1 (10^6) km² at the equator. In Tables I, and XV-XVII the numerical values are given in detail. In Figure 6 the distribution of land and water is presented: Land surfaces are most heavily weighted between 45° and 70° N, and 70° to 90° S; water surfaces between 40° and 65° S and 80° to 90° N. Relative to the exactness of area data see Section 4.4.

5.3.2   Water Volumes

Water volumes (see fig. 7) depend on the area of the earth's surface and the water depths. They represent partial amounts of the total water balance or total water exchange of the atmosphere, and provide basic values for investigations of water transport in the atmosphere and hydrosphere. Closer insight into the regularities, which are first expressed in terms of water depths, is included in Sections 5.3.3.

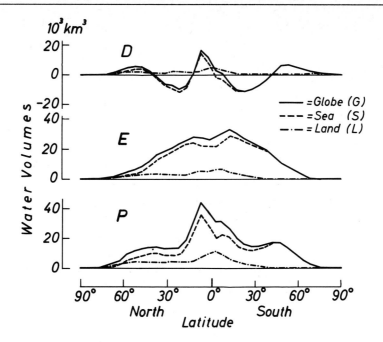

Abb. 7 Wassermengen (km³) in den einzelnen 5°-Breitenzonen, getrennt nach Festland, Weltmeer und Globus.

Figure 7. Water Volumes (km³) in 5°-Latitude Zones of Land, Oceans and global.

5.3.2.1 Niederschlag (P)

Über dem *Land* ist P_L der Menge nach am größten in der Zone 0° - 5° S mit $P_L = 11.2 \times 10^3 km^3$, verursacht durch die großen Niederschlagshöhen und -flächen im tropischen Südamerika, in Südasien mit Australien und in Zentralafrika. Die Mengen nehmen von dort nach Süden bis zur Zone 55° - 65° S ab, liegen dann in der Antarktis etwas höher. Nach Norden ist die Abnahme bis 15° N stärker, dann schließen sich in 15° - 65° N ziemlich gleiche Zonenwerte an, denen eine stetige Abnahme bis 85° N folgt.

Auf dem *Weltmeer* fallen die größten Mengen des Niederschlags in der Breitenzone 5° - 10° N, und zwar ist $P_S = 36.6 \times 10^3 km^3$. Nach Norden und Süden gehen die Mengen bis in die Subtropen bei 25° - 30° N/S zurück (9.2 bzw. 12.6 × $10^3 km^3$), um dann in den gemäßigten Breiten (35° - 45° N bzw. 40° - 50° S) ein leichtes Maximum zu erreichen (10.1 bzw. 17.1 × $10^3 km^3$). Polwärts folgt dann eine stetige Abnahme bis in die polare Zone.

In *globaler* Betrachtung für jeweils ganze Breitenzonen sind bei den Wassermengen die Verhältnisse über See ausschlaggebend. Der Höchstwert liegt in 5° - 10° N ($P_G = 44.5 \times 10^3 km^3$).

5.3.2.1 Precipitation (P)

Volume-wise precipitation is greatest over *land* in the zone 0°-5° S, where $P_L = 11.2 \, (10^3) \, km^3$, because of great precipitation depths and areas in tropical South America, in southern Asia and Australia, and in central Africa. From there the volumes decrease toward the south to 55°-65° S, but are somewhat higher in Antarctica. To the north, the decrease is more rapid to 15° N, then between 15° and 65° N the zonal values are quite similar, followed by a steady decrease to 85° N.

Over *oceans* precipitation is greatest in the zone 5°-10° N where $P_S = 36.6 \, (10^3) \, km^3$. To the north and south the volumes decrease in the sub-tropics at 25°-30° N and S (9.2 and 12.6 (10^3) km³), and then reach a secondary maximum in the temperate latitudes, 35°-45° N, or 40°-50° S (10.1 or 17.1 (10^3) km³). Toward the poles there is a steady decrease.

Globally, for entire latitude zones, water volumes are determined largely by ocean relationships. The highest value lies at 5°-10° N, $P_G = 44.5 \, (10^3) \, km^3$.

5.3.2.2 Verdunstung (E)

Über *Land* hat E_L sein Maximum in 0° - 5° S (6.5 × $10^3 km^3$), bedingt durch das Zusammentreffen hoher Niederschläge (siehe 5.3.2.1) und tropischer Temperaturen. Die Abnahme ist nach S ziemlich stetig, nach N hin fällt E_L unter dem Einfluß von P_L in 35° - 45° N etwas höher aus (3.3 × $10^3 km^3$).

Über *See* drückt die geringere Einstrahlung die Verdun-

5.3.2.2 Evaporation (E)

Over *land* E_L maximum is at 0°-5° S, $E_L = 6.5 \, (10^3) \, km^3$, as a result of higher precipitation (see 5.3.2.1) and tropical temperatures. The decrease toward the south is rather constant; to the north, under the influence of P_L at 35°-45° N, E_L is somewhat higher, 3.3 (10^3) km³.

Over *oceans*, reduced radiation diminishes evaporation volumes in the tropics to some extent, 21.8 (10^3) km³

stungsmenge in den Tropen etwas herab (21.8 x 10^3 km^3 in 0° - 5° N). Die Höchstwerte werden in 10° - 15° S (28.9) und 10° - 20° N (24.0 x 10^3 km^3) erreicht.

Für die Verdunstungsmengen der *globalen* Breitenzonen gilt die gleiche Abhängigkeit vom Meer wie für P_G. Die Maxima betragen in 10° - 15° S und 10° - 15° N : 33,3 und 28.5 x 10^3 km^3.

5.3.2.3 Abfluß (D = P–E)

Hier stehen Überschußgebiete von P über dem ganzen Land sowie über dem Meer in den Tropen und in den gemäßigten Breiten den Defizitgebieten von P über dem Meer in den Subtropen bis in die südliche gemäßigte Zone hinein gegenüber.

Über dem *Festland* liegt der Höchstwert des Abflusses wie bei P_L und E_L in 0° - 5° S (4.7 x 10^3 km^3). Ein Minimum wird in 35° - 40° N (0.9 x 10^3 km ^{3}) erreicht. Das anschließende relative Maximum ist in den höheren Breiten des Nordens unter dem Einfluß der durch niedrigere Temperaturen geminderten Verdunstung auf 50° - 65° N verschoben (2.0 bis 1.8 x 10^3 km^3). In der Antarktis ergeben sich mangels E_L relativ hohe Mengen von D_L.

Innerhalb des eingangs charakterisierten Verlaufs über *See* ergeben sich dort folgende Daten: Maximum in den Tropen: 5° - 10° N mit 14.2 x 10^3 km^3, Minima in den Subtropen: 20° - 25° N (–11.8) sowie 15°- 25° S (–11.6 x 10^3 km^3), Maxima in den gemäßigten Breiten: 45° - 55° S (5.8 bis 6.2) und 45° - 55° (3.6 x 10^3 km^3), wie beim Land polwärts verschoben.

Land und Meer *global* zusammengefaßt ergeben mit letzterem fast übereinstimmende Verhältnisse: Maximum in den Tropen in 5° - 10° N (16.5 x 10^3 km^3), Minima in 15° - 25° S (–11.0) und 20°- 25° N (–10.2 x 10^3 km^3) und schließlich Maxima in 45° - 55° S (6.3 x 10^3 km^3) sowie in 50° - 55° N (5.5 x 10^3 km^3), im letzteren Falle also unter dem Einfluß der großen Landflächen mit höherem Abfluß gegenüber dem Meere allein etwas nach N verschoben.

5.3.2.4 Prozentuelle Betrachtungen

Die Prozent-Anteile des Festlandes und des Weltmeeres an den Globalwerten für die Flächen (F), die Niederschlags-(P) und Verdunstungs- (E) -mengen nach 5°-Breitenzonen sind in der Abb. 8 besonders dargestellt. Die Summe von Festland und Weltmeer ist jeweils 100%, gleich dem Globalwert der betreffenden Breitenzone.

at 0°-5° N. The highest values occur at 10°-15° S, 28.9, and at 10°-20° N, 24.0 (10^3) km^3.

For the *global* latitude zones, evaporation volumes exhibit the same dependence on ocean values as with P_G. The maxima occur at 10°-15° S and 10°-15° N: 33.3 and 28.5 (10^3) km^3.

5.3.2.3 Runoff (D = P – E)

There are precipitation surplus regions over the entire land and oceans in the tropics and temperate latitudes, but deficit regions of P over the sub-tropics and into the southern temperate zone.

Over the *continents,* the maximum value of runoff lies (as with P_L and E_L) at 0°-5°S, D_L = 4.7 (10^3) km^3. A minimum occurs at 35°-40° N, 0.9 (10^3) km^3. The relative maximum is displaced toward higher latitudes in the north under the influence of lower temperatures and reduced evaporation, 1.8-2.0 (10^3) km^3 at 65°-50° N. In Antarctica, D_L-volumes are relatively high as the result of lack of E_L-volumes.

A simple characterization of the distribution over *oceans* is given by the following data: Maximum in the tropics, 5°-10° N with D_S = 14.2 (10^3) km^3; minima in the subtropics, 20°-25° N with –11.8 and 15°-25° S with –11.6 (10^3) km^3; relative maxima in the temperate latitudes, 45°-55° S, (5.8-6.2), and 45°-55° N, 3.6 (10^3) km^3 polewardly displaced as over the land.

Land and ocean combined *globally* are in good agreement with the latter: Maximum in the tropics, 5°-10° N, 16.5 (10^3) km^3; minima at 15°-25° S, –11.0, and at 20°-25° N, –10.2 (10^3) km^3, and finally relative maxima at 45°-55° S, 6.3, and at 50°-55° N, 5.5 (10^3) km^3. In the latter case, the maximum is displaced somewhat to the north by high runoff from the large land areas.

5.3.2.4 Relative Values (Percentages)

Land and ocean values as percentages of global values are given separately by 5°-latitude zones in Figure 8 for areas (F) and volumes of precipitation (P) and evaporation (E). In each case, the sum of land and ocean values is equal to the global value for the indicated latitude zone.

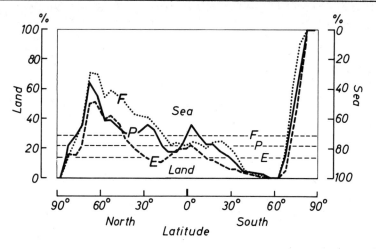

Abb. 8 Flächen (F) und Wassermengen von Niederschlag (P) und Verdunstung (E) für Festland und Weltmeer in Prozent der globalen Werte, aufgeteilt nach 5°-Breitenzonen. - - - = Mittelwerte für die gesamte Erde.

Figure 8. Areas (F) and Volumes of Precipitation (P) and Evaporation (E) for Land and Oceans by 5°-Latitude Zones in percentages of global values. - - - Mean Values for the Entire Earth.

*Flächen*anteil: Bei einem mittleren Anteil des Festlandes von 29% sowie des Weltmeeres von 71% an der Erdoberfläche des Globus erreicht ersterer in 60° bis 70° N mit rund 70% seinen Höchstwert auf der Nordhalbkugel, geht dann allmählich und ab 30° S schneller auf fast 0% in 55° bis 65° S zurück, steigt dann rasch an, bis in der Antarktis in 80° - 90° S 100% erreicht werden.

*Niederschlags*anteil: Der Niederschlag auf den Landflächen (P_L) hat einen mittleren Anteil von 22%, der Niederschlag auf den Meeresflächen (P_S) von 78%. Nur in arktischen Breiten sowie zwischen 5° N und 15° S übersteigt der Anteil von P_L denjenigen von F_L, in 0° bis 5° S um 12% (P_L = 36%, F_L = 24%). Über der großen Landmasse der nördl. Halbkugel ist der Anteil von P deutlich geringer als der von F mit Differenzen um 20% zwischen 40° und 55° N. Hier kommt die Meeresferne der Festlandsmasse und der Niederschlagsreichtum über dem Nordpazifik und dem Nordatlantik zum Ausdruck. Der größere Anteil von P in den Tropen macht den dortigen Regenreichtum in großen Landgebieten gegenüber den schmalen tropischen Regenzonen über dem Meer im Bereich der inneren Tropen deutlich. Der geringe Unterschied zu F beim Festland in 25° bis 30° N resultiert daraus, daß sich über Land die Trockenheit der abgeschlossenen Festlandsgebiete mit dem P-Reichtum der Monsunländer fast kompensiert und letzterer auf das Meer in noch stärkerem Maße übergreift. In 15° bis 35° S tritt ein ähnlich geringer Unterschied wie in den nördlichen Subtropen in Erscheinung, weil hier die gleiche oben erwähnte Kompensation zwischen regenreichen und trockenen Gebieten stattfindet. In der Antarktis schließlich liegt P_L in 70° bis 80° S um 16 bis 18% gegenüber F_L zurück, weil in der gleichen Breite der Pazifik und der Indische Ozean mit ihren doppelten P-Höhen in Erscheinung treten.

*Verdunstungs*anteil: Die mittleren Anteile von E_L (14%) und E_S (86%) charakterisieren den Verdunstungsüberschuß des Weltmeeres. Hinsichtlich der Verdunstungs-

Relative area: Land and ocean surfaces account for 29% and 71%, respectively, of the surface area of the earth. Land area accounts for about 70% of the total between 60° and 70° N, its highest relative value in the northern hemisphere. This value decreases gradually toward the south, and more rapidly at 30° S to 0% between 55° and 65° S, then increases quickly to 100% in Antarctica between 80° and 90° S.

Relative precipitation: Precipitation on land areas (P_L) is 22% of the total, and on ocean areas (P_S) 78%. The percentage of P exceeds that of F only in arctic regions and between 5° N and 15° S – by 12% (36% vs. 24%) between 0° and 5° S. Over the large land masses of the northern hemisphere the proportion of P is distinctly smaller than that of F; between 40° and 55° N the differences are about 20%. Here the ocean distances from continental masses, and the abundance of precipitation over the north Pacific and Atlantic, are expressed. The greater fraction of P in the tropics magnifies the abundance of rain over large land masses as opposed to the narrow tropical rain zone over the sea. The smaller difference with respect to F over land between 25° and 30° N results from the fact that over land the P-abundance of monsoon-lands almost compensates for the aridity of secluded continental regions. Between 15° and 35° S, an analogous smaller difference (as in the northern sub-tropics) appears, since here the same compensation exists between rain-abundant and arid regions. Finally, in Antarctica between 70° and 80° S P_L falls behind F_L by 16 to 18%, though in the same latitudes doubly high precipitation appears over the Pacific and Indian Oceans.

Relative evaporation: The mean fractions of E_L (14%) and E_S (86%) characterize the evaporation surplus of oceans. With respect to evaporation volumes, therefore, land is 15% behind F_L and 8% behind P_L. The difference is smaller in the Arctic because the frozen sea contributes relatively less to E_S. Characteristically there is a relatively high proportion of E_L, in comparison with P_L,

mengen liegt das Land also um 15% hinter F_L und um 8% hinter P_L zurück. Der Unterschied fällt in der Arktis geringer aus, weil das vereiste Meer verhältnismäßig weniger zu E_S beiträgt. Charakteristisch ist der im Vergleich zu P_L relativ hohe Anteil von E_L zwischen 65° N und 40° N, der seine Ursache in dem oben erklärten relativ geringen P_L hat. Die Differenz von E_L zu P_L vergrößert sich beim Fortschreiten gegen Süd allmählich und erreicht um 30° N ihren Höchstwert von gut 25%. Dort kommt das subtropische Maximum von E_S zur Auswirkung. In den Tropen gleichen sich dann die Anteile von E und F für Land und Meer zunächst an, bis E mit abnehmendem Anteil von P_L und dann mit zunehmendem E_S in den Subtropen deutlich zurückgeht. Für die Breiten südlich des Polarkreises gilt das unter P Gesagte entsprechend, wobei die Verdunstungshöhe über Meer das 3 bis 5-fache jener des Landes beträgt und E_L deshalb um so mehr hinter F_L, nämlich um rund 20% bis 30% zurückbleibt.

5.3.3 Wasserhöhen

Zur Darstellung der Gesetzmäßigkeiten in der zonalen Verteilung von P, E und D ist im folgenden von den Bezugsflächen abgesehen. Wir gehen damit von der Behandlung der Wassermengen auf die Wasserhöhen in mm über. Dabei wird ebenso wie unter Ziff. 5.3.2 zunächst untersucht, wie sich P, E und D jeweils gemeinsam über dem Land, über dem Meer und in den ganzen Breitenzonen verhalten. Dann folgt die vergleichende Untersuchung des Landes, des Meeres und der ganzen Breitenzonen jeweils für P, E und D gemeinsam. Die Ergebnisse sind in den Abbildungen 9 und 10 illustriert. Alle Wasserhöhen über dem Lande in 55° - 65° S sind wegen der sehr kleinen Bezugsflächen mehr zufällig als repräsentativ.

Aus der Abb. 9 geht hervor, wie die Landflächen und die Meere an der Meridionalverteilung der Wasserhöhen von P, E und D beteiligt sind.

between 65° and 40° N because of the smaller P_L (explained above). The difference between E_L and P_L increases gradually toward the south and attains its highest value of 25% or more at 30° N. There the sub-tropical maximum of E_S becomes effective. In the tropics the percentages of E and F for land and sea are approximately the same at first, until with the decreasing fraction of P_L and then with increasing E_S in the sub-tropics, E clearly decreases. For latitudes southern of the Arctic Circle the above cited relationships for P are true, at which the evaporation depths of sea are three-to-fivefold that of land and therefore E_L remains 20 to 30% behind F_L.

5.3.3 Water Depths

The following presentation of regularities in the zonal distribution of P, E, and D is without regard to relative areas. We change over from the treatment of water volumes to that of water depths. As in Section 5.3.2, the joint behavior of P, E, and D over land, sea, and in entire latitude zones will be examined first. Then follows the comparative examination of land, oceans, and entire latitude zones for P, E and D and their interactions. The results are illustrated in Figures 9 and 10. All water depths over land between 55° and 65° S are incidental rather than representative because of the very small areas involved.

Figure 9 shows the meridional distributions of P, E, and D for land and ocean surfaces.

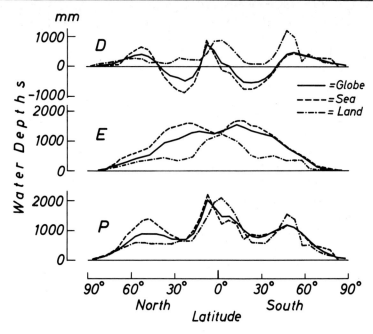

Abb. 9 Wasserhöhen von Niederschlag (P), Verdunstung (E) und Abfluß (D) in den einzelnen 5°-Breitenzonen getrennt nach Festland, Weltmeer und Globus.

Figure 9. Water Depths of Precipitation (P), Evaporation (E), and Runoff (D) in 5°-Latitude Zones, over Land, Oceans and Global.

5.3.3.1 Niederschlag (P)

Über dem *Lande* liegt der Höchstwert der Zonenmittel in Höhe von 2093 mm wegen der konvektiven Tropenregen in 0° - 5° Süd. Nach Nord gehen die Werte schnell zurück, bleiben dann in 30° - 60° N ziemlich konstant, mit leichtem Anstieg gegen N auf 520 bis 580 mm, dem ein gleichmäßiger Rückgang bis zur Zone 80° - 85° N auf 111 mm folgt. Nach Süden tritt in den Subtropen (25° - 30° S) ein Minimum (525 mm) ein, dem in der Westwindzone als Folge der orographischen Regen an den Westküsten Südamerikas und Neuseelands ein kräftiger Höchstwert in 45° - 50° S mit 1535 mm folgt. Zum Südpol hin sinkt der Zonenmittelwert P_L dann auf 65 mm ab.

Über dem *Meere* liegt das Maximum in 5° - 10° N mit 2202 mm nur wenig höher als über dem Lande, was eine Folge der ausgeprägten tropischen Frontalzone, besonders über dem Pazifik, ist. Dann sind die Subtropenminima (20° - 25° N, 25° - 30° S) mit 701 und 815 mm deutlich ausgeprägt, ebenso das Maximum der nördlichen Westwindzone in 45° - 55° N (1325 mm). Im Süden fällt der Höchstwert wegen der sehr begrenzten orographischen Wirkung im Stau der Westküsten nicht so hoch wie auf dem Lande aus (1167 mm in 45° - 50° S). In der subpolaren Zone beträgt der Mittelwert bei 75° - 80° S 349 mm, also mehr als das Doppelte gegenüber jenem der eisbedeckten Antarktis in dieser Zone mit 141 mm.

Für Breitenzonen *(global)* ergeben sich dem Übergewicht des Meeres entsprechend die Höchstwerte in 5° - 10° N (2028 mm), 45° - 55° N (880 mm) und 45° - 50° S (1176 mm). Die subtropischen Minima liegen in 20° - 30° N (675 mm) und 25° - 30° S (752 mm); die Maxima der gemäßigten Breiten liegen in 45° - 55° N (880 mm) und

5.3.3.1 Precipitation (P)

Over *land* the maximum zonal mean of 2093 mm occurs at 0°-5° S on account of convective tropical rain. The values decrease quickly to the north, are almost constant but increase slightly from 520 to 580 mm between 30° and 60° N, then decrease regularly to 111 mm for the 80°-85° N zone. To the south a minimum (525 mm) appears in the sub-tropics (25°-30° S), followed by a strong maximum of 1535 mm in the zone of westerlies between 45° and 50° S as a result of orographic rain on the west coasts of South America and New Zealand. The zonal mean for P_L drops to 65 mm toward the South Pole.

Over *oceans* the maximum, only slightly higher than over land, is 2202 mm at 5°-10° N, a result of the pronounced tropical frontal zone especially over the Pacific. Then the sub-tropical minima (20°-25° N, 25°-30° S) with 701 and 815 mm are clearly defined, as is the maximum (1325 mm) in the northern zone of westerlies between 45° and 55° N. In the south the maximum is not as high as over land (1167 mm at 45°-50° S) because of the very limited orographic effect of blocking along the west coasts. In the subpolar zone the mean value amounts to 349 mm at 75°-80° S, or more than twice that of ice-covered Antarctica, 141 mm, in this zone.

For *global* latitude zones the maxima, reflecting the predominant influence of oceans, are at 5°-10° N (2028 mm), 45°-55° N (880 mm), and 45°-50° S (1176 mm). The sub-tropical minima lie at 20°-30° N (675 mm) and 25°-30° S (752 mm). The temperate latitude maxima are at 45°-55° N (880 mm) and 45°-50° S (1176 mm); the large difference is caused by the N-S difference in land areas.

45° - 50° S (1176 mm), wobei die Unterschiede bei den Landflächen in N und S die große Differenz verursachen.

5.3.3.2 Verdunstung (E)

Der Verlauf von E ist bei Land und Meer sowie in Nord und Süd recht gleichförmig, aber aus unterschiedlichen Gründen.

Über dem *Land* tritt das Maximum mit 1214 mm in 0° - 5° S auf, bedingt durch das hohe P_L bei hoher Temperatur. Die durch Niederschlagsmangel bedingten Minima in den Subtropen sind infolge der reichlichen Strahlung nur schwach ausgeprägt (25° - 30° N: 342 mm, 25° - 30° S: 434 mm) gegenüber den etwas höheren Werten in der Westwindzone (35° - 40° N: 436 mm, 35° - 40° S: 517 mm). Bei ausreichendem Niederschlag geht die Verdunstungshöhe mit abnehmender Temperatur gegen die Pole hin allmählich zurück (80° - 85° N: 48 mm), wobei das geringe E_L über der Antarktis (70° - 90° S: 38 mm bis 10 mm) eine Folge der Eisbedeckung und der Meereshöhe ist.

Über dem *Meer* ist das strahlungsbedingte Maximum von E_S gut ausgeprägt. Vom Tiefstwert in 0° - 5° S (1332 mm) steigt E_S bis 15° - 25° N auf 1580 mm bzw. in 10° - 20° S auf 1685 mm an, um dann polwärts gleichmäßig abzusinken (90° - 85° N: 26 mm, 75° - 80° S: 81 mm).

Die *globalen* Breitenzonen weisen die erwähnte Welle nur schwach aus: Ein Minimum zeigt sich in 0° - 5° N (1225 mm), ein Maximum in 10° - 15° N (1318 mm) und in 10° - 15 ° S mit 1540 mm, von dort aus folgt erst langsameres, dann etwas schnelleres gleichmäßiges Absinken der Werte gegen die Pole.

5.3.3.3 Abfluß (D = P − E)

Nachdem die Meridionalverteilung der Verdunstung gleichförmiger als jene des Niederschlags verläuft, wird D mehr von den Schwankungen der Niederschlagshöhe P geprägt.

Über dem *Lande* ist das tropische Maximum in 5° N - 5° S mit 860 mm deutlich, wird aber von dem Höchstwert in 45° - 50° S mit 1194 mm erheblich übertroffen, der bei hohem P_L durch die hohen Abflußwerte in den Anden hervorgerufen ist. Die Tiefstwerte liegen bei 35° - 40° N (112 mm) bzw. 20° - 35° S (85-90 mm). Nach Norden hin treten relativ höhere Abflüsse in 50° - 65° N (250-275 mm) auf, wobei diese gegen P_L relativ höheren Werte wegen der nach Norden zurückgehenden Verdunstung gegenüber P_L um etwa 12.5 Breitengrade nach N verschoben sind.

Über dem *Meer* tritt die Doppelwelle sehr deutlich hervor. Der Überschuß ($D_S = P_S − E_S$) ist in der Tropenzone 5° - 10° N am größten (852 mm). Die subtropischen Defizitwerte sind in 20° - 25° N (−884) und 15°- 25° S (−735 mm) am größten. Die Abstufung ist durch das im S relativ höhere P_S bedingt. Die Überschüsse in den gemäßigten Breiten sind in 50° - 55° N und S am reichlichsten (644 bzw. 465 mm), wofür wiederum P_S für diese Ab-

5.3.3.2 Evaporation

The distribution of E is relatively uniform for land and oceans, and in the North and South, but for different reasons.

Over *land* the 1214 mm maximum at 0°-5° S is caused by high P_L and higher temperatures. The sub-tropical minima caused by light precipitation at 25°-30° N (342 mm) and 25°-30° N (434 mm) are weakly defined (as a result of abundant radiation) compared to somewhat higher values in the zone of westerlies at 35°- 40° N (436 mm) and 35°-40° S (517 mm). Evaporation depths decrease gradually toward the poles (48 mm at 80°-85° N) with decreasing temperature, whereas the low E_L over Antarctica between 70° and 90° S (38 to 10 mm) is the result of ice covering and elevation.

Over *oceans* the maximum caused by radiation is well defined. From the low of 1332 mm at 0°-5° S, E_S rises to 1580 mm between 15° and 25° N, and 1685 mm between 10° and 20° S, and then decreases uniformly toward the poles to 26 mm (90°-85° N) and 81 mm (75°-80° S).

The *global* latitude zones reflect the mentioned distribution only weakly: A minimum appears at 0°-5° N (1225 mm), a maximum at 10°-15° N (1318 mm) and at 10°-15° S (1540 mm), and slowly at first, then more rapidly, a constant decrease follows toward the poles.

5.3.3.3 Runoff (D = P − E)

Whereas the meridional distribution of evaporation is more uniform than that of P, D reflects more the fluctuations of precipitation depths.

Over *land* the tropical maximum of 860 mm at 5° N/S is distinct, but is considerably exceeded by the maximum at 45°-50° S (1194 mm), which is caused by high P_L and high runoff values in the Andes. The minima lie at 35° 40° N (112 mm) and at 20°-35° S (85-90 mm). To the north relatively higher runoff occurs at 50°-65° N (250-275 mm); these high values (relative to P_L) are displaced about 12.5 latitude degrees to the north by the relative decrease of evaporation (vs P_L) to the north.

Over the *oceans* the double wave appears very clearly. The surplus ($D_S = P_S − E_S$) is greatest in the tropical zone, 5°- 10° N (852 mm). The sub-tropical deficits are greatest at 20° - 25° N (−884) and at 15°- 25° S (−735 mm). The gradation is caused by relatively high P_S in the south. Surpluses in the temperate latitudes are concentrated at 50°-55° N and S (644 and 465 mm) where, again, the gradation by slightly displacing of D_S polwardly is attributable to P_S.

For the *global* latitude zones, ocean influences predomi-

stufung unter leichter polwärtiger Verschiebung von D_S maßgeblich ist.

Bei den *globalen* Breitenzonenwerten ist das Meer ausschlaggebend. Maximale Überschüsse ergeben sich in 5° - 10° N (752 mm) sowie in 50° - 55° N und S (407 und 473 mm). Maximale Defizite weisen die Zonen 20° - 25° N und S (−497 bzw. −543 mm) auf.

Die Abb. 10 zeigt den Zusammenhang zwischen den drei Größen P, E und D jeweils für das Festland, das Weltmeer und die gesamten (globalen) Breitenzonen.

nate. Maximum surpluses occur at 5°-10° N (752 mm), as well as at 50°-55° N and S (407 and 473 mm). Maximum deficits appear in the 20°-25° N and S zones (-497 and -543 mm).

Figure 10 shows the relationships among the values of P, E, and D for land, oceans, and total (global) latitude zones.

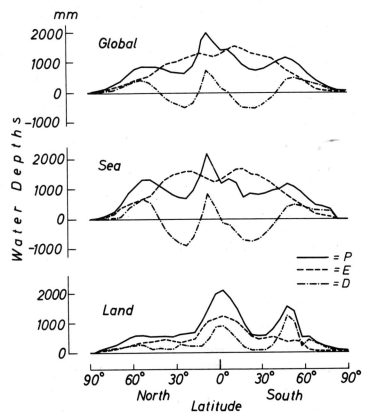

Abb. 10 Wasserhöhen auf den Festlands-, Meeres- und globalen 5°-Breitenzonen, getrennt nach Niederschlag (P), Verdunstung (E) und Abfluß (D).

Figure 10. Water Depths over Land, Oceans, and Global by 5°-Latitude Zones for Precipitation (P), Evaporation (E), and Runoff (D).

5.3.3.4 Festland

Die Meridionalverteilungen für P_L und D_L verlaufen im Grundsatz gleich, jedoch mit unterschiedlicher Amplitude. Letztere ist bei D_L um den Betrag von E_L kleiner. Geringe Abweichungen von diesem Gleichlauf bringt E_L in den gemäßigten Nordbreiten hinein mit der Folge, daß der Abfluß in den relativ kälteren Zonen anteilmäßig höher wird, während er sich am Südrand der gemäßigten Zone wegen der höheren Temperatur verringert. Die Verdunstungshöhe zeigt im Verlauf nach den Polen hin die vorwiegende Abhängigkeit von der geographischen Breite, also von der Temperatur. Am deutlichsten wird dies zwischen 40° und 55° S, wo E_L von dem hohen P_L kaum beeinflußt wird.

Im Grundsatz muß auf dem Festland berücksichtigt wer-

5.3.3.4 Land

Meridional distributions for P_L and D_L are basically the same, but with different amplitudes. The amplitude of D_L is smaller by the amount of E_L. Small deviations from this pattern occur with E_L in the north temperate latitudes such that runoff becomes relatively higher in the colder zones whereas at the southern border of the temperate zone it decreases on account of higher temperatures. Evaporation depths show primary dependence on latitude (i.e., temperature) toward the poles. This is most pronounced between 40° and 55° S where E_L is scarcely influenced by high P_L.

In principle it has to be considered that runoff D_L for land must always be positive — or at least with the exception of small absorbing areas in regions without runoff. D_L de-

den, daß der Abfluß D_L stets – bzw. mindestens außerhalb der kleinen Zehrgebiete in abflußlosen Gebieten – positiv ausfallen muß. D_L ist von P_L auf dem Umweg über die Verdunstung abhängig von der Temperatur bzw. von der Strahlung, generell also von der geographischen Breite und strebt bei wachsender Temperatur und bei abnehmenden P_L dem Grenzwert $D_L = 0$ zu. Diesen Sachverhalt deuten die Linienzüge mit dem relativ geringen D_L in den beiden Subtropen und im anschließenden Gebiet der nördl. gemäßigten Zone an.

5.3.3.5 Weltmeer

Auch über dem Meere ist ein Gleichlauf von P_S und D_S gegeben, jedoch mit einer größeren Zunahme von D_S von den Subtropen zum Äquator und insbesondere zu den gemäßigten Breiten hin als bei P_S. Die Verdunstungshöhe E_S kann auf den Meeresflächen der Subtropen anders als auf dem Lande maximalen Werten zustreben, weil der zur Verfügung stehende Wasservorrat unbegrenzt ist. Polwärts wird E_S stetig kleiner. Gleichzeitig wächst aber die Niederschlagshöhe zu den gemäßigten Breiten hin an, wodurch es zu den sekundären Maxima für D_S kommt.

Die Größe D_S erscheint über dem Meere als reines Restglied von P_S und E_S, das an keine Grenzwerte von P_S oder E_S gebunden ist. Die großen Zehrgebiete mit negativem D_S in den Subtropen führen jedoch den Ausgleich mit dem positiven D_L des Festlandes, also mit dem Abfluß, herbei. Meeresintern, also von der Atmosphäre nicht beeinflußt, geht dabei der Ausgleich zwischen den zugeführten Wassermengen aus den Flußmündungen und dem Überschuß von E_S in den Subtropen vor sich. In Ziff. 5.5 versuchen wir zahlenmäßige Grundlagen für diese Komponente der Meeresströmungen zu geben.

5.3.3.6 Ganze Breitenzonen

Diese Darstellung in der Abb. 10 bedarf über das unter 5.3.3.4 und 5.3.3.5 Gesagte hinaus keiner weiteren Erläuterung. Die Meridionalverteilungen erklären sich nach dem, was bisher zu den Verhältnissen für Festland und Meere gesagt wurde, von selbst.

5.3.3.7 Ozeane

Gegenüber den bisherigen Betrachtungen der Breitenzonen werden hier die Wasserhöhen für P_S, E_S und D_S beim Weltmeer zusätzlich nach Ozeanen differenziert. Entsprechende Verteilungen sind in Abb. 11 (A bis C) wiedergegeben.

Für das Festland wäre eine Untersuchung nach einzelnen Kontinenten wenig sinnvoll, weil letztere immer nur einen Teil der meridionalen Ausdehnung der Erde umfassen, während bei den Ozeanen wenigstens zwei sich auf 145 und mehr Breitengrade erstrecken. Außerdem sind die in Rede stehenden Bilanzwerte wegen der größeren Flächenausdehnung von erheblich größerem Gewicht als beim Festland, und schließlich handelt es sich beim Weltmeer um Gebiete, in denen der Wasserhaushalt nicht

pends indirectly on P_L and on temperature or radiation, and in general therefore on latitude, and with higher temperatures and decreasing P_L there is a tendency toward the limiting value of $D_L = 0$. This fact is indicated by the graph with relatively low D_L in both sub-tropics and in isolated regions of the north temperate zone.

5.3.3.5 Oceans

Also over the oceans the patterns for P_S and D_S are similar, but with a greater decrease of D_S from the sub-tropics to the equator, and especially toward the temperate latitudes, as with P_S. Evaporation dephts E_S over sub-tropical ocean surfaces can tend toward maxima differently than over land because the available water supply is unlimited. Toward the poles E_S decreases steadily. Simultaneously, however, precipitation depths increase toward temperate latitudes, causing the secondary maxima of D_S.

The quantity D_S appears over oceans as a pure residual of P_S and E_S, unbound by any limiting value of P_S or E_S. Large absorbing regions with negative D_S in the sub-tropics involve, however, equalization with the positive D_L for land. Equalization, between water volume inflow from rivers and the excess of E_S in the sub-tropics, takes place internally in oceans, i.e., unaffected by the atmosphere. In Section 5.5 we attempt to give numerical bases for these ocean current components.

5.3.3.6 Entire Latitude Zones

Figure 10 requires no further elaboration of what has been given in Sections 5.3.3.4 and 5.3.3.5. The meridional distributions are self-explanatory from what has been said concerning the relationships for land and oceans.

5.3.3.7 Individual Oceans

As opposed to the above consideration of latitude zones, differences among individual oceans will be treated here. Corresponding distributions are reproduced in Figures 11 (A to C).

An examination of individual continents would not be meaningful because they comprise only a part of the meridional distribution, whereas oceans extend over 145 or more latitude degrees. Moreover, the water balance values under discussion are of considerably greater importance than those for land because of their greater areal extent. Finally, oceans have to do with regions in which the water budget is not influenced by mountains and geologic conditions, or by soil type and plant cover.

durch Gebirge und geologische Verhältnisse sowie Boden-
art und -bedeckung beeinflußt ist.

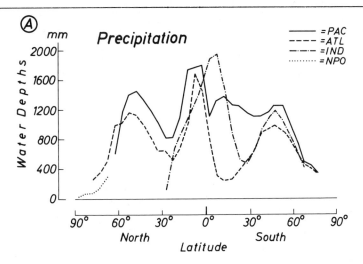

Abb. 11 A Wasserhöhen des Niederschlages auf den einzelnen
Ozeanen für 5°-Breitenzonen.

Figure 11 A Water Depths of Precipitation on Individual Oceans
by 5°-Latitude Zones.

Niederschlag (Abb. 11 A): Das Nordpolarmeer weist bei
den Größen P_S, E_S und D_S vom Pol hin zum Polarkreis
erst langsam, dann schneller ansteigende, insgesamt relativ niedrige Werte auf, wie sie dem Aufnahmevermögen
der Luft für Wasserdampf bei niedrigen Temperaturen
entsprechen.

Die großen Ozeane zeigen beim Niederschlag charakteristische Unterschiede. Atlantik und Pazifik weisen zwar
Doppelwellen auf, aber die Wellen sind beim Atlantik
auf beiden Halbkugeln deutlich ausgeprägt, während
beim Pazifik die Welle auf der Südhalbkugel nur schwach
angedeutet ist. Hier macht sich der hohe Niederschlag
des südwestlichen Pazifik bemerkbar, über dem der Pas-
sateinfluß infolge der großen Ausdehnung des Meeres
von Ost nach West abklingt, während er beim Atlantik
voll bis gegen die Westküsten hin wirksam ist. Der
monsunale Einfluß der Landmasse Asiens bewirkt in
den Subtropen der Nordhalbkugel die höheren Niederschlagshöhen des Pazifik. Die exzessiven Niederschläge
im Bereich der Küsten von Kanada und Alaska sowie von
Chile bewirken die höheren Mittelwerte von P_S der gemäßigten Breiten. Beim Indischen Ozean ist unter dem
Einfluß der Landmasse Südasiens der meteorologische
Äquator nach S verschoben, weiter südlich folgt ein dem
Atlantik ähnlicher Verlauf. Die geringen Niederschlagshöhen in 25° - 30° N resultieren aus den in die Trockengebiete hineinragenden kleinen Teile des Ozeans im Persischen und Arabischen Golf. Insgesamt sind die mittleren Niederschlagsverhältnisse über den Ozeanen zu verstehen als Folge der über den einzelnen Ozeanen teilweise unterschiedlichen atmospärischen Zirkulation unter Mitwirkung des unterschiedlichen Wasseraufnahme-
vermögens der Luft in Abhängigkeit von der Lufttemperatur der betreffenden geographischen Breite.

Precipitation (Figure 11 A): In the Arctic Ocean, the quantities P_S, E_S and D_S increase from the pole to the Arctic
Circle, first gradually, then more rapidly; in general the values are relatively small corresponding to the absorptive
capacity of air at low temperatures.

The large oceans exhibit characteristic differences with
regard to precipitation: The Atlantic and Pacific graphs
show double undulations, but for the Atlantic it is distinct in both hemispheres whereas for the Pacific it is
weakly defind in the southern hemisphere. High precipitation in the southwest Pacific is noticeable here because
the trade wind effect subsides as a result of the great
east-west extension of the ocean, whereas in the Atlantic the effect influences a large region of E-W extent. The
monsoonal influence of Asia's land mass causes the higher
precipitation depths in the sub-tropical Pacific of the
northern hemisphere. In the coastal regions of Canada,
Alaska, and Chile excessive precipitation form there
highest mean values of P_S in the temperate latitudes. In the
Indian Ocean the meteorological equator is displaced toward the south under the influence of the land mass of
south Asia. More to the South it follows a course similar
to that in the Atlantic. The low precipitation depths at 25°–
30° N result from the small parts of the ocean that extend
into the dry regions of the Persian and Arabian Gulfs. In general the average precipitation conditions over the oceans
are to be understood as a result of variable atmospheric circulation over individual oceans, in combination with the
variable water-holding capacity of air which depends on
the air temperature at a given latitude.

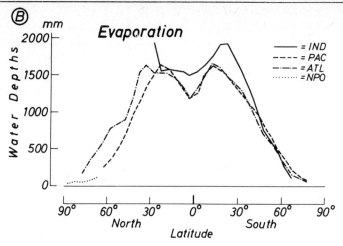

Abb. 11 B Wasserhöhen der Verdunstung von den einzelnen Ozeanen für 5°-Breitenzonen.

Figure 11 B Water Depths of Evaporation on Individual Oceans by 5°-Latitude Zones.

Verdunstung (Abb. 11 B): Dagegen wird E_S vorwiegend von der Strahlung beeinflußt. Diese wirkt auf beiden Hemisphären verhältnismäßig einheitlich mit ihrem Maximum in den Subtropen und den zu den Polen hin allmählich abklingenden Werten. Ein relatives Minimum liegt im aequatorialen Regen- bzw. Bewölkungsgebiet, das über dem Indischen Ozean am schwächsten ausgeprägt ist, aber den Niederschlagsverhältnissen entsprechend weiter nach S reicht. Die geringeren E_S-Werte im Nordpazifik sind eine Folge der allgemein höheren Bewölkung in den westlichen Subtropen und den nördlichen gemäßigten Breiten. Die hohen E_S des südlichen subtropischen Indischen Ozeans resultieren aus der dort sehr geringen Bewölkung, besonders in dem an Australien angrenzenden Ostteil, die hohen E_S in 25° - 30° N aus der Bewölkungsarmut beim Persischen und Arabischen Golf.

Evaporation: As opposed to P_S, E_S depends primarily on radiation. This operates rather uniformly in both hemispheres. Its maximum is in the sub-tropics and E diminishes toward the poles. There is a relative minimum of E_S in the equatorial rainy (cloudy) region that is most weakly pronounced over the Indian Ocean, but corresponding to the precipitation conditions extends further to the south. The lower E_S values in the north Pacific are a result of generally higher cloudiness in the western sub-tropics and the northern temperate latitudes. High E_S in the southern sub-tropical Indian Ocean results from reduced cloudiness, especially in the east part bordering Australia, and the high E_S at 25°-30° N from reduced cloudiness in the Persian and Arabian Gulfs. (cf. Fig. 11 B)

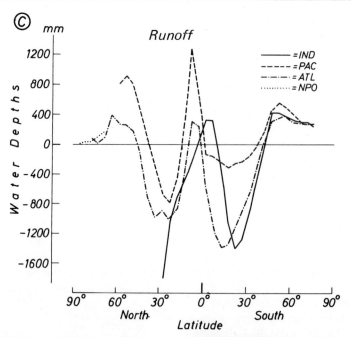

Abb. 11 C Wasserhöhen des Abflusses von den einzelnen Ozeanen für 5°-Breitenzonen.

Figure 11 C Water Depths of Runoff on Individual Oceans by 5°-Latitude Zones.

Abfluß: Die Differenz $D_S = P_S - E_S$ (Abb. 11 C) zeigt beim Atlantik und Pazifik wiederum die Doppelwellen der meridionalen Verteilung, allerdings auf höherem Niveau beim Pazifik wegen des dort höheren P_S und auf niedrigerem Niveau beim Atlantik wegen dessen allgemein niedrigerem Niederschlag sowie wegen der höheren Verdunstung über dem nördlichen Atlantik. In 0° - 35° S spiegeln sich beim Pazifik die höheren Niederschlagshöhen dieses Bereiches in der starken Abflachung des Wellentals wieder. Die Welle beim Indischen Ozean ist im südlichen subtropischen Teil den Verhältnissen bei P_S und E_S entsprechend auch bei D_S nach S verschoben und zeigt das extrem hohe Defizit in 25° - 30° N als Folge der bereits angeführten Umstände.

Runoff: The difference $D_S = P_S - E_S$ (Figure 11 C) in the Atlantic and Pacific shows again the double-wave of the meridional distribution, though at a higher level in the Pacific because of the higher P_S there, and at a lower level in the Atlantic on account of its generally lower precipitation and higher E_S in the north. Between 0° and 35° S in the Pacific, greater precipitation depths are reflected in the strong beveling of the wave troughs. The D_S-curve in the southern sub-tropical part of the Indian Ocean is, corresponding to P_S and E_S conditions, displaced to the south; it shows the extreme deficit at 25°-30° N as a result of the conditions already mentioned.

5.3.4 Verdunstung (E) und Abfluß (D) im Verhältnis zum Niederschlag (P)

Getrennt für Festland, Weltmeer und gesamte Breitenzonen wurde untersucht, in welchem Verhältnis (%) in den einzelnen Breitenzonen E und D zu P stehen. Dabei stellen E_L und D_L beim Festland die Aufteilung des dort fallenden P_L dar. Beim Weltmeer und beim Globus ist dieser natürliche Zusammenhang nicht gegeben, sondern es handelt sich bei $E_S + D_S = 100\%$ um einen rechnerischen Bezug. Vgl. hierzu Abb. 12.

5.3.4 Evaporation (E) and Runoff (D) Relative to Precipitation (P)

The ratios (%) of E and D to P in individual latitude zones were examined separately for land, oceans, and entire latitude zones. For land, E_L and D_L represent the division of precipitation there. For oceans and the globe, this normal relationship does not exist, rather it has to do with an analytical relation. $E_S + D_S = 100\%$. Cf. Figure 12.

5.3.4.1 Festland

Wir erkennen beim Festland den hohen Anteil von D_L in den polaren Zonen, insbesondere in der eisbedeckten Antarktis mit ihrem niedrigen E_L (70° - 80° S: 83 %, 70° - 85° N: 61%).

In den gemäßigten Breiten nimmt dann der Anteil von D_L bis zur Zone 35° - 40° N auf 20 % ab, um dann als Folge der weiter südlich im Breitenmittel enthaltenen feuchten Monsunländer wieder anzusteigen (25° - 30° N: 45%). Die trockenen Gebiete der äußeren Tropen bringen D_L in 10° - 15° N auf 23 % zurück, dann folgt südwärts das höhere D_L der regenreichen inneren Tropen (5° N - 15° S: 43 %). Die südlichen Subtropen mit ihren ausgedehnten Trockengebieten ohne stärkeren Monsunausgleich weisen in 15° - 30° S ein D_L von nur 15% aus, also den geringsten Anteil von P_L auf dem Festland. Die gemäßigten Breiten liefern dagegen wegen des sehr hohen P_L in Neuseeland und besonders in den Anden einen hohen Anteil von D_L (45° - 55° S: 75%).

5.3.4.1 Land

We perceive for land a high proportion of D_L in the polar zones, especially in ice-covered Antarctica with its low E_L (70°- 80°S: 83%, 70°- 85°N: 61%).

In the temperate latitudes the proportion of D_L decreases to 20% at 35°-40° N, and then increases again to 45% at 25°-30° N on account of the moist monsoon-lands further to the south. The arid regions of the outer tropics bring D_L back to 23% at 10°-15° N, but farther to the south in the rainy inner tropics at 5° N - 15° S it is 43%. The southern subtropics, with their extensive dry areas without strong monsoon compensation, show only 15% for D_L between 15° and 30° S, or the lowest percentage of P_L for land. The temperate latitudes yield a high percentage for D_L, 75% at 45°-55° S, on account of the very high P_L in New Zealand and especially in the Andes.

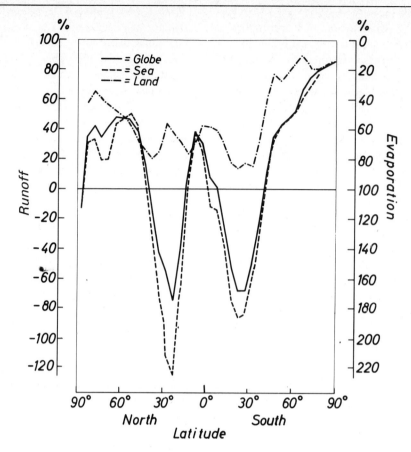

Abb. 12 Verdunstung und Abfluß im Verhältnis zum Niederschlag nach 5°-Breitenzonen für Landflächen, Weltmeer und globale Breitenzonen.

Figure 12. Evaporation and Runoff as a Percent of Precipitation by 5°-Latitude Zones for Land, Ocean, and Global Latitude Zones.

5.3.4.2 Weltmeer

Über dem Weltmeer tritt die mehrfach behandelte Doppelwelle auch bei dieser Betrachtung hervor. Während das Nordpolarmeer bei relativ höherem Niederschlag eine geringere Verdunstung infolge des kalten Wassers liefert, weist der wärmere Nordatlantik ein höheres E_S auf, so daß E_S in 65° - 75° N bei 80% liegt. Dieser Effekt eines relativ warmen subpolaren Meeres fehlt auf der Südhalbkugel, im Gegenteil: Dort ist das Meer kalt und daher die Verdunstung gering. Im Atlantik liegt z.B. die 0° Isotherme des Meerwassers im Norden etwa in 65° - 75° N, aber im Süden in 55° - 63° S. In 65° - 75° S finden wir daher ein E_S von 34%! In den gemäßigten Breiten sind die Werte für E_S in den beiden Hemisphären fast gleich, in den Subtropen ergeben sich wegen des geringen P_S und des hohen E_S in 20° - 30° N 218% und in 20° - 30° S 185% als Maxima des Verhältnissatzes für E_S. In 5° - 10° N beträgt dann der Wert für (E/P) x 100 bei hohem P_S und gedrücktem E_S 63%.

5.3.4.3 Globus

Die Globalwerte der Breitenzonen ähneln in ihrem Verlauf je nach Anteil der Wasserflächen mehr oder weniger dem Kurvenzug für das Weltmeer.

5.3.4.2 Oceans

Over oceans the repeatedly used double-wave occurs again. Whereas the Arctic Ocean with relatively high precipitation yields lower evaporation as a result of cold water, E_S is higher over the warm north Atlantic, and at 65°-75° N it is 80%. This effect of a relatively warm subpolar ocean is missing in the southern hemisphere; conversely, the ocean is cold there and evaporation is low. In the Atlantic, for example, the 0°C isotherm for ocean water is at about 65°- 75° N, but at 55°- 63° S. Consequently at 65°- 75° S we find an E_S of 34%! In the temperate latitudes the values for E_S are about the same in both hemispheres. In the sub-tropics the highest relative values for E_S occur because P_S is low; between 20° and 30° N, E_S=218%, and between 20° and 30° S, E_S = 185%. At 5°- 10° N, with high P_S and lowered E_S, $(E_S/P_S) \cdot 100$ amounts to 63 %.

5.3.4.3 Globe

The global values of latitude zones are more or less similar to those for oceans, depending on the proportions of water surface areas.

5.4 5°-Breitenzonen, holosphärisch

(Nord- und Südhemisphäre zusammengefaßt)

Nachdem sich unter 5.3 ein auf beiden Halbkugeln vielfach gleichsinniger Verlauf von P, E und D zwischen dem Äquator und den Polen ergeben hat, sollen nun die gleichen Breitenzonen unabhängig von deren Lage auf der Nord- und Südhalbkugel jeweils tabellarisch und in Abbildungen zusammengefaßt werden. Damit werden die geographischen und physikalischen Gesetzmäßigkeiten der Breitenabhängigkeit etwas deutlicher als bisher hervortreten. Dem Ziel der Untersuchung entsprechend ist diese auf die Wasserhöhen beschränkt.

Allerdings besteht bei der Zusammenfassung der Halbkugeln eine Schwierigkeit darin, daß der klimatologische Äquator nicht einheitlich ist und meist nicht mit dem geodätischen Äquator übereinstimmt. So haben P_L und E_L über Land ihren Äquator bei 0° bis 5° S, über dem Meere kulminiert P_S sehr deutlich in 5° bis 10° N, E_S in 5° N bis 5° S, und bei den Gesamtwerten muß man den Äquator für P_G bei 5° bis 10° N, für E_G bei 0° bis 5° N ansetzen. Es bleibt daher nur, sich formal an den geodätischen Äquator zu halten.

Soweit holosphärische Mittelwerte der Wasserhöhen zugrundegelegt wurden, wurden diese als arithmetische Mittel aus den Werten der beiden Hemisphären gebildet.

5.4 Holospherical 5°-Latitude Zones

(Northern and Southern Hemispheres Combined)

Since, from Section 5.3, the distributions of P, E, and D between the equator and the poles were frequently similar in both hemispheres, equivalent latitude zones for northern and southern hemispheres were combined to obtain principles for P, E, and D in tables and figures. This way the geographic and physical bases of latitude dependence appears more clearly. For the present purpose, this approach is limited to consideration of water depths.

There is, however, a difficulty involved in combining the hemispherical values, because the climatological equator is not uniform and usually is not the same as the geodetic equator. The equator for P_L and E_L over land is between 0° and 5° S, over oceans P_S clearly culminates between 5° and 10° N, E_S between 5° N and 5°S, so for the combined values one must use equators between 5° and 10° N for P_G, and between 0° and 5° N for E_G. The conclusion is therefore to consider formally the geodetic equator as the hemispherical divide.

To the extent that holospherical mean values were used these were derived as arithmetic means of values in both hemispheres.

5.4.1 Wasserhöhen

Der Sachverhalt wird aus den Abb. 13 und 14 sehr deutlich; es bedarf nur kürzerer Kommentare.

5.4.1 Water Depths

The facts become quite clear from Figures 13 and 14; only a brief commentary is required.

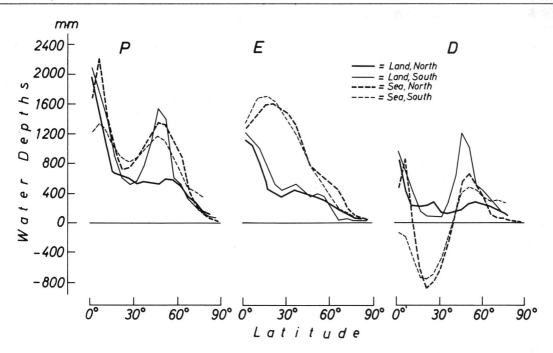

Abb. 13 Wasserhöhen für Niederschlag (P), Verdunstung (E) und Abfluß (D) nach 5°-Breitenzonen, holosphärisch.

Figure 13. Holospherical Water Depths for Precipitation (P), Evaporation (E), and Runoff (D) by 5°-Latitude Zones.

5.4.1.1 Nach Mittelwerten der Halbkugeln

Abb. 13 zeigt beim *Niederschlag* des Festlandes in den mittleren Breiten den großen Unterschied zwischen Nord- und Südhemisphäre als Folge der großen Stauregen in Südamerika und Neuseeland. Sonst sind die Verhältnisse auf beiden Halbkugeln sehr ähnlich. Der geringeren Ausdehnung der Landmasse und der damit gegebenen größeren Meeresnähe entsprechend sind die kontinentalen Regenmengen auf der Südhalbkugel allgemein etwas größer als im Norden. Über Meer ist die Doppelwelle in Nord und Süd im Gleichlauf ausgeprägt, wobei die Amplituden im Norden größer sind als im Süden (siehe hierzu auch Ziff. 5.3.3.7).

Die *Verdunstung* verläuft sowohl über Land als auch über Meer bei beiden Hemisphären ziemlich gleichsinnig. Sie ist über Land im Süden entsprechend dem größeren Niederschlag etwas höher; über Meer ist sie wegen der geringeren Einstrahlung in den Tropen als Folge des nach N verschobenen Bewölkungs- bzw. Niederschlagsäquators in niedrigen Breiten im Norden, in der stärker bewölkten Westwindzone im Süden etwas geringer.

Auch beim *Abfluß* D = P−E zeigt sich ein Gleichlauf der Ganglinien, wobei die Amplituden entsprechend den Unterschieden bei P und E stark differieren und wobei der Abfluß im Süden zwischen 40° S und 60° S aus den bereits angeführten Gründen herausfällt.

5.4.1.2 Nach der Streuung und nach globalen Mittelwerten

Ein weiterer Versuch zur Erläuterung der Ergebnisse erfolgte durch die Abb. 14. Hier sind P, E und D gemeinsam für Nord und Süd in der Weise dargestellt, daß im linken Teil (A) die Mittelwerte aus Nord- und Südhalbkugel breitenweise für P, E und D je über Meer und Land wiedergegeben sind, während im rechten Teil (B, C) die Streuungen veranschaulicht sind. Zahlenwerte für die Mittel sind in der Tab. 15 enthalten.

5.4.1.1 Mean Values for Hemispheres

Figure 13 shows the greater difference between land *precipitation* in northern and southern hemispheres as the result of high convergence rainfall in South America and New Zealand. Other conditions are similar in both hemispheres. Corresponding to the lesser extent of land mass, and consequent closer proximity of oceans in the southern hemisphere, continental precipitation is generally somewhat greater than in the north. Over oceans the double-wave is pronounced in north and south curves, but the amplitudes are greater in the north (see also Section 5.3.3.7).

Evaporation proceeds in about the same way over both land and sea in the two hemispheres. Over land in the southern hemisphere it is somewhat higher corresponding to higher precipitation; over oceans it is somewhat lower in the more cloudy zone of westerlies in the south, on account of lower radiation in the northern tropics which displaces the cloudiness or precipitation equator to the north.

Also, for *runoff* D = P − E the curves are similar, but the amplitudes differ greatly because of P and E differences, and south values drop out between 40° and 60° for reasons already discussed.

5.4.1.2 Global Means and Deviation

A further attempt at explanation of the results is given in Figure 14. Values of P, E and D are presented jointly. At the left (A) means for north and south hemispheres are shown depending on latitude for land and sea areas. At the right (B, C) the deviations are illustrated. The mean values are given numerically in Table 15.

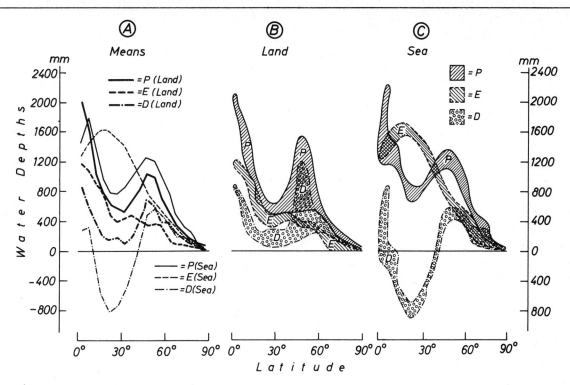

Abb. 14 Mittelwerte und Streuung der Wasserhöhen für 5°-Breitenzonen (holosphärisch).
A Mittelwerte der beiden Halbkugeln
B Streuung auf den Landflächen
C Streuung auf den Wasserflächen

Figure 14. Holospherical Mean Values and Scatter of Water Depths by 5°-Latitude Zones.
A Means for Hemispheres Combined.
B Scatter over Land
C Scatter over Oceans

Die Mittelwerte (Abb. 14 A) zeigen beim *Niederschlag* einen deutlichen, zirkulationsbedingten Gleichlauf über Land und Meer, also niederschlagsreiche Tropen, niederschlagsarme Subtropen, regenreichere gemäßigte Breiten und abnehmende Niederschläge hin zu den Polen. Außerdem erkennt man deutlich die höheren Niederschlagswerte im Ursprungsgebiet der Niederschläge, also über dem Meer. Die *Verdunstung* gehorcht über Land und Meer verschiedenen, in Ziff. 5.3.3.2 erläuterten Gesetzen. Sie läuft also nicht gleichsinnig und ist generell über dem Meer höher, besonders in den Subtropen. Der *Abfluß* vom Lande entspricht der Doppelwelle der dortigen Niederschlagshöhe, wobei er sich polwärts mit abnehmenden E_L immer mehr an P_L nähert. Über dem Meere ist $D_S = P_S - E_S$ wegen des höheren E_S bedeutend kleiner als über Land, dabei in den Subtropen stark negativ. Das tropische Maximum ist wesentlich niedriger als die Werte der Westwindzonen, weil hier E_S bedeutend kleiner ist als in den Tropen. Zum Pol hin folgt D_S dem Gange von P_S und E_S.

Die Streuung (Abb. 14 B, C) ist über dem Meere allgemein sowie über dem Lande bei E_L gering. Sie ist nur bei P_L und in der Folge bei D_L wegen der bereits wiederholt erwähnten hohen Werte in der Westwindzone der Südhalbkugel sehr groß. Dies zeigt, wie stark im gegebenen Falle Niederschlag und Abfluß von orographischen Gegebenheiten beeinflußt werden, während sonst global allgemein wirksam werdende Gesetzmäßigkeiten in Erscheinung treten.

The *precipitation* means (Fig. 14A) show distinct circulation-caused parallel patterns over land and sea, i.e., rainy tropics, drier sub-tropics, rainy temperate latitudes, and decreasing precipitation toward the poles. Moreover one recognizes clearly the higher precipitation values of precipitation source areas (over the oceans). *Evaporation* responds differently over land and sea to the principles discussed in Section 5.3.3.2. The curves are dissimilar, and generally higher over oceans. *Runoff* from land shows the double-wave of land precipitation depths, and toward the poles approaches P_L as E_L decreases. Over the oceans $D_S = P_S - E_S$ is significantly smaller than over land on account of higher E_S, and in the sub-tropics is negatively high. The tropical maximum is considerably lower than values in the zones of westerlies where E_S is significantly smaller than in the tropics. Toward the poles, D_S follows the courses of P_S and E_S.

The deviation (Fig. 14 B, C) is generally small over the oceans as well as over the land. It is very large only for P_L, and consequently for D_L because of repeatedly-mentioned high values in the west-zone of the southern hemisphere. This shows how strongly precipitation and runoff are influenced in individual instances by orographic factors, where otherwise globally effective regularities appear.

Tabelle 15　Wasserhöhen (mm) nach 5°-Breitenzonen (holosphärisch)
Table 15　Holosperical Water Depths (mm) by 5°-Latitude Zones

Breite *Latitude* N/S	Land *Land* P_L	Meer *Ocean* P_S	Erde *Globe* P_G	Land *Land* E_L	Meer *Ocean* E_S	Erde *Globe* E_G	Land *Land* D_L	Meer *Ocean* D_S	Erde *Globe* D_G
0−5°	2028	1443	1582	1166	1294	1264	862	149	318
5−10	1652	1771	1739	1080	1442	1356	572	329	383
10−15	1226	1333	1304	897	1578	1429	329	-245	-125
15−20	804	968	921	616	1634	1362	189	-666	-441
20−25	610	784	736	453	1600	1256	157	-816	-520
25−30	566	772	716	388	1513	1159	178	-741	-443
0−30	1120	1212	1180	746	1504	1307	374	-292	-127
30−35	538	853	759	430	1404	1108	108	-551	-349
35−40	656	984	877	476	1257	1044	180	-273	-167
40−45	806	1131	974	418	1015	846	388	116	128
45−50	1032	1250	1028	350	781	655	682	469	373
50−55	982	1204	989	356	649	548	626	555	441
55−60	537	1000	858	324	528	451	213	472	407
30−60	654	1052	908	418	998	812	236	54	96
60−65	501	770	632	161	408	314	340	362	318
65−70	356	486	424	99	290	190	257	196	234
70−75	232	338	271	72	163	119	160	175	152
75−80	153	244	158	42	87	60	111	157	98
80−85	96	63	75	31	44	30	65	19	45
85−90	65	23	44	40	26	18	55	-3	26
60−90	276	446	378	102	232	176	174	214	202

5.4.2　Bezugslinien für den Zusammenhang von P, E und der geographischen Breite φ

In Anlehnung an WUNDT (1938) haben wir versucht, aus den Mittelwerten von P und E für die einzelnen Breitenzonen der Erde bzw. für den Anteil der einzelnen Kontinente und Ozeane an diesen Zonen Bezugslinien zwischen diesen beiden Werten (Wasserhöhen von P und E) sowie der geographischen Breite (φ) abzuleiten. Die graphischen Darstellungen der Zusammenhänge sind hierbei für die Festlandsflächen (Abb. 15) und für die Weltmeere (Abb. 16) getrennt gefertigt worden.

5.4.2.1　Festland

Die Darstellung für das Festland (Abb. 15) weist folgende Grundzüge auf:

a) Bei der Mittellinie für die Beziehung P_L/E_L steigt die Verdunstungshöhe mit wachsendem Niederschlag bei etwa φ = 80° bis 60° schwach, von 60° bis 15° stärker,

5.4.2　Reference Lines for the Relationship of P, E, and Latitude φ

Based on Wundt (1938), we have attempted to derive relative latitudinal curves for P and E using mean values for individual latitude zones, or zonal fractions for individual continents and oceans. Graphic representations of the relationships were prepared separately for land areas (Figure 15) and oceans (Figure 16).

5.4.2.1　Land

The description for land (Figure 15) reveals the following characteristic features:

a) From the mean line for the ratio P_L/E_L, evaporation depht increases slowly with increasing precipitation from 80° to 60°, then more rapidly from 60° to 15°, and

von 15° bis 5° wiederum nur sehr schwach an. Sie erreicht die durch $P_L = E_L$ gesetzte Obergrenze für die Verdunstungshöhe natürlich nicht und entfernt sich von 15° ab zunehmend von dieser Grenze, weil E_L allmählich an die durch die Energiebilanz gesetzte Obergrenze stößt.

Für die polare Zone ist für diese Sachverhalte die geringe Zunahme der Strahlung und damit das geringe Anwachsen von E_L bei stärker steigendem P_L maßgeblich. In der gemäßigten und subtropischen Zone wächst die Strahlungsmenge bzw. E_L mit abnehmender Bewölkung stärker. P_L weist eine geringere Zunahme auf, und in der Tropenzone wächst P_L stark, während E_L mit der Einstrahlung wegen zunehmender Bewölkung zurückgeht.

very slowly again from 15° to 5°. It does not, of course, reach the fixed (by $P_L = E_L$) upper limit of evaporation depth because E_L gradually approaches the upper energy-budget limit.

For the polar zone, that small increase of radiation and evaporation with the greater increase in P is decisive. In temperate and subtropical zones radiation increases more quickly with decreasing cloudiness, P shows a lesser increase, and in the tropics P increases greatly and radiation decreases with increasing cloudiness.

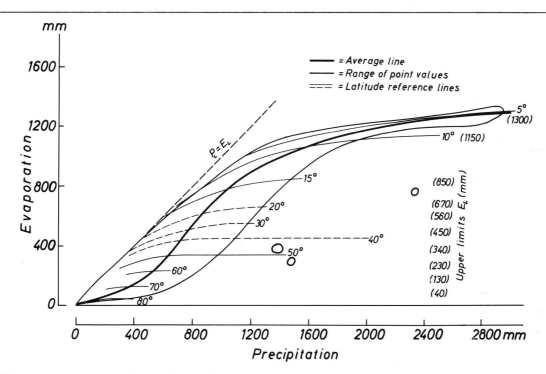

Abb. 15 Zusammenhang zwischen Niederschlag und Verdunstung als Funktion der geographischen Breite für das Festland der Erde.

Figure 15. Relationship Between Precipitation and Evaporation as a Function of Latitude for Land Areas of the Globe

b) Die Bezugslinien zur geogr. Breite sind bei einiger Streuung der Einzelwerte und unter beschränktem graphischen Ausgleich der letzteren entstanden. Sie sind insbesondere von φ = 40° bis 20° unsicher und stets nur für den Bereich von P_L gezeichnet, der jeweils in den einzelnen Breitenzonen auf der Erde vorkommt. In allen Breiten strebt E_L einem durch den Energiehaushalt gegebenen oberen Wert zu, der rechts für jede dieser Bezugslinien angegeben ist. Außerdem ist in Abb. 15 die Linie $P_L = E_L$ vermerkt, die von E_L jeweils nur bei kleinem P_L erreicht wird. Die Abstände zwischen den Bezugslinien sind von φ = 80° bis 20° ziemlich gleichbleibend zwischen 20° und 10° deutlicher größer und dann bis 5° wieder kleiner. Der starke Anstieg von 20° auf 10° ist durch den Übergang vom trockenen Savannengürtel zum feuchten Tropengürtel, also durch das mit P_L stark wachsende E_L bedingt, während die Bezugslinie für φ =

b) The latitudinal reference curves arise from deviations of the individual values and limited graphical comparisons. They are uncertain, especially for φ = 40° to 20°, and are drawn only for regions of P_L which appear at times in the individual latitude zones. At all latitudes E_L tends toward the high value given by the energy budget at the right for each reference line. Also in Figure 15 the line, $P_L = E_L$, is marked; E_L reaches the line only at times when P_L is small. The distance between reference lines is about the same for φ = 80° to 20°, much greater between 20° and 10°, and then smaller to 5°. The sharp rise between 20° and 10° is caused by the transition from the dry savanna belt to the moist tropics, i.e., with rapidly increasing E_L with P_L, whereas the line for φ = 5° approaches the upper limit of E_L for this latitude zone.

In order to avoid mistakes in the use of this figure, we emphasize explicitly that the mean values, obtained for

5° an die Obergrenze von E_L im Mittel dieser Breiten-zone stößt.

Um Irrtümer in der Anwendung dieser Abbildung auszu-schließen, betonen wir ausdrücklich, daß dieser Versuch die Mittelwerte generalisiert, die in den Breitenkreisen bzw. in dem Anteil jeden Kontinents an den Breitenkrei-sen gefunden wurden. Daher stellt die Obergrenze von 1350 mm nicht den Grenzwert von E_L überhaupt dar, der in kleineren Gebieten bis über 1400 mm, in einem Falle bis über 1500 mm hinaufgeht.

c) Die Grenze der Punktwolke, auf der die Mittellinie und die Bezugslinien für φ beruhen, gestattet die Streu-ung zu beurteilen. Es zeigt sich, daß bei der Nieder-schlagshöhe maximal Differenzen von 650 mm auftre-ten, wenn E_L zwischen 250 mm und 450 mm gleich bleibt. Bei geringerem und größerem E_L sind die Diffe-renzen kleiner. Diese Differenzen sind der Ausdruck der unterschiedlichen, in den einzelnen Breitenzonen oder Teilen davon mehr oder weniger kompensierten klima-tischen Unterschiede. Aus der Punktwolke fallen einzel-ne kleine Gebiete mit extrem hohen P_L in Neuseeland ($\varphi = 40°$ bis 50°) und Südamerika ($\varphi = 45°$ bis 55°) her-aus, in denen die Kompensation durch Trockengebiete nur stark unterdurchschnittlich wirksam ist.

5.4.2.2 Weltmeer

Ganz anders aber sind die Verhältnisse über dem Welt-meer, die in der Abb. 16 illustriert sind. Hier hat die Wasserhöhe des Niederschlags keine direkte Bedeutung für das Ausmaß von E_S, da für die Verdunstung eine un-begrenzte Wassermenge zur Verfügung steht. Hier setzt vielmehr der Energieumsatz für jede geographische Brei-te eine Obergrenze von E_S. Soweit sich E_S auch als von P_S abhängig darstellt — und dies scheint teilweise der Fall zu sein — so bedeutet dies keinen direkten Zusam-menhang mit P_S als Komponente des Wasserhaushalts, sondern P_S tritt dann nur als Index für andere, die Höhe von E_S bestimmende Faktoren in Erscheinung, z.B. als Index für höhere oder geringere Bewölkung, also z.B. ge-ringere Strahlung.

latitude circles or parts of continents in those zones, are generalized. Specifically, the upper limit of 1350 mm is not the absolute upper limit of E_L, which in small re-gions goes up to 1400 mm, and in one instance to 1500 mm.

c) The limits of the point spread, on which the mean and envelope curves depend, permitted evaluation of the vari-ability. It is shown that maximum differences of 650 mm precipitation occur for constant E_L between 250 and 450 mm. For higher and lower E_L the differences are smaller. These differences are the expression of variable climato-logical differences that are more or less compensated in individual latitude zones. The point spread does not in-clude small areas with extremely high P_L in New Zealand ($\varphi = 40°$ to 50°) and South America ($\varphi = 45°$ to 55°) in which the compensation is greatly below average.

5.4.2.2 Oceans

The relationships over oceans, illustrated in Figure 16, are altogether different. Here precipitation depths have no direct relation to the magnitudes of E_S since an un-limited quantity of water is available for evaporation; on the contrary, energy exchange sets the upper limit for E at each latitude. The apparent dependence of E_S on P_S in-dicates no direct relationships with P_S as a component of the water budget; rather P_S appears only as an index for other factors that effect E_S e.g., cloudiness or radiation.

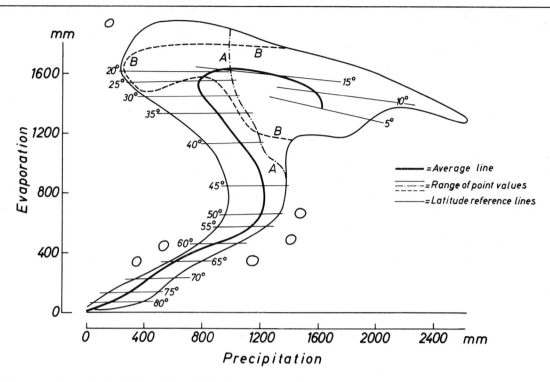

Abb. 16 Zusammenhang zwischen Niederschlag und Verdunstung als Funktion der geographischen Breite für das Weltmeer.

Figure 16. Relationship Between Precipitation and Evaporation as a Function of Latitude for Oceans.

Aus der Abbildung entnehmen wir weiterhin folgende Ergebnisse:

a) Nach der Mittellinie des Zusammenhanges P_S/E_S steigt E_S zwischen 90° und 50° geographischer Breite bei schnell wachsendem P_S der Zunahme der Einstrahlung entsprechend allmählich an. Zwischen 50° und 20° findet bei abnehmendem P_S ein kräftiger Anstieg von E_S statt, bedingt durch die hohe Strahlungswirkung in diesen Gebieten geringerer Bewölkung. Dann nimmt zwischen 15° und 0° P_S wieder zu, E_S aber geht mit abnehmender Strahlung erst wenig, dann stärker zurück.

b) Die Bezugslinien zur geographischen Breite φ laufen außerhalb der Tropenzone wahrscheinlich waagerecht, doch ist dieser Befund nicht ganz sicher. Die Abstände entsprechen dem Verlauf der Mittellinie und sind zwischen $\varphi = 50°$ und 35° am größten. Zu den Polen hin werden sie wegen des abnehmenden Wasserumsatzes als Folge der Temperaturabnahme, gegen die Tropen wegen der Annäherung an die Obergrenze von E_S kleiner. Von 15° bis 5° nimmt E_S bei den einzelnen Bezugslinien mit wachsendem P_S, d.h. mit vermehrter Bewölkung und somit abnehmender Einstrahlung ab.

c) Die Streuung in der Punktwolke ist von $\varphi = 90°$ bis 50° verhältnismäßig gering, dann nimmt sie zu. Einzelne außerhalb der Umgrenzung liegende Werte sind durch Kreise gekennzeichnet. Es ist angebracht, die Punktwolke für die niedrigeren Breiten in zwei Teile zu zerlegen, nämlich für die Breiten 45° bis 15° (A) und für 15° bis 0° (B), wie es der Umkehr der Mittellinie entspricht. Auch dann weist der tropische Bereich eine hohe Streuung auf. Aus der Punktwolke fallen das Gebiet hoher

From Figure 16 we obtain the following additional results:

a. The mean E_S/P_S relationship indicates that between $\varphi = 90°$ to 50°, with rapidly increasing P_S, E_S increases gradually with increasing radiation. Between 50° and 20°, E_S increases more rapidly with decreasing P_S as a result of high radiation in these less cloudy regions. Then between 15° and 0°, P_S increases again, and E_S decreases a little at first, then more rapidly with decreasing radiation.

b. The latitude reference lines outside the tropics are probably horizontal, but this conclusion is not certain. The distances with respect to the mean are greatest between 50° and 35°. Toward the poles they are smaller because of decreasing water exchanges and temperatures, and toward the tropics because of approach to the upper limit of E_S. From 15° to 5° E_S decreases with increasing P_S, i.e., with increased cloudiness and decreasing radiation.

c. The variation between 90° and 50° is relatively small, then it increases. Some particular values outside of the average borders are marked by circles. It is appropriate at lower latitudes to divide the point spread into two parts, i.e., for 45° to 15° (A) and for 15° to 0° (B), corresponding with reversal of the mean line. Even then the tropical region shows high variability. The point spread does not encompass the region of higher evaporation with extremely low precipitation at the mouth of the Persian Gulf, and the area with extremely high P_S and relatively low radiation-caused E_S in the northeastern Pacific between $\varphi = 45°$ and 60°, nor finally the warm regions of the north Atlantic with high E_S over the Gulfstream between 65° and 75° N.

Verdunstung bei extrem niedriger Niederschlagshöhe im Ausgang des Persischen Goifs sowie die Gebiete mit extrem hohem P_S und strahlungsbedingtem, verhältnismäßig geringem E_S ohne entsprechende Kompensation im nordöstlichen Pazifik zwischen $\varphi = 45°$ und $60°$ N sowie schließlich die warmen Gebiete des Nordatlantik zwischen $65°$ und $75°$ N mit hohem E_S über den Ausläufern des Golfstroms heraus.

Während die Mittellinie eine Obergrenze von E_S = 1620 mm andeutet, erreicht E_S in Teilen des Indischen Ozeans($25°- 30°$ N, $15° - 25°$ S) tatsächlich jedoch gut 1900 mm.

Bei den ohnehin im Verlauf der Bezugslinien für φ gegebenen Unsicherheiten führte ein Versuch, erstere in Bezugslinien für Luft- und Wassertemperatur umzusetzen, zu keinem ausreichenden Erfolg, so daß von einer Behandlung dieser Zusammenhänge aufgrund des vorstehenden Materials zunächst abgesehen werden muß. Hier müßte vielmehr eine allein auf Temperaturwerten der Breitenzonen und deren Anteilen an einzelnen Kontinenten und Ozeanen aufgebaute Untersuchung Platz greifen, die erst später möglich ist.

5.5   Zuflüsse zum Weltmeer

In diesem Abschnitt sollen die Wasserzuflüsse Z zum Weltmeer auf der Grundlage der Zuordnung zu jeweils denjenigen $5°$-Breitenzonen behandelt werden, in denen sie *das Weltmeer erreichen,* zunächst allgemein nach größeren Gebieten, dann nach $5°$-Breitenzonen. Im Gegensatz dazu war in den vorhergehenden Abschnitten der Abfluß D_L vom Festland für diejenigen $5°$-Breitenzonen errechnet, in denen er *entsteht.* Diesem Abschnitt liegen also nur die peripheren, zum Weltmeer gelangenden Abflüsse , insgesamt also mit $D_L = 39.7 \times 10^3 \, km^3$ zugrunde. Vgl. hierzu die Tabellen XXIX−XXXV im Anhang.

Die Darstellung beruht zu etwa 60% auf den Angaben von MARCINEK (1964/1965) für wasserreiche Flüsse mit einem Abfluß von über etwa 10 km³/Jahr, für das Restgebiet auf einer Auswertung unserer Karten für D_L in der Weise, daß die Abflußwerte aus dem Innern der Kontinente jeweils derjenigen $5°$-Zone zugeordnet wurden, in der sie das Meer erreichen.

Dabei wurde der antarktische Kontinent in großen Zügen in drei Sektoren zerlegt, und zwar in Anlehnung an die Küstenteile jedes der drei Ozeane und die vermutlichen Strömungsverhältnisse des Inlandeises mit Ausgangspunkt in $83°$ S/ $50°$ E. Diese Sektoren wurden dann wieder bei $10°$ W, $90°$ E und $130°$ W in je einen West- und Ostteil geteilt, die jeweils zur diesbezüglichen Küste des betreffenden Ozeans gerechnet wurden. Der kleine Gesamtbetrag des Abflusses von der Antarktis von $D_L = 2.0 \times 10^3 \, km^3$ spielt in der Berechnung ohnehin eine untergeordnete Rolle. − Die Südküste Asiens wurde an der Südspitze Indiens und unter Teilung Ceylons auf die West- und Ostküste des Indischen Ozeans aufgeteilt. − Der

Whereas the mean line indicates an upper limit of E_S = 1620 mm, E_S actually amounts to at least 1900 mm in parts of the Indian Ocean ($25°-30°$ N, $15°-25°$ S).

With regard to observed uncertainties in the latitudinal reference lines, an unsuccessful attempt was made to adjust the lines for air and water temperatures. Hence, treatment of these relationships on the basis of available data must be excluded. Rather, an investigation must take place based strictly on temperature data of latitude zones and individual continent and ocean parts. This will not be possible until later.

5.5   Runoff to Oceans

In this section, runoff Z to oceans will be treated in each instance based on association with those $5°$-latitude zones in which runoff reaches the sea, first in a general way for larger regions, then by $5°$-zones. In contrast, in previous sections runoff D_L from land was calculated for those $5°$-latitude zones in which it originated. This section has to do only with peripheral runoff $D_L = 39.7 \, (10^3) \, km^3$ that reaches the oceans. (See also Tables XXIX−XXXV in Appendix.)

About 60% of the presentation is based on Marcinek's (1964/1965) data for larger rivers with runoff of about 10 km³/year or more, and for the remaining area on evaluation of our maps for D_L such that values for runoff reaching the oceans from continental interiors were associated in each case with appropriate $5°$-zones.

In so doing, Antarctica was generally divided into three sectors based on the three ocean coasts and the assumed inland ice flow conditions with outflow point at $83°$ S/ $50°$ E. These sectors were then separated again into western and eastern parts at $10°$W, $90°$E, and $130°$W which, in turn, included corresponding coasts of the oceans in question. Nevertheless Antarctica's small total runoff $D_L = 2.0 \, (10^3) \, km^3$ played a minor role in the calculation − Asia's south coast was separated into west and east coasts of the Indian Ocean at India's southern tip and by partition of Ceylon. − The immense Amazon streamflow was taken as 2/3 between $0°$ and $5°$ S, 1/3 between $0°$ and $5°$N.

wichtige Amazonas wurde zu 2/3 auf 0° - 5° S, zu 1/3
auf 0° - 5° N genommen.

Tabelle 16 Größte Zuflüsse aus Strömen zum Weltmeer
Table 16. Largest Inflows to Oceans

Strom *River*	Einzugsgebiet *Watershed area*			Abfluß D_L bzw. Zufluß Z *Runoff or Inflow*			
	$10^6\,km^2$	$\%^{1)}$	$\%^{2)}$	m^3/sec	km^3	$\%^{3)}$	mm
Amazonas *Amazon*	7180	4.8	6.2	190000	6000	**15.1**	**835**
Kongo *Congo*	3822	2.6	3.3	42000	1330	3.4	*340*
Yangtsekiang *Yangtze-kiang*	1970	1.3	2.7	35000	1100	2.8	**560**
Orinoco *Orinoco*	1086	0.7	0.9	29000	915	**2.2**	**845**
Brahmaputra *Brahmaputra*	589	0.4	0.5	20000	630	**1.6**	**1070**
La Plata *La Plata*	2650	1.8	2.3	19500	615	*1.5*	*235*
Yenissei *Yenisei*	2599	1.7	2.2	17800	565	*1.4*	*215*
Mississippi *Mississippi*	3224	2.2	2.8	17700	560	*1.4*	*175*
Lena *Lena*	2430	1.6	2.1	16300	515	*1.3*	*210*
Mekong *Mekong*	795	0.8	0.7	15900	500	**1.3**	**630**
Ganges *Ganges*	1073	0.7	0.9	15500	490	**1.2**	**455**
Irawadi *Irrawaddy*	431	0.3	0.4	14000	440	**1.1**	**1020**
Ob *Ob*	2950	2.0	2.6	12500	395	*1.0*	*135*
Sikiang *Sikiang*	435	0.3	0.4	11500	365	**0.9**	**840**
Amur *Amur*	1843	1.2	1.6	11000	350	*0.9*	*190*
St. Lorenz *St. Lawrence*	1030	0.7	0.9	10400	330	0.8	*310*
Summe *Sum*	34107	22.8	29.5	478100	15065	37.9	440

1) des Festlandes ($148.9 \times 10^6\,km^2$)
2) des peripheren Gebiets ($115.7 \times 10^6\,km^2$)
3) des gesamten Zuflusses ($39.7 \times 10^3\,km^3$)
   halbfett = relativ hoher Abfluß } im Vergleich zum Flächenanteil am peripheren Gebiet
   kursiv = relativ geringer Abfluß
1) *of land area*
2) *of peripheral area*
3) *of total inflow*
   medium = relatively higher runoff } in comparison with the ratio of peripheral area
   cursiv = relatively lower runoff

5.5.1   Wasserführung der größten Ströme

In Tab. 16 sind die 16 größten Ströme mit einer Wasserführung von mehr als 10.000 m^3/sec. = 316 km^3/Jahr zusammengestellt. In der Liste ragt der Amazonas weit hinaus: Von 6.2% des Flächenanteils am peripheren Gebiet liefert er 15.1% des Zuflusses zum Weltmeer. In der vorletzten Spalte sind die Ströme kenntlich gemacht, deren Anteil am Zufluß höher bzw. niedriger liegt als der Flächenanteil des Einzugsgebietes. In der letzten Spalte stehen die über- und unterdurchschnittlichen Abflußhöhen. Die Analyse zeigt, daß die Ströme mit relativ großer Wasserführung aus den tropischen und subtropischen Regengebieten entwässern, während relativ geringer Abfluß für die Ströme mit Herkunft aus Kontinentalgebieten mit gemäßigtem Niederschlag kennzeichnend ist. Das Kongogebiet gehört zwar auch zum regenreichen Tropenklima, aber P_L ist mit rund 1.600 mm dort deutlich geringer als im Bereich des Amazonas-Orinoco mit P_L = 2150 mm, so daß bei nahezu gleicher Verdunstungshöhe die Abflußhöhe um 500 mm niedriger ausfällt.

5.5.2   Zuflußmengen zu den einzelnen Meeresgebieten

Die Tab. 17 gibt eine Übersicht, aus der ersichtlich ist, daß dem Atlantik fast die Hälfte, und zwar 19.3 x 10^3 km^3 = 49% von Z zufließt. Der Pazifik nimmt 30%, der Indische Ozean 14% und das Nordpolarmeer 7% auf. Dabei entfallen beim Atlantik und Pazifik jeweils wieder 70% auf deren Westküsten und nur 30% auf das Gegengestade. Beim Indischen Ozean ist das Verhältnis Ost : West umgekehrt, nämlich 25 : 75. Die wesentlichen Gründe für die vorstehend angeführten Verhältnisse sind:

a) Der größere Flächenanteil des atlantischen Einzugsgebietes in den beiden Teilen Amerikas mit dementsprechenden Abflußmengen (St. Lorenz 0.3, Mississippi 0.6, Magdalena 0.3, Orinoco 0.9, Amazonas 6.0, La Plata 0.6, zusammen 8.7 x 10^3 km^3).

b) Der Niederschlags- und Abflußreichtum der Monsungebiete in beiden Amerika und im Südosten Asiens (Amur 0.4, Jangtse 1.1, Sikiang 0.4, Mekong 0.5, Irawadi 0.4, Brahmaputra 0.6, Ganges 0.5, zusammen 3.9 x 10^3 km^3).

c) Die große Ausdehnung und Ergiebigkeit der tropischen, zum Atlantik entwässernden Regengebiete in Südamerika und Afrika (Kongo 1.3 x 10^3 km^3).

Beim Nordpolarmeer mit Z = 2.6 x 10^3 km^3 entfällt der größte Teil (2.3 x 10^3 km^3) auf Eurasien, insbesondere auf die sibirische Küste (Ob 0.4, Jenissei 0.6, Lena 0.5, zusammen 1.5 x 10^3 km^3), der Rest auf Kanada und Alaska (Mackenzie 0.2 x 10^3 km^3). Insgesamt entwässern zum Nordpolarmeer also jene subpolaren Gebiete, deren Anteil D_L an P_L gem. Ziff. 5.3.4 verhältnismäßig groß ist mit dem Ergebnis, daß Z fast 90% des Wasserüberschusses dieses Meeres (3.0 x 10^3 km^3) liefert, während der Niederschlagsüberschuß D_S = P_S-E_S daran den geringen Anteil von etwa 10% hat.

5.5.1   Streamflow of the Largest Rivers

In Table 16, the 16 largest rivers with individual flow rates of more than 10^4 m^3/sec = 316 km^3/year are shown. The Amazon clearly dominates the list: With 6.2% of the peripheral area it delivers 15.1% of runoff to oceans. In the next last column the rivers with relative runoff greater than the relative area of their watersheds are identified. The above- and below-average runoff depths are given in the last column. Analysis shows that streams with relatively greater flow discharge from rainy tropical and sub-tropical regions, whereas relatively smaller runoff is characteristic of streams with sources in continental regions with moderate precipitation. The Congo basin is an exception. It has a rainy tropical climate but P_L is about 1600 mm — much less than in the Amazonas-Orinoco basin with P_L = 2150 mm — so with about the same evaporation depth, runoff is 500 mm less.

5.5.2   Runoff Volumes to Individual Ocean Areas

Table 17 gives a synopsis from which it is apparent that almost half, or 19.3 (10^3) km^3 = 49%, of Z flows into the Atlantic. The Pacific receives 30%, the Indian Ocean 14%, and the Arctic 7%. In each case 70% comes from the west coasts of the Atlantic and Pacific and only 30% from opposite coasts. In the Indian Ocean the east-west relationship is reversed namely 25:75. The important bases for the above relationships are:

a. The greater relative area of Atlantic basins in both parts of America with corresponding runoff volumes (St. Lawrence 0.3, Mississippi 0.6, Magdalene 0.3, Orinoco 0.9, Amazon 6.0, La Plata 0.6, altogether 8.7 (10^3) km^3).

b. The high precipitation and runoff in the monsoon regions of both America and southeast Asia (Amur 0.4, Yangtze 1.1, Sikiang 0.4, Mekong 0.5, Irrawaddy 0.4, Brahmaputra 0.6, Ganges 0.5, altogether 3.9 (10^3) km^3).

c. The great extent and productiveness of tropical rainy regions in South America and Africa draining to the Atlantic (Congo 1.3 (10^3) km^3).

For the Arctic Ocean with Z = 2.6 (10^3) km^3, the greatest part, 2.3 (10^3) km^3 comes from Eurasia, especially from the Siberian coast (Ob 0.4, Yenisei 0.6, Lena 0.5, altogether 1.5 (10^3) km^3), the remainder from Canada and Alaska (Mackenzie 0.2 (10^3) km^3). Altogether the subpolar regions draining to the Arctic Ocean are those with relatively high D_L and P_L (Section 5.3.4) with the result that Z provides almost 90% of the water surplus, i.e., 3.0 (10^3) km^3, whereas the precipitation excess D_S = $P_S - E_S$ has the small proportion of about 10%.

Tabelle 17   Wasserzufuhr zum Weltmeer vom Festland und aus der Atmosphäre
Table 17   Water Transport to Oceans from Land and from the Atmosphere

Region *Region*		Fläche *Area* 10^6 km^2	Z(10^3)km^3 West *West*	Ost *East*	Z	D$_S$ 10^3 km^3	B	Z	D$_S$ mm	B
Nordpolarmeer *Arctic Ocean*	N	8.5	2.6		2.6	0.4	3.0	307	44	351
Atlantik	N	52.3	7.4	4.0	11.4	-17.8	-6.4	218	-340	-122
Atlantic	S	45.7	6.1	1.8	7.9	-18.7	-10.8	173	-409	-236
Atlantik *Atlantic*		98.0	13.5	5.8	19.3	-36.5	-17.2	197	-372	-175
Indischer Ozean	N	12.5	0.5	2.7	3.2	- 5.3	- 2.1	256	-424	-168
Indian Ocean	S	65.2	0.9	1.5	2.4	-14.2	-11.8	37	-218	-182
Indischer Ozean *Indian Ocean*		77.7	1.4	4.2	5.6	-19.5	-13.9	72	-251	-179
Pazifik	N	81.4	5.5	2.2	7.7	16.7	24.4	94	206	299
Pacific	S	95.5	3.1	1.4	4.5	- 0.8	3.7	47	- 9	39
Pazifik *Pacific*		176.9	8.6	3.6	12.2	15.9	28.1	69	90	159
Halbkugel	N	154.7	—	—	24.9	- 6.0	18.9	160	- 38	122
Hemisphere	S	306.4	—	—	14.8	-33.7	-18.9	72	-164	- 92
Weltmeer *Oceans total*		361.1	—	—	39.7	- 39.7	0.0	110	-110	0

Z = Zufluß zum Meer; D$_S$ = P$_S$ – E$_S$; B = Z + D (Überschuß oder Defizit bei der Wasserzufuhr zum Meer),
West, Ost: Zuflüsse von der West- bzw. Ostküste, Nordpolarmeer = Südküste
Z : Water Transport to Oceans; D$_S$ = P$_S$ – E$_S$; B = Z + D$_S$ (Surplus or Deficit of the Transport)
West, East: Inflow at the West or East Coasts (Arctic Ocean: South Coast)
Einzelne Differenzen infolge von Abrundungen. *Small differences caused by roundings.*

5.5.3   Wasserausgleich zwischen den Meeren

Von großem Interesse ist auch die Frage, wie sich die Wasserzuflüsse vom Festland zu den Ozeanen (Z) zu den Wasserdampfabflüssen zur Atmosphäre (D$_S$ = P$_S$–E$_S$) verhalten. Hierbei treten zwei verschiedene Fälle auf:

a) Z + D$_S$ > O: Das Meeresgebiet hat einen Wasserüberschuß

b) Z + D$_S$ < O: das Meeresgebiet hat ein Wasserdefizit.

Die Wasserüberschüsse oder -defizite B = Z + (P$_S$–E$_S$) müssen laufend durch Meeresströmungen zwischen den Ozeanen ausgeglichen werden, die als „Wasserbilanz-Ausgleichsströme" zu bezeichnen sind.

5.5.3.1 Ozeane

Das *Nordpolarmeer* hat einen Überschuß von B = 3.0 x 10^3 km^3, der aus 2.6 x 10^3 km^3 Zufluß und aus 0.4 x 10^3 km^3 Niederschlagsgewinn herrührt.

Beim *Atlantik* mindert der Wasserzufluß Z = 19.3 x 10^3 km^3 das große Wasserdefizit D$_S$ = –36.5 x 10^3 km^3 und reduziert es auf die gute Hälfte, so daß B = –17.2 x

5.5.3   Water Equalization Among the Oceans

Also of great interest is the question of the relation between water inflow to oceans (Z) from land and water vapor losses to the atmosphere (D$_S$ = P$_S$ – E$_S$). Two different cases occur:

a)   Z + D$_S$ > 0: ocean water surplus

b)   Z + D$_S$ < 0: ocean water deficit.

Water excesses or deficits B = Z + (P$_S$ – E$_S$) must be continually equalized by ocean currents or „water-balance equalization currents."

5.5.3.1 Individual Oceans

The Arctic Ocean has an excess of B = 3.0 (10^3) km^3 which is derived from 2.6 (10^3) km^3 of inflow and 0.4 (10^3) km^3 of D$_S$ = P$_S$ – E$_S$, that is precipitation surplus.

In the Atlantic the water inflow Z = 19.3 (10^3) km^3 reduces the large water deficit D$_S$ = –36.5 (10^3) km^3 by more than half, so that B = – 17.2 (10^3) km^3. This amount

10^3 km^3 wird. Diese Wassermenge muß daher dauernd aus anderen Ozeanen zufließen.

Beim *Indischen Ozean* steht dem Wasserdampfabfluß von 19.5 x 10^3 km^3 nur ein Landwasserzufluß von 5.6 x 10^3 km^3 gegenüber. Es verbleibt somit dauernd ein Defizit von B = -13.9 x 10^3 km^3, das über Meeresströme auszugleichen ist.

Beim *Pazifik* ist P_S-E_S positiv und beträgt 15.9 x 10^3 km^3. Hinzu kommen 12.2 x 10^3 km^3 Zuflüsse aus den umgebenenden Ländern, so daß ein Überschuß von B = 28.1 x 10^3 km^3 existiert.

Die Überschüsse von Nordpolarmeer und Pazifik betragen zusammen 31.1 x 10^3 km^3 und decken genau die Defizite von Atlantik und Indischem Ozean von -31.1 x 10^3 km^3. Mit einem Anteil von 90% an der Defizitdeckung stellt sich der Pazifik als der große Wasserspender dar. Am Defizit ist der Atlantik mit 55%, der Indische Ozean mit 45% beteiligt.

Aus den Wassermengen der einzelnen Bilanzposten (km^3) erhalten wir deren Wasserhöhen (mm) nach Eliminierung der Flächen der einzelnen Ozeane. Hier stellt sich das Polarmeer als das Gebiet mit größtem Zufluß (307 mm) dar, der Reihe nach folgen Atlantik (197 mm), Ind. Ozean (72 mm) und Pazifik (69 mm). $P_S - E_S = D_S$ ist positiv beim Pazifik (90 mm) und Nordpolarmeer (44 mm), negativ beim Atlantik (-372 mm) und Ind. Ozean (-251 mm). Die Bilanzwerte B des Nordpolarmeeres (351 mm) und des Pazifik (159 mm) stehen dem Atlantik (-175 mm) und Ind. Ozean (-179 mm) gegenüber. Was die Gründe hierfür betrifft, so sind sie bezüglich P_S-E_S in Ziff. 5.2.3.2, bezüglich Z in Ziff. 5.5.2 erläutert.

5.5.3.2 Halbkugeln

Zahlenwerte über die Aufteilung von Z, $D_S = P_S-E_S$ und B auf die beiden Halbkugeln sind ebenfalls aus Tab. 17 zu entnehmen. Natürlich entfällt der größere Anteil der Wassermengen von Z, nämlich 24.9 x 10^3 km^3, das sind 63%, auf die Nordhalbkugel mit ihren größeren Landflächen (67%). In den Wasserhöhen kommt dann mit der Berücksichtigung der größeren Meeresflächen auf der Südhalbkugel dort ein wesentlich kleineres Z als bei der Nordhalbkugel (72 mm gegen 160 mm) heraus. In den B-Werten erweist sich der Nord-Pazifik bedingt durch P_S-E_S = 16.7 x 10^3 km^3 als das eigentliche Überschußgebiet: 24.4 x 10^3 km^3 stellen 82% des B vom ganzen Pazifik und 78% vom positiven B des Weltmeeres dar. Als Wasserhöhen sind dies 299 mm über dem Nordpazifik gegen 39 mm über dem Südpazifik.

must continually flow in from other oceans.

In the Indian Ocean water vapor loss of 19.5 (10^3) km^3 stands opposed to land inflow of 5.6 (10^3) km^3. So there is continual deficit B = -13.9 (10^3) km^3 compensated by ocean currents.

In the Pacific $P_S - E_S$ is positive and amounts to 15.9 (10^3) km^3. Added to this is 12.2 (10^3) km^3 inflow from surrounding lands, so a surplus of B = 28.1 (10^3) km^3 exists.

The excesses of the Arctic and Pacific Oceans total are 31.1 (10^3) km^3 and cover exactly the combined deficits of the Atlantic and Indian Oceans of -31.1 (10^3) km^3. The Pacific is the great water distributor, compensating for 90% of these deficits. The Atlantic accounts for 55% of the total deficit, and the Indian Ocean 45%.

From water volumes (km^3) we obtain water depths (mm) by eliminating the area. Here the Arctic Ocean is the area with greatest inflow (307 mm), and the sequence follows, Atlantic (197 mm), Indian Ocean (72 mm), and Pacific (69 mm). $P_S - E_S = D_S$ is positive for the Pacific (90 mm) and Arctic Ocean (44 mm), and negative for the Atlantic (-372 mm) and Indian Ocean (-251 mm). The balances B for the Arctic Ocean (351 mm), and Pacific (159 mm), are almost the same for the Atlantic (-175 mm) and Indian Ocean (-179 mm). The basis for these values was explained in Section 5.2.3, with reference to $P_S - E_S$ and in Section 5.5.2, with reference to Z.

5.5.3.2 Hemispheres

Numerical data concerning the distribution of Z, $P_S - E_S$, and B in both hemispheres are also given in Table 17. Naturally the greater part of water volume of Z is in the northern hemisphere (63%) with its greater land area (67%). Taking into account the greater ocean surface in the southern hemisphere, the water depths Z are considerably smaller than in the northern hemisphere (72 vs. 160 mm). With regard to B-values, the north Pacific is the principal surplus region with $P_S - E_S$ = 16.7 (10^3) km^3, or 82% of the Pacific total of 24.4 (10^3) km^3, and 78% of the positive B for all oceans combined. In terms of water depths, this amounts to 299 mm for the north Pacific versus 39 mm for the south Pacific.

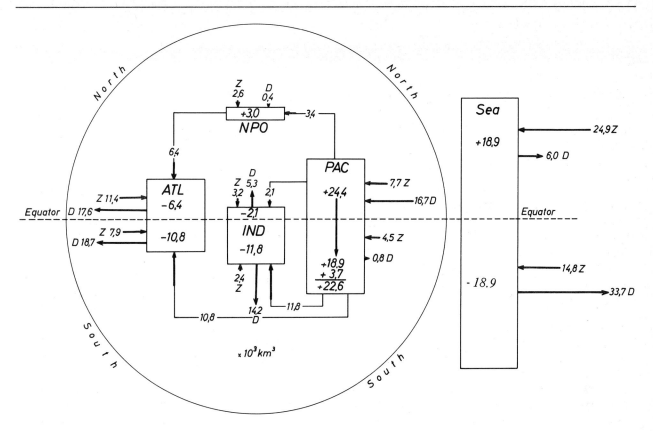

Abb. 17 Ausgleich der Wasserbilanzen der einzelnen Ozeane durch korrespondierende Meeresströme.

Figure 17. Equalization of Water Balances of Individual Oceans by Means of Ocean Current Exchanges.

5.5.3.3 Wassertransporte

In einem Schema (Abb. 17) haben wir eine rohe Übersicht über den Transport der Überschüsse in die Defizitgebiete versucht. Dazu muß ausdrücklich bemerkt werden, daß es sich dabei nicht etwa um die gesamten Wassertransporte von Ozean zu Ozean handelt, die eine größere Dimension haben. So fließen z.B. nach Zitat bei Vowinkel/Orvig (1970) 32.5 x 10³ km³ durch die Beringstraße nach Norden, also das Zehnfache der von uns errechneten Teilgröße dieses Transportes. Vorstehender Wert dürfte ziemlich genau sein. Das Mehr fließt andererseits durch die Davis-Straße (36.3 x 10³ km³) wieder ab. Die Bilanzen für das Nordpolarmeer in etwas verschiedenen Abgrenzungen gegenüber dem Atlantik und unter Außerachtlassung weiterer erheblicher, aber sich voll kompensierender Ein- und Ausflüsse vom/zum Atlantik lauten also:

	F	I	Z	E
bei uns:	8.5	3.4	+ 3.0	= 6.4 x 10³ km³
bei V/O:	9.9	32.5	+ 3.8	= 36.3 x 10³ km³

F: Fläche (10⁶ km²), I = Zufluß, E = Abfluß (10³ km³)

Aus diesem Beispiel des kleinsten der vier Ozeane erkennt man also, daß die vom Wasserhaushalt her bedingten Ausgleichsströme zwischen den Ozeanen nur Teilmengen des gesamten hydrosphärischen Strömungssystems umfassen.

In diesem Schema muß auch offenbleiben, auf welchem Wege die Ausgleichsmengen tatsächlich von einem Ozean

5.5.3.3 Water transports

In Figure 17, we have attempted diagrammatically to give a rough synopsis of the transport of surpluses into deficit regions. It must be explicitly noted that it is not a question here of the total transport from ocean to ocean, which is greater. For example, according to a statement by Vowinkel/Orvig (1970), 32.5 (10³) km³ flow through the Bering Strait to the north, or ten times the partial value that we caluculated for this transfer. The above value may be almost exact. On the other hand the ocean discharges 36.3 (10³) km³ again through the Davis Strait. Balances for the Arctic Ocean, based on somewhat different boundaries with the Atlantic and with disregard for other important self-compensating inflows and outflows from and to the Atlantic, are as follows:

	F	I	Z	E
Our values	8.5	3.4	+ 3.0	= 6.4 (10³) km³
Vowinkel/Orvig	9.9	32.5	+ 3.8	= 36.3 (10³) km³

F: area (10⁶) km², I = inflow, E = outflow

From this example for the smallest of the four oceans we recognize that equalization currents among the oceans obtained from water budget include only parts of the total hydrospherical current systems.

In the diagram it must also remain an open question how the compensating volumes actually pass from one ocean to another. For example, the north Pacific surpluses possibly do not take the direct route through the Straits of

zu dem anderen gelangen. Z.B. nehmen die Überschüsse des Nordpazifik möglicherweise nicht den direkten Weg durch die Straße von Malakka in den nördl. Indischen Ozean, sondern einen Umweg über den Südpazifik, nämlich mit der Monsundrift durch die indonesisch-australischen Seegebiete. In ähnlicher Weise könnten die Überschüsse aus dem Südpazifik nicht direkt, sondern mit der Westwinddrift auf dem Umweg über den Südatlantik in den südlichen Indischen Ozean gelangen.

Malacca in the northern Indian Ocean, but a roundabout way over the south Pacific with the monsoon drift through the Indonesian-Australian ocean area. In a similar manner the south Pacific excesses can flow indirectly with the west-wind drift over the roundabout way via the south Atlantic into the Indian Ocean.

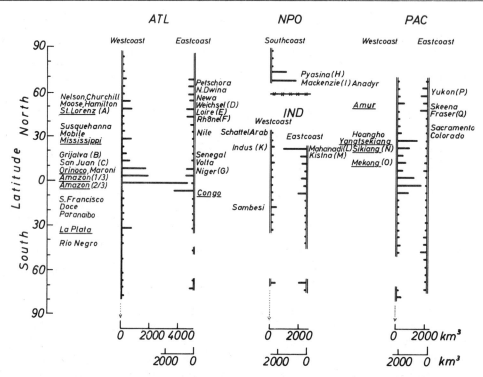

(A)=Manicuagan, Saguency (B)=Usumatinta (C)=Magdalena (D)= Elbe,Rhein (E)=Po(⅓), Donau(⅔), Dnjepr, Don
(F)=Po(⅓), Donau(⅓) (G) = Saraga (H)=Khatanga,Olenek, Lena, Yana,Indigirka (I)= Ob, Pur, Taz, Yenissei, Kolyma
(K) = Narbada (L)= Ganges, Brahmaputra (M) = Godavari, Irawadi,Saluen (N) = Sonkoi (O)=Chao (P)=Kuskokwim
(Q) = Columbia

Abb. 18 Zuflußmengen (Z) zu den einzelnen Ozeanen nach 5°-Breitenzonen (West- und Ostküste)

Figure 18. Inflow Volumes (Z) of Individual Oceans by 5°-Latitude Zones (West and East Coasts).

5.5.4   Ordnung der Zufuhren nach 5°-Breitenzonen

Die bezügliche Tab. XXXV im Anhang ist in den Abb. 18-22 erläutert. In Abb. 18 sehen wir, wie die Westküsten von Atlantik und Pazifik in den tropischen und subtropischen Breiten den Hauptanteil der Zuflüsse aufnehmen. Bei den Zuflüssen zu den Ostküsten treten beim Atlantik und Pazifik die gemäßigten und subpolaren Breiten hervor, beim Atlantik und Indischen Ozean außerdem die Tropen. Zur Erläuterung der Herkunft der Zuflüsse sind die Namen der zu jeder 5°-Breitenzone gehörenden Flüsse mit etwa 1000 m³/sec. und mehr aufgeführt (einzelne kleinere sind zur Orientierung enthalten), und unter diesen sind die in Tab. 16 enthaltenen 16 großen Ströme unterstrichen.

In Abb. 19 sind außer dem Zufluß Z beider Küsten die Werte $D_S = P_S - E_S$ der Meeresflächen dargestellt, die unter Ziff. 5.2.3 näher behandelt wurden. Eine textliche Würdigung des Inhaltes erübrigt sich daher.

5.5.4   Arrangement of Inflows by 5°-Latitude Zones

The Reference Table XXXV in the appendix is illustrated in Figures 18-22. In Figure 18 we see that tropical and sub-tropical latitudes of Atlantic and Pacific west coasts receive the major share of inflows. Inflows to east coasts are prominent in temperate and subpolar regions of the Atlantic and Pacific, and in tropical regions of the Atlantic and Indian Oceans. For interpretation of the sources of inflows, the names of rivers with 1000 m³/ sec or more (some smaller are included for orientation) in each 5°-latitude zone were extracted; of these, 16 large rivers are included in Table 16 and underlined.

In Figure 19 the values $D_S = P_S - E_S$ for ocean surfaces are presented in addition to inflow Z. These were treated in detail in Section 5.2.3, so a textual assessment is unnecessary here.

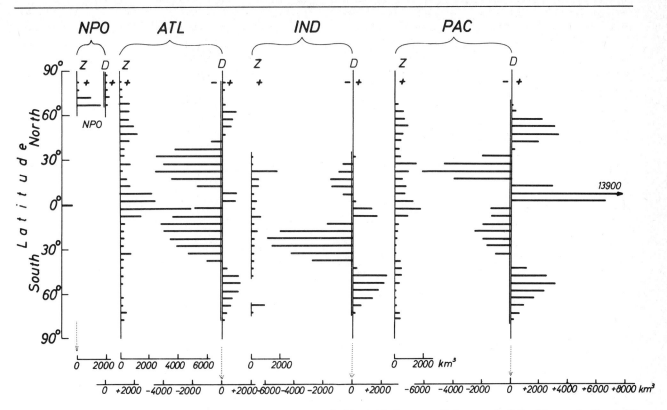

Abb. 19 Zufuhrmengen (Z und D) zu den einzelnen Ozeanen (Küsten- und Meeresflächen getrennt).

Figure 19. Transport Volumes to Individual Oceans by Coasts (Z) and Ocean Surfaces (D).

Die Nettozufuhrmengen, das ist die Summe $B = Z + (P_S - E_S)$, ist in Abb. 20 veranschaulicht. Hier fallen die großen *Defizite* in den Tropen und Subtropen und entsprechend Abb. 19 dabei besonders die sehr großen Negativbeträge beim Atlantik in 30° - 35° N, 20° - 25° N und 10° - 15° S, beim Indischen Ozean in 15° - 35° S, sowie beim Pazifik in 20° - 25° N auf. Der Vergleich mit Abb. 19 zeigt ferner, daß in der Summierung der Abb. 20 zur Nettozufuhr in den vorgenannten Breiten die hohen negativen D_S-Werte ausschlaggebend sind, die beim nördlichen Pazifik durch größere Zuflußwerte gemildert werden. Die negativen D_S am Rande der Tropen im nördlichen Indischen Ozean werden ebenfalls durch ergiebige Zuflüsse deutlich gemindert oder zur Wasserüberschüssen.

Höhere *positive* B finden wir einmal in den inneren Tropen, und zwar beim Atlantik in 10° N - 5° S, beim Indischen Ozean in 0° - 10° S und sehr hohe Werte beim Pazifik in 0° - 15° N. Hier addieren sich jeweils hohe Z- und D_S-Werte als Folge hoher Niederschlagsmengen. Außerdem liegen höhere positive Werte für B in den gemäßigten und subpolaren Zonen: beim Nordpolarmeer in 65° - 75° N, beim Atlantik in 45° - 65° N, beim Pazifik in 40° - 60° N und auf der Südhalbkugel zwischen 40/45° und 60/70° S. Hierfür ist fast ausschließlich das dort positive $P_S - E_S$ maßgebend.

The net inflow volumes, i.e., sums of $B = Z + (P_S - E_S)$, are illustrated in Figure 20. The large deficits occur in the tropics and sub-tropics, the very large negative amounts in the Atlantic at 30°-35° N, 20°-25° N, and 10°-15° S, in the Indian Ocean at 15°-35° S, and in the Pacific at 20°-25° N. Comparison with Figure 19 shows further that in the Figure 20 summation for net inflow at these latitudes, the high negative D_S values, which are moderated by greater inflow values in the north Pacific, are determinative. The negative D_S-values at tropical borders in the north Indian Ocean are also significantly decreased (or become surpluses) as a result of high inflows.

We find higher positive B-values in the inner tropics, specifically in the Atlantic at 10° N-5° S, in the Indian Ocean at 0°-10° S, and very high values in the Pacific at 0°-15° N. Here the high Z- and D_S-values are additive as a result of higher precipitation. Also, higher positive values for B occur in the temperate and subpolar zones in the Polar Ocean at 65°-75° N in the Atlantic at 45°-65° N, in the Pacific at 40°- 60° N and in the southern hemisphere between 40/45° and 60/70° S. Positive $P_S - E_S$ prevails there almost exclusively.

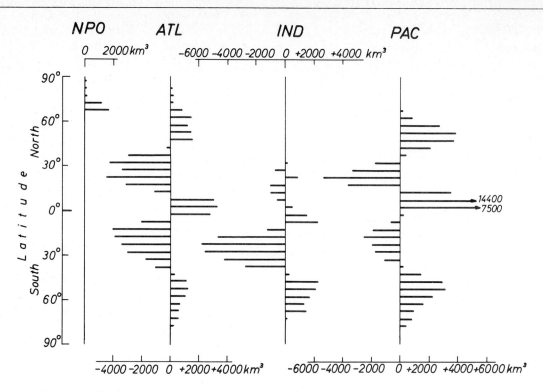

Abb. 20 Nettozufuhrmengen (B = Z + D$_S$), zu den einzelnen Ozeanen nach 5°-Breitenzonen.

Figure 20. Net Transport Volumes (B = Z + D$_S$) to Individual Oceans by 5°-Latitude Zones.

Schließlich sind in Abb. 21 die Wasserhöhen (mm) des Zuflusses Z, der Wasserdampfabfuhr D$_S$ = P$_S$−E$_S$ und die Nettozufuhr B, diese Bilanzposten also bezogen auf die Flächen der 5°-Breitenzonen des ganzen Weltmeeres dargestellt.

Finally, in Figure 21, water depths (mm), inflows Z, water vapor outflow D$_S$ = P$_S$ − E$_S$, and net inflow B are presented as balance factors with reference to the areas of 5° latitude zones.

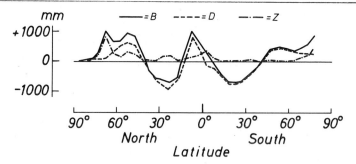

Abb. 21 Zuflußhöhen (Z) an den Küsten, Wasserdampfzu- und Abflüsse D$_S$ = P$_S$ - E$_S$ und Nettozufuhr (B) auf den Wasserflächen des Weltmeeres, bezogen auf die Flächen der 5°-Breitenzonen des Weltmeeres.

Figure 21 Inflow Depths (Z) at Coasts, Water Vapor Inflow and Outflow D$_S$ = P$_S$ - E$_S$, and Net Inflow to Oceans (B), Reduced to Areas of Oceans by 5°-Latitude Zones.

Bis auf die flächenkleinen ~~arktischen~~ und antarktischen Gebiete treten hier die *Zuflüsse* nur schwach hervor, weil die in Abb. 20 in Erscheinung tretenden Amplituden der Wassermengen durch die großen Bezugsflächen nunmehr bei den Wasserhöhen stark abgeschwächt sind.

Das hohe Z in 65°- 70° N (916 mm) ist durch die großen sibirischen Ströme und den Mackenzie bei geringer Fläche dieser Breitenzone im Nordpolarmeer bedingt. Beim hohen Z in 75° - 80° S (572 mm) handelt es sich um größere Gletscherzuflüsse aus der Antarktis in eine ebenfalls kleinflächige Breitenzone. Auf der Nordhalb-

Up to the small-area polar regions, inflows are not very large because the amplitudes of the water volumes appearing in Figure 20 are greatly decreased by large reference areas (reduction to water depth). The high Z at 65°- 70° N (916 mm) is caused by the large Siberian rivers and the Mackenzie, and the smaller areas of Arctic Ocean

kugel schließen sich Z um 250 mm in 65° - 45° N an, die sich aus den Regengebieten der gemäßigten Breiten ergeben und beim Pazifik mehr nördlich 50° N an der Ostküste, beim Atlantik unter Einwirkung der großen Einzugsgebiete an der Westküste mehr südlich 55° N gelegen sind. Ein höheres Z von fast 200 mm tritt dann in 30° - 20° N auf, hervorgerufen vom Indischen Ozean durch die hohen Abflußmengen der bengalischen Ströme in einen sehr flächenkleinen Zonenanteil und die höheren Zuflüsse im Südosten der USA und Asiens, während die Ostküsten von Atlantik und Pazifik kaum Zuflüsse haben.

Schließlich nimmt dann Z von 15° N bis 5° S stetig von 100 mm auf fast 400 mm zu, wofür die Zuflüsse aus den großen tropischen Regengebieten Südamerikas maßgeblich sind. Zwischen 10° S und 65° S tritt Z mit 0 bis 50 mm weniger in Erscheinung, weil sich der Abfluß von relativ kleinen oder fast fehlenden Landflächen auf verhältnismäßig große oder fast ausschließliche Meeresgebiete verteilt. Einen Höchstwert von fast 50 mm finden wir in 30° - 35° S, der maßgeblich vom La Plata hervorgerufen ist. Einzelheiten über den Zufluß Z zu den einzelnen Ozeanen sind aus Abb. 22 zu entnehmen.

latitude zones. For the high Z at 75°-80° S (572 mm) it is a question of greater glacial inflows from Antarctica in a small-area latitude zone. In the northern hemisphere, Z is 250 mm at 65°-45° N, which results from the rainy regions of the temperate latitudes; in the Pacific these are more to the north of 50° N on the east coasts, and in the Atlantic more to the south of 55° N under the influence of large west coast watersheds. A higher Z of almost 200 mm occurs at 30°- 20° N caused by the Indian Ocean as a result of high runoff from Bengalese streams in a very small zonal area, and higher inflows in southeastern USA and Asia, while the eastern coasts of the Atlantic and Pacific Oceans have hardly any inflow.

Finally, Z increases steadily from 15° N to 5° S, from 100 mm to almost 400 mm, caused mostly by inflows from the large tropical rain areas of South America. Between 10° S and 65° S, Z appears from 0 to 50 mm smaller because the runoff from relatively small land surfaces is distributed over relatively large ocean areas. We find a maximum value of about 50 mm at 30°-35° S, which is primarily from the La Plata. Details concerning runoff to individual oceans are given in Figure 22.

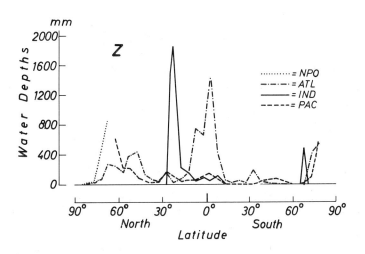

Abb. 22 Zuflußhöhen der einzelnen Ozeane für 5°-Breitenzonen.

Figure 22. Inflow Depths to Individual Oceans by 5°-Latitude Zones.

Der Kurvenzug der *Nettozufuhr* B = Z + (P$_S$−E$_S$) in Abb. 21 veranschaulicht auf einen Blick die Überschuß- und Defizitgebiete der Wasserzufuhr zum Weltmeer. Die Darstellung der *Abfuhr* des Wasserdampfes D$_S$ = P$_S$−E$_S$ stellt dabei eine Wiederholung der Kurvenzüge für D$_S$ in Abb. 9 und 10 dar. Die Erläuterung findet sich unter den Ziff. 5.3.3.3 und 5.3.3.5. Erstere liegen in 85° - 40° N (1016), 10° N - 5° S (1020) und 40° - 80° S (840), letztere in 40° - 10° N (−682) und 5° - 40° S (−729). Die Klammerwerte bedeuten die jeweils erreichten Höchstwerte des Überschusses bzw. des Defizits in mm Wasserhöhe. Über das ganze Weltmeer gerechnet wird Z = − (P$_S$−E$_S$), also B = O.

Net inflow curves, B = Z + (P$_S$ − E$_S$), in Figure 21 show at a glance the surplus and deficit regions of water transport to oceans. Presentation of water vapor loss D$_S$ = P$_S$ − E$_S$ gives a repitition of the curves for D$_S$ in Figures 9 and 10. Discussion is given in Sections 5.3.3.3 and 5.3.3.5. The former lie at 85°-40° N (1016), 10° N-5° S (1020), and 40°-80° S (840), the latter at 40°-10° N (−682) and 5°-40° S (−729). The values in parentheses indicate maximum values of surpluses or deficits in mm of water depth. For all oceans combined, Z = − (P$_S$−E$_S$), i.e., B = O.

6. Globale Betrachtungen

6. Global Considerations

Die vorausgehenden Kapitel haben sich mit den Methoden und Ergebnissen der Weltwasserbilanz anhand der Detailkarten für P, E und D befaßt. Durch Integration der Teilkarten für Länder, Kontinente und Meere sind die im Anhang beigegebenen Weltkarten für Niederschlag, Verdunstung und Abfluß entstanden. In synoptischer Weise werden im folgenden die Grundzüge und Ursachen der weltweiten Gliederung der Wasserbilanzterme regional vergleichend erläutert.

The preceding chapters have been concerned with the methods and results of the world water balance with the help of detailed maps of P, E, and D. By means of integration of individual maps for countries, continents, and oceans, the world maps for precipitation, evaporation, and runoff given in the appendix were produced. In a synoptic manner the main features and causes of the world-wide arrangement of the water-balance terms will be explained by regional comparisons.

6.1   Niederschlag

6.1.1   Allgemein

Die wichtigsten Faktoren, die zur Entstehung von Niederschlägen führen und die daher die Niederschlagsverteilung bestimmen, sind die folgenden:

1. Die Strömungsvorgänge in der Atmosphäre mit der Folge von Niederschlägen an Grenzschichten, insbesondere in der intertropischen Konvergenzzone und an den Frontensystemen der turbulenten Zirkulation in der Westwindzone. Ihnen stehen die Divergenzen mit geringer Niederschlagsbildung im Bereich der subtropischen Hochs gegenüber.

2. Die Labilisierung und Stabilisierung der Luftmassen durch relativ warme oder kalte Land- oder Meeresoberflächen. Erstere wird mittels Konvektion über relativ warmen Land- und Meeresoberflächen und in Bereichen monsunaler Strömungen mit höheren Niederschlägen stärker wirksam, letztere bei absteigender Luftbewegung über relativ kalten Land- und Meeresflächen sowie in den Passatgebieten mit geringeren Niederschlägen.

3. Die Hebung der Luftmassen durch die Gebirge mit der Folge von Geländeregen auf den Luvseiten sowie das Absinken der Luftmassen an den Leeseiten mit Niederschlagsminderung.

4. Für die Ergiebigkeit der Niederschläge ist weiter die Höhe der Verdunstung maßgeblich, die den Wassergehalt der Luftströmungen bestimmt. Somit treten die für die Verteilung von E maßgeblichen Faktoren (siehe Ziff. 6.2) auch bei P in Erscheinung. P und E unterliegen also über die vorstehenden Ziffern 1 bis 3 hinaus einer gemäß Ziff. 4 bedingten, aber begrenzten physikalischen Wechselwirkung. Diese kommt auch in den unter Ziff. 5.4.2 behandelten Zusammenhängen zum Ausdruck.

Aus dem Kartenbild erkennt man folgende Grundzüge der Niederschlagsverteilung auf der Erde:

1. Die Niederschlagshöhe ist über dem Meer insgesamt deutlich größer als über dem Land (1066 gegen 746 mm), weil über dem Meer eine weit höhere Wasserdampfmenge

6.1   Precipitation

6.1.1   General

The most important factors that lead to the formation of precipitation, and which therefore determine the distribution of precipitation, are the following:

1. Transport processes in the atmosphere with precipitation in boundary layers, especially in the intertropical convergence zone and in frontal systems of turbulent circulation in the zone of westerlies. On the other hand there are areas of small precipitation at the divergences in the subtropical highs.

2. The instability and stability of air masses as the result of relatively warm or cold land or ocean surfaces. Instability becomes more effective with convection over relatively warm land and ocean surfaces, and in regions of monsoonal flow; stability increases with decreasing air movement over relatively cold land and ocean surfaces, and in trade-wind regions with lower precipitation.

3. Lifting of air masses by mountains with resulting orographic precipitation on windward sides, and sinking air masses and reduced precipitation to the leeward.

4. The amount of precipitation also depends on the depth of evaporation which determines the water content of air currents. In this way the factors controlling the distribution of E (see Section 6.2) also appear in the case of P. So, with reference to paragraphs 1–3 above, P and E underlie dependent, but physically limited interactions. This is also expressed in the relationship treated in Section 5.4.2.

From the maps one recognizes the following characteristics of precipitation distribution over the earth:

1. Precipitation depth over oceans is, on the average, clearly greater than over land (1066 versus 746 mm), since over oceans a much geater amount of water vapor is supplied to the atmosphere (see Section 6.2), and it precipitates there as water.

der Atmosphäre zugeführt wird (siehe Ziff. 6.2) und nach Kondensation sich dann dort als Wasser niederschlägt.

2. P weist in zonaler Hinsicht drei niederschlagsreiche Zonen im tropischen Bereich und in den beiden Westwindzonen auf, die von zwei niederschlagsarmen Zonen in den Subtropen unterbrochen werden. Polwärts gehen die Westwindzonen in die niederschlagsarmen polaren Zonen über.

3. Diese zonale Anordnung läßt die polwärtige Abnahme des von der Temperatur abhängigen Wasserdampfgehaltes der Luft und die dadurch bedingte allgemeine Abnahme der Niederschlagsmengen von den Tropen zu den Polen nur undeutlich sichtbar werden. Doch bestätigt das Kartenbild natürlich diesen z.B. aus Mittelwerten für holosphärische 30°-Breitenzonen ersichtlichen Trend: 0 - 30° : 1180 mm, 30° - 60° : 908 mm, 60° - 90° : 380 mm.

4. Während die tropische Zone rings um die Erde, wenn auch mit unterschiedlichen Regenmengen, läuft, sind die anderen Zonen unterbrochen, und zwar:

a) die feuchten Westwindzonen durch Trockengebiete auf den Festländern,

b) die subtropischen Trockenzonen durch Gebiete mit Regenreichtum monsunalen Ursprungs.

5. Insgesamt sind dieser Anordnung orographische Einflüsse überlagert, die im Luv sehr hohe, im Lee teilweise extrem niedrige Niederschläge hervorrufen und die das Bild der Niederschlagsverteilung im einzelnen stark modifizieren.

6.1.2   Festland

Niederschlagshöhen von 3000 mm und mehr treten flächenhaft in der tropischen austral-asiatischen Inselwelt und anschließend in den subtropischen Monsungebieten Südostasiens sowie im tropischen Afrika und Südamerika auf. In der gemäßigten Zone findet man einen ähnlichen Regenreichtum an der Westküste Nord- und Südamerikas sowie auf Neuseeland, angedeutet auch an der norwegischen Küste. In den Karten haben wir in kleineren Gebieten als noch darstellbare Höchstwerte angenommen: Insulinde/Philippinen: 4000 mm, Äthiopien: 2000, Madagaskar: 3000, Malakka-Thailand-Burma: 4 - 5000, Himalaya: 4000, Japan: 3000, West-Ghats: 4000, Westafrika: 4000, Trop. Kordilleren: 6000, Amazonasbecken: 3500, Guatemala: 6000, Südl. Alaska: 5000, Chilenische Kordillere: 6000, Neuseeland: 5000 mm, Skandinavien: 5000, Island: 3000, Schottland: 3000, Alpen: 3000 mm.

Reichliche Niederschläge von 1000 bis 3000 mm finden sich in den meisten übrigen tropischen Landgebieten, ausgenommen die später erwähnten Trockengebiete, an den Ostküsten der Kontinente, und zwar in Asien und Nordamerika bis 40° bzw. 45° N, in Australien, Afrika und Südamerika bis gut 30° S. An den Westküsten der Kontinente treten über 1000 mm in Europa/Afrika in den Breitenzonen von 40° bis 70° N und von 12° N bis 13° S, in Amerika von 57° N bis 38° N, von ca. 20° N bis ca. 5° S und von 36° S bis über 56° S auf. Abseits des erweiterten

2. In the zonal view, P exhibits three zones of abundant precipitation in the tropical region and in the two west-wind zones, which are separated by the two zones of low precipitation in the sub-tropics. Toward the poles there is a transition from the west-wind to the low-precipitation polar zones.

3. This zonal arrangement is only vaguely apparent because of the poleward decrease of the temperature-dependent water vapor content of the air and the resulting general decrease of precipitation from the tropics to the poles. The maps confirm this perceptible trend of course, e.g., from mean values for holospherical 30°-latitude zones: 0°-30°: 1180 mm, 30°-60°: 908 mm, 60°-90°: 380 mm.

4. Whereas the tropical zone extends all around the earth, even with variable precipitation amounts, the other zones are interrupted, specifically:

a) the moist west-wind zones by arid continental regions,
b) the sub-tropical arid zones by regions with rainy monsoonal sources.

5. Orographic influences are superimposed on this arrangement, with at times very high precipitation in windward areas and very low precipitation to the leeward, so that in individual instances the map of precipitation distribution is modified greatly.

6.1.2   Land

Precipitation depths of 3000 mm or more occur over areas in the tropical Austro-Asiatic island area and adjoining subtropical monsoon regions of southeast Asia as well as in tropical Africa and South America. In the temperate zone there is a similar abundance of rain on the west coasts of North- and South America as well as New Zealand, also indicated on the coasts of Norway. On the maps we have retained for smaller regions the highest values still presentable: Indonesia/Philippines: 4000 mm, Ethiopia: 2000 mm, Madagascar: 3000 mm Malaysia-Thailand-Burma: 4000-5000 mm, Himalaya: 4000 mm, Japan: 3000 mm, West Ghats: 4000 mm, West Africa: 4000 mm, Tropical Cordilleras: 6000 mm, Amazon Basin: 3500 mm, Guatemala: 6000 mm, Southern Alaska: 5000 mm, Chilean Andes: 6000 mm, New Zealand 5000 mm, Scandinavia: 5000 mm, Iceland: 3000 mm, Scotland: 3000 mm, Alps: 3000 mm.

Heavy precipitation from 1000 to 3000 mm is found in most of the remaining tropical land regions (excepting the arid regions mentioned later), on the east coasts of the continents, specifically in Asia and North America up to 40° or 45° N, in Australia, Africa, and South America up to at least 30° S. On the west coasts of the continents, more than 1000 mm occur in Europe/Africa at latitudes from 40° to 70° N, and from 12° N to 13° S, in America from 57° N to 38° N, from about 20° N to 5° S, and from 36° to more than 56° S. Aside from the extended coastal regions, over 1000 mm

Küstenbereichs werden über 1000 mm in der gemäßigten Zone fast nur im Bereich der Gebirge erreicht.

Bei einem mittleren P_L von rund 750 mm sehen wir 500 mm als rohe Grenze für die trockeneren Gebiete an. Hier fallen zunächst innerhalb der regenreichen tropischen Zone einige charakteristische niederschlagsarme Gebiete auf: Im südlichen Indien die Leegebiete der West-Ghats, Somalia und das nördl. Kenia als Erweiterung des subtrop. Trockengebiets nach Süden infolge der speziellen Strömungsverhältnisse über dem Indischen Ozean, die Nordküste Südamerikas im Lee der westindischen Inseln und als Folge der ablandigen SE-Strömung des umgelenkten nordhemisphärischen Passats, Nordostbrasilien in entsprechender Situation auf der Südhalbkugel, die Westküste Südamerikas infolge des kalten Humboldtstroms, der das subtropische Trockengebiet bis zum Äquator hin ausweitet.

Außerhalb der Tropen findet man die großen subtropischen Trockengebiete Asiens und Nordafrikas und die wegen der geringeren Ost-West-Ausdehnung sich ergebenden kleineren Trockengebiete Australiens, Südafrikas sowie Nord- und Südamerikas. In allen diesen Gebieten geht, von dem allseitig meeresoffenen Australien abgesehen, P_L auf unter 20 mm, in Australien auf unter 200 mm herunter.

In der gemäßigten Zone, also ab etwa 30°, sind Niederschläge unter 500 mm in allen dem Meere ferneren Gebieten oder im Lee der Gebirge anzutreffen. Im meeresfernen bzw. im gegen Osten und Süden abgeschlossenen Innerasien fallen dann unter 100 mm, im südlichsten Australien und in Afrika zwischen 200 und 500 mm, im Westen Nordamerikas, im Großen Becken, unter 100 mm, in Patagonien im Lee der Anden unter 200 mm.

Nördlich etwa 60° kommt man dann in das temperaturbedingt regenarme Gebiet der subpolaren Zone, wo P_L zwischen 60° und 70° N, jedoch außerhalb des Einflußbereichs der Warmwassergebiete des Nordatlantiks und des Nordpazifiks, allmählich von wahrscheinlich 400 auf 200 mm und dann weiter im Kanadischen Archipel und über Grönland bis 80° N auf 100 mm zurückgeht.

In der Antarktis hat die Randzone über 400 mm, maximal über 600 mm Niederschlag entsprechend der Orographie und der Lage am subpolaren Weltmeer. Zum Innern geht dann P_L wahrscheinlich unter 25 mm zurück, der kontinentalen Lage wegen etwa die Hälfte von P_S im Nordpolarbecken.

Im Vergleich der Halbkugeln stellen sich die meeresferneren großen Landflächen der Nordhalbkugel mit einem Mittel von 678 mm wesentlich regenärmer als die kleineren, also insgesamt meeresnäheren südhemisphärischen Kontinente mit 888 mm dar.

6.1.3   Weltmeer

Unter den für den Niederschlag bestimmenden Einflußfaktoren ist die Auswirkung der Orographie nur auf Küsten und Inseln beschränkt. Aus diesem Grunde, aber natürlich auch aus Mangel an Beobachtungsgrundlagen,

are attained in the temperate zone almost only in mountainous regions.

For a mean P_L of about 750 mm, we consider 500 mm as an approximate limit for the arid regions. Next there are within the rainy tropical zone some characteristically low precipitation regions: In southern India the leeward regions of the West Ghats, Somalia and northern Kenya as a southern extension of the sub-tropical arid region as a result of special flow conditions over the Indian Ocean, the northern coasts of South America leeward of the West Indies and as a result of off-shore SE-flow of the diverging northern hemisphere trade winds, northeastern Brazil in a corresponding situation in the southern hemisphere, the west coasts of South America as a result of the cold Humboldt Stream which therefore extends the sub-tropical arid region to the equator here.

Outside of the tropics one finds the large sub-tropical arid regions of Asia and north Africa and, because of the smaller east-west extension, the smaller arid regions of Australia, south Africa, as well as North-. and South America. In all of these regions, with the exception of Australia (surrounded by oceans, with P_L less than 200 mm); P_L goes down to less than 20 mm.

In the temperate zone, i.e., from about 30°, precipitation less than 500 mm is to be found in all regions far from the oceans or in the lee of mountains. In the sea-distant or protected interior areas of eastern and southern Asia less than 100 mm occurs, in southern Australia and in Africa between 200 and 500 mm, in western North America in the Great Basin less than 100 mm, in Patagonia in the lee of the Andes less than 200 mm.

North of about 60° one comes to the temperature-caused low precipitation region of the subpolar zone where P_L between 60° and 70° N (outside of regions influenced by warm waters of the north Atlantic and north Pacific) decreases gradually from about 400 to 200 mm, and then further in the Canadian Archipelago and over Greenland to 80° N to 100 mm.

In Antarctica the exterior zone has over 400 mm of precipitation (maximum over 600 mm) corresponding to the orography and the location with respect to subpolar oceans. Toward the interior P_L decreases to probably less than 25 mm, about half of P_S around the North Pole, on account of the continental location.

The huge land surfaces of the northern hemisphere far distant from ocean borders with average $P_L = 678$ mm are supplied with precipitation much less than the continents of the southern hemisphere which are nearer to the sea and have mean P_L of 888 mm.

6.1.3   Oceans

Of the factors determining precipitation, the effects of orography are limited to coasts and islands. For this reason, but of course also because of the scarcity of observational data, P_S is (with exception of coasts and islands) more uniformly

stellt sich P_S – von den Küsten und Inseln abgesehen – einförmiger und übersichtlicher als P_L dar.

Über dem freien Meere liegen die Höchstwerte (P_S über 3000 mm) in der äquatorialen Konvergenzzone über dem Pazifik in einem vermutlich etwa 400 km breiten Streifen zwischen 3° und 9° N. Dieser ist wahrscheinlich im östlichen Pazifik unter dem Einfluß kälteren Wassers aus dem Kalifornien- und Humboldtstrom durch Werte zwischen 2500 und 3000 mm unterbrochen. Er reicht nach Westen bis zu den Philippinen.

Ein ähnliches Gebiet mit P_S über 3000 mm findet sich im westlichen Drittel des Südpazifik in rund 10° S, das durch die ausgedehnten Warmwassergebiete des hier sich nach S auffächernden südäquatorialen Stromsystems verursacht sein dürfte.

Größere Teile des freien Meeres erreichen über den beiden anderen Ozeanen nur über 2000 mm. Über dem Indischen Ozean hat dieser Bereich den Strömungs- und Temperaturverhältnissen entsprechend seine größte Ausdehnung zwischen 0° und 10° S. Über dem Atlantik fallen über 2000 mm ähnlich wie beim Pazifik in der intertropischen Konvergenzzone um 5° N. Weitere Gebiete über 2000 mm schließen sich in größerer Ausdehnung insbesondere über dem westlichen Pazifik an die bereits behandelten Gebiete mit $P_S > 3000$ mm an.

Die orographisch bedingten Gebiete mit hohem P_S stehen mit den bereits unter P_L erwähnten küstennahen Gebirgsregen in Zusammenhang und sollen deshalb hier nicht noch einmal behandelt werden. Wegen ihrer vermutlich größeren Ausdehnung auf das freie Meer hinaus sei auf die hohen Niederschläge im Golf von Alaska, einem mit wärmerem Wasser erfüllten orographischen Trichter, und im Westen der chilenischen Südanden hingewiesen, wo sich hohe Regenmengen unter dem Einfluß beständiger starker Westwinde im Luv einer relativ hohen Gebirgskette entwickeln.

In der gemäßigten Zone fallen über den Warmwassergebieten der gegen NE fließenden Meeresströme zwischen 1000 und 1600 mm, und zwar sowohl auf dem Pazifik wie auf dem Atlantik diesen Strömen entsprechend in breiten, von SW nach NE gerichteten Streifen. Auf der Südhalbkugel ist die Verteilung der Niederschlagsmengen wegen des meridional kaum differenzierten Strömungssystems und der vorwiegend zonalen Temperaturverteilung entsprechend ebenfalls fast zonal. Kleinere Differenzierungen kommen durch die beiden weiter nach S reichenden Kontinente, also in schwacher Weise durch Australien - Tasmanien - Neuseeland, etwas stärker durch Südamerika, hier auch in Verbindung mit der nach N vorspringenden Antarktis, zur Ausbildung. Um 45° S fallen auf den Atlantik und auf den Indischen Ozean vermutlich 1200 mm Niederschlag, über dem Südpazifik scheint dieser Wert in der Westwindzone nicht erreicht zu werden.

Den erwähnten Bereichen mit hohem P_S stehen die ausgedehnten Trockengebiete der Subtropen sowie die polwärts abklingenden Niederschlagshöhen gegenüber, bei-

and distinctly arranged than P_L.

Over the open sea, maxima ($P_S > 3000$ mm) occur in the equatorial convergence zone over the Pacific in an assumed band about 400 km wide between 3° and 9° N. This is probably interrupted by values between 2500 and 3000 mm in the eastern Pacific under the influence of colder waters from the California and Humboldt Currents. To the west it extends as far as the Philippines.

A similar region with P_S over 3000 mm occurs in the western third of the south Pacific at about 10°S; it may be caused by the extensive warm-water region of the south equatorial stream system, which fans out to the South.

Precipitation over most of the open sea of the other two oceans exceeds only about 2000 mm. Over the Indian Ocean this region of streaming and temperature conditions is most extensive between 0° and 10° S. Over the Atlantic more than 2000 mm fall, as over the Pacific, in the intertropical convergence zone at about 5° N. Additional regions with over 2000 mm occur with greater dimensions especially over the western Pacific in the neighbourhood of regions already mentioned with $P_S > 3000$ mm.

Regions with high orographic-caused P_S are related to the coastal mountain rains, already mentioned with respect to P_L, and should not be discussed here again. Because of their assumed greater extension over the open sea, we refer to the high precipitation in the Gulf of Alaska (an orographic funnel filled with warmer water), and to the west of the Chilean Andes where high rainfall develops under the influence of permanent strong west winds toward a relatively high mountain range.

In the temperate zone, between 1000 and 1600 mm fall over the warm-water regions of the NE-flowing ocean currents, and indeed over the Pacific as well as over the Atlantic in corresponding belts from SW to NE. In the southern hemisphere the distribution of precipitation is likewise almost zonal on account of the scarcely differentiated meridional current system and the corresponding predominant zonal temperature distribution. Smaller differentiations develop from the two continents further to the south, thus weakly from Australia-Tasmania-New Zealand, somewhat stronger from South America, here also in connection with the extension of Antarctica to the north. Around 45° S supposedly 1200 mm of precipitation fall on the Atlantic and Indian Oceans; over the south Pacific this value does not appear to be attained in the west-wind zone.

The mentioned regions with high P_S are in contrast with the extensive arid regions of the sub-tropics as well as with poleward decreasing precipitation depths, both in harmony with the corresponding precipitation over the continents. Also, the poleward decrease of precipitation is in harmony with lower evaporation and is, with the latter, temperature dependent. The sub-tropical rain poverty develops, however, over regions of maximum evaporation and is caused by the existing atmospheric circulation.

des im Einklang mit der entsprechenden Niederschlagsverteilung über dem Festland. Dabei ist die polwärtige Abnahme der Niederschläge im Einklang mit der geringeren Verdunstung und mit dieser temperaturbedingt. Die subtropische Regenarmut entwickelt sich jedoch über Gebieten maximaler Verdunstung und ist durch die Gegebenheiten der atmosphärischen Zirkulation verursacht.

Diese geringen Niederschläge treten überall dort auf, wo eine absinkende passatische Luftbewegung vorherrscht, also über den östlichen Teilen der Ozeane. Hier wird diese Erscheinung unterstützt durch die ebenfalls unter dem Einfluß des Windsystems hervorgerufenen, äquatorwärts gerichteten Kaltwasserströme an den Ostküsten der Ozeane. Sobald die äquatorwärts strömenden stabil geschichteten Passate im Westteil der Ozeane allmählich eine polwärts gerichtete Komponente sowie labilen monsunalen Charakter annehmen und damit im Zusammenhang die Meeresströmungen zu Warmwassergebieten werden, nehmen die Niederschläge schnell zu.

Das Minimum von P_S liegt auf allen Ozeanen unter 100 mm, teils unter 50 mm. Die Lage schwankt in Verbindung mit dem mehr oder weniger weiten Ausgreifen des Kaltwassers zum Äquator hin bzw. je nach Lage der intertropischen Konvergenz in den folgenden Breiten: Atlantik Nord: um 20° N, Atlantik Süd: 10° S bis 30° S, Ind. Ozean Süd: 20° S bis 30° S, Pazifik Nord: 20° N bis 30° N, Pazifik Süd: 0° bis 30° S. Die geringsten Regenmengen von unter 50 mm treten an den Küsten der Spanischen Sahara, Namibias und Nordchiles auf.

Eine Sonderstellung nimmt der nördliche Indische Ozean mit seinem besonderen Strömungssystem ein. Der feuchte, labil geschichtete SW-Monsun mit den resultierenden hohen Niederschlägen bewirkt daher über den östlichen drei Vierteln des Ozeans ein Ausgreifen des tropischen Regengebiets bis zu den Küsten Vorder- und Hinterindiens. Im westlichen Viertel hat dagegen der SW-Monsun in Festlandsnähe noch nicht das Gepräge einer feuchten und labilen Strömung, so daß sich das subtropische Trokkengebiet des Festlandes hier nach SE hin auf das Meer hinaus ausdehnt.

Die obenerwähnte Abnahme der Niederschläge in der polaren Zone äußert sich über dem Nordpolarmeer in Niederschlagshöhen um 200 mm an der ostsibirischen, um 300 mm an der westsibirischen, um 100 bis 300 mm an der europäischen und um 100 bis 150 mm an der nordgrönländisch-kanadischen Küste. Von dort gehen die Werte auf vermutlich unter 25 mm zum Pol hin zurück.

Maßgeblich für diese Verteilung an den Küsten ist die mehr oder weniger nördliche Lage mit geringeren Niederschlägen in höheren Breiten. Im Falle Europas und Sibiriens macht sich der durch die Ausläufer des Golfstroms bewirkte, nach Osten abklingende höhere Niederschlag im Bereich von Tiefdruckgebieten bemerkbar, die vom Atlantik her mehr oder weniger weit nach Osten wandern.

Insgesamt ist P_S über der Nordhalbkugel (1160 mm) größer als über der Südhalbkugel (996 mm). Aus dem

This low precipitation occurs wherever a sinking trade wind air movement prevails, thus over the eastern parts of oceans. Here this phenomenon is supported by the cold-water currents on the east coasts of the oceans which likewise are directed toward the equator under the influence of wind systems. As soon as the stable equatorward flowing trade wind in the western part of the ocean gradually assumes a poleward component as well as an unstable monsoonal character, and in connection with it the ocean currents become warm water regions, precipitation increases quickly.

The P_S minimum over all oceans lies below 100 mm, in part below 50 mm. The location varies in connection with the greater or smaller extent of cold water toward the equator, or according to the position of intertropical convergence in the following latitudes: Atlantic north: about 20° N, Atlantic south: 10° S to 30° S, Indian Ocean south: 20° S to 30° S, Pacific north: 20° N to 30° N, Pacific south: 0° to 30° S. The smallest rainfall of less than 50 mm occurs on the coasts of the Spanish Sahara, Namibia, and north Chile.

The northern Indian Ocean, with its special current system, occupies an exceptional position. The moist unstable SW-monsoon with resulting high precipitation produces over the eastern three-fourths of the ocean an extension of the tropical rainy region as far as the coasts of southern and south-eastern Asia. In the western quarter, on the other hand, the SW-monsoon still has not the character of a moist unstable flow, so the sub-tropical arid region of the continents spreads out to sea toward SE.

The above-mentioned decrease of precipitation on the polar zone manifests itself over the Arctic Ocean with precipitation depths of 200 mm on the east Siberian coast, 300 mm on the west Siberian coast, 100 to 300 mm on the European, and 100 to 150 mm on the north Greenland-Canadian coasts. From there the values probably decrease to less than 25 mm at the pole.

Decisive for this distribution along the coasts is the more or less northerly position with lesser precipitation at higher latitudes. In the case of Europe and Siberia, the higher precipitation (decreasing toward the east) in regions of low pressure caused by branches of the Gulf Stream is noticeable and extends from the Atlantic more or less toward the east.

Collectively P_S is greater over the northern hemisphere (1160 mm) than over the southern hemisphere (996 mm). From the map this fact is explained by the intertropical convergence zone over the Atlantic and Pacific north of the equator with its great precipitation depths, and the high monsoonal precipitation of the northern Indian Ocean. In the same sense higher precipitation in frontal zone regions or over warm-water regions of the north Atlantic and Pacific (Gulf Stream and Kuro Shiwo) is effective.

Kartenbild erklärt sich dieser Sachverhalt durch die über Atlantik und Pazifik nördlich des Äquators liegende intertropische Konvergenz mit ihren großen Niederschlagshöhen und die hohen monsunalen Niederschläge des nördlichen Indischen Ozeans. Im gleichen Sinne wirken sich die höheren Niederschläge im Bereich der Frontalzonen bzw. über den Warmwassergebieten des Nordatlantik und -Pazifik (Golfstrom und Kuro Shiwo) aus.

6.2 Verdunstung

6.2.1 Allgemeines, Energetik der Verdunstung

In der Terminologie für die Verdunstung wird zwischen der „potentiellen" und „aktuellen" Verdunstung unterschieden. Als potentielle Verdunstung gilt jene, die nur vom Energiehaushalt her bestimmt, nicht aber durch Wassermangel eingeschränkt ist. Das ist z.B. bei den Meeren und Binnengewässern der Fall, aber auch bei pflanzenbedeckten Erdoberflächen mit wassergesättigtem Erdboden; man spricht in diesem Falle von der „potentiellen Evapotranspiration". Auf den Landflächen ist die Verdunstung wegen Wassermangel meist eingeschränkt.

Die Abhängigkeit der Verdunstung vom Energiehaushalt ist implizit durch die Energiebilanz der Flächeneinheit einer Erdoberfläche.

$$Q = B + H + L$$

beschrieben, in der Q die Nettostrahlung an der Erdoberfläche, B den Wärmefluß zwischen Atmosphäre und Erdboden bzw. Wassermassen, H den Fluß fühlbarer Wärme zwischen Erdoberfläche und Atmosphäre sowie L den vertikalen Transport von latenter Wärme zwischen Erdoberfläche und Atmosphäre bedeuten. Der Begriff der latenten Wärme hängt damit zusammen, daß zur Verdunstung Energie benötigt wird, und zwar für jedes Gramm Wasser ca. 600 cal. ($\equiv$ 2,5 kWs). Die Einheit der Verdunstungswärme oder Verdunstungsenthalpie r (ϑ) hängt etwas von der Temperatur des verdunstenden Wassers ab und beträgt bei den Temperaturen

ϑ	-20	-10	0	10	20	30	°C
r	609	603	597	592	586	580	cal/g Wasser
r	2549	2524	2498	2478	2452	2427	Ws/g Wasser.

Die Verdunstungswärme wandert latent mit dem Wasserdampf von der Verdunstungsfläche weg und wird bei der Kondensation wieder frei.

Durch Umformung der Energiebilanz und Formulierung der latenten Wärme durch das Produkt aus Verdunstungsmenge (E) und der spezifischen Verdunstungswärme (r)

$$L = r \cdot E$$

ergibt sich die Verdunstungshöhe

$$E = \frac{1}{r}(Q - B - H)$$

aus den Energieströmen Q, B und H. Der Ausdruck beschreibt, daß der Energiehaushalt der Erde global, regional und örtlich in engstem Zusammenhang mit dem Wasserhaushalt steht. Durch Gegenüberstellung von Wasser-

6.2 Evaporation

6.2.1 General, Evaporation Energetics

In the terminology for evaporation we differentiate between "potential" and "actual" evaporation. Potential evaporation is that which is determined by the energy budget, but not limited by a water deficit. This is the case, for example, for oceans and inland waters, but also for plant-covered surfaces with saturated soils; in this case one speaks of "potential evapotranspiration." On land surfaces evaporation is usually limited by water deficits.

The dependence of evaporation on the energy budget is described implicitly by the energy balance of a unit area of the earth's surface.

$$Q = B + H + L,$$

where Q is net radiation at the earth's surface, B the heat flux between the surface and the soil or water body, H the flux of sensible heat between the surface and the atmosphere, and L the vertical transport of latent heat between the surface and the atmosphere. The latent heat concept is involved because energy is required for evaporation, specifically about 600 cal. (= 2.5 kWs) for each gram of water. The heat of enthalpy r (ϑ) of evaporation varies somewhat with the temperature (ϑ) of the evaporating water:

ϑ	-20	-10	0	10	20	30	°C
r	609	603	597	592	586	580	cal/g water
r	2549	2524	2498	2478	2452	2427	Ws/g water.

The latent heat is carried away with water vapor from the evaporation surface and is released again in condensation.

By transformation of the energy balance and formulation of latent heat as the product of the evaporation quantity (E) and specific latent heat of vaporization (r), i.e.,

$$L = r \cdot E$$

yields the evaporation depth

$$E = (1/r)(Q - B - H)$$

as a function of the energy fluxes Q, B, and H. The expression shows that global, regional, and local energy budgets are most intimately associated with corresponding water budgets. This is further clarified by equating the water and energy balances,

$$E = P - D = (1/r)(Q - B - H).$$

bilanz und Energiebilanz

$$E = P - D = \frac{1}{r}(Q - B - H)$$

wird dies noch weiter verdeutlicht. Durch die hohe energetische Wirksamkeit der Aggregatsänderung Wasser/Dampf/Wasser ist die Verdunstung der erstrangige Energie- und Klimaregler der Erde: Zwei Drittel der Sonnenstrahlung, die auf die Erdoberfläche treffen, werden als latente Wärme verwendet.

In den vorhergehenden Kapiteln war vielfach von Einflüssen der Temperatur, von Strahlung oder Bewölkung oder von Meeresströmen auf die Verdunstung die Rede. Die Zusammenhänge werden deutlicher, wenn man die Wärmeströme Q, B und H extenso beschreibt.

Die Nettostrahlung oder der Strahlungssaldo, oft unrichtig als Bilanz bezeichnet, setzt sich aus einer Reihe von Komponenten zusammen, nämlich aus

$$Q = I + D - R_K - E + A - R_I,$$

wobei natürlich die direkte Sonnenstrahlung I der dominante Term ist. D ist die diffus gestreute Sonnenstrahlung aus der Atmosphäre, E die von der Temperatur der Erdoberfläche abhängende langwellige Emission, A die langwellige Zustrahlung aus der Atmosphäre, R_k die Reflexion kurzwelliger und R_l die Reflexion langwelliger Strahlung an der Erdoberfläche. Die Nettostrahlung ist von der Zustrahlung, die von geographischer Breite, Bewölkung, Trübung usw. abhängt, wie auch von thermischen Größen wie Luft-, Boden- und Wassertemperaturen und vom Zustande der Erdoberfläche selbst, welche die Reflexion variiert, bestimmt. Die genannten Zustandsgrößen lassen sich separat oder komplett mit der Verdunstungshöhe in Verbindung bringen.

Dies gilt auch für den Wärmestrom

$$H = A \cdot c_p \cdot \text{grad } \Theta,$$

dessen Formulierung eine Analogie zu jener für den Abtransport des Wasserdampfes bzw. zum Strom der latenten Wärme zwischen Erdoberfläche und Atmosphäre

$$L = A \cdot r \cdot \text{grad } q$$

aufweist. Die Gleichungen besagen, daß der Fluß fühlbarer Wärme und der Strom latenter Wärme vom Luftmassenaustausch, repräsentiert durch den Austauschkoeffizienten A und von dem vertikalen Gefälle (Gradient) der potentiellen Temperatur (Grad Θ) bzw. der spezifischen Feuchte der Luft (Grad q) abhängen. c_p bedeutet die spezifische Wärme der Luft, r die Verdunstungswärme. Man sieht, die Verdunstung wächst mit dem Feuchteunterschied Erdoberfläche-Luft, beim Wasser handelt es sich direkt um das Sättigungsdefizit der Luft. Der Massenaustausch ist an die Luftbewegung, an die Konvektion, an den Wind und dessen Turbulenz gekoppelt; er wächst mit der Windgeschwindigkeit.

Der Wärmestrom $B = \lambda$ Grad ϑ ist in dieser Beschreibung durch die Wärmeleitfähigkeit (λ) und den Temperaturgradienten (Grad ϑ) für die Verdunstung auf den Landflächen insofern aussagefähig, als die von der Wärmeleitfähigkeit mitgeprägte Temperatur der Bodenoberfläche

Through the high energetic effectiveness of the mass transformations, water/vapor/water, evaporation is the primary energy and climate regulator of the earth: two-thirds of the solar radiation that strikes the earth's surface is dissipated as latent heat.

In preceding chapters the discussion frequently concerned the influences of temperature, radiation or cloudiness, or ocean currents on evaporation. The relationships become more distinct when one describes the heat fluxes Q, B, and H extensively.

Net radiation or the radiation balance (not strictly a balance) is composed of a series of components, such that

$$Q = 1 + D - R_k - E + A - R_1,$$

where direct solar radiation I is, of course, the dominant term. D is the diffused or scattered solar radiation from the atmosphere, E the temperature-dependent longwave emission from the earth's surface, A the longwave incoming radiation from the atmosphere, R_k the shortwave reflected and R_l the longwave reflected radiation from the surface. Net radiation is determined by incoming radiation (which depends on latitude, cloudiness, turbidity, etc.) as well as by thermal quantities such as air, soil, and water temperatures, and by the condition of the surface itself which changes the reflection. The identified parameters can be related to the evaporation depth separately or together.

This holds also for the heat flux

$$H = A \cdot c_p \cdot \text{gradient } \Theta,$$

the formulation of which is analogous to that for the removal of water vapor, or the flux of latent heat between the earth's surface and the atmosphere, i.e.,

$$L = A \cdot r \cdot \text{gradient } q,$$

The equations say that the fluxes of sensible and latent heat depend on air mass exchanges, as represented by the exchange coefficient A, and on the vertical lapse (gradient) of potential temperature Θ or specific humidity q. c_p ist the specific heat of air, and r is the heat of vaporization. One sees that evaporation increases with the moisture difference surface-air; for water (at air temperature) it concerns directly the saturation deficit of the air. The mass exchange is coupled to air movement, convection, wind, and its turbulence; it increases with wind speed.

The heat flux $B = \lambda \cdot \text{gradient } \vartheta$, in terms of the thermal conductivity λ and temperature ϑ gradient, is pertinent in this description for evaporation from land surfaces to the extent that it influences the intensity of evaporation at characteristic surface temperatures. In water bodies and over the oceans B is of greater importance both for the seasonal distribution and for the evaporation depth. There water turnovers give the heat exchange B a greater relative weight in the energy balance, and therein also advective energy transport in ocean currents is manifested. Warm ocean currents increase evaporation not only through higher water surface temperatures but also through the great heat content of water bodies; cold ocean currents decrease it.

die Intensität der Verdunstung beeinflußt. In den Gewässern und auf den Meeren ist B von hoher Bedeutung sowohl für die jahreszeitliche Aufteilung als auch für die Verdunstungshöhe. Dort verschaffen die Wasserumlagerungen dem Wärmeumsatz B in der Energiebilanz ein relativ großes Gewicht und es kommen darin auch die advektiven Energietransporte durch die Meeresströmungen zum Ausdruck. Warme Meeresströme erhöhen nicht nur durch höhere Wasseroberflächentemperatur, sondern auch durch den größeren Wärmeinhalt der Wasserkörper die Verdunstung, kalte Meeresströmungen vermindern diese.

Die Verdunstungsformeln, theoretische und thermodynamisch begründete oder empirische, benützen die obigen roh skizzierten Zusammenhänge. Wir können die Zerlegung der Energiebilanz benützen und in Form einer Matrize die generell zu erwartende Richtung der Abhängigkeit der Verdunstungshöhe von einigen Klimafaktoren kennzeichnen. Die Verdunstung wächst (+), nimmt ab (−), mit

	über Land	über See
Nettostrahlung	+	+
Lufttemperatur	+	+
Luftfeuchtigkeit	−	−
Bewölkung	−	−
Windgeschwindigkeit	+	+
Niederschlagshöhe	+	
Wassertemperatur		+
Dampfdruckdifferenz $E_W - e_a$		+
bei kalter Luft über warmem Wasser		+
bei warmer Luft über kaltem Wasser		−

In verschiedenen Indexwerten werden die Wasserbilanzterme zur Charakterisierung von Klima, Wasserhaushalt oder Landnutzung usw. herangezogen. Als Primärgrößen seien hier der Verdunstungsquotient (E/P), der Abflußquotient (D/P) oder der Trockenheitsindex in der einfachsten Form (P/T) genannt (vgl. hierzu Tab. XXVIII und XXXIV). Durch die energetische Bewertung der Wasserhaushaltsglieder (Multiplikation mit der spezifischen Verdunstungswärme r)

$$r\,(P = E + D)$$

ergeben sich

r $P = P'$ die äquivalente Verdampfungswärme
  des Niederschlages,

r $E = E'$ ($\equiv L$) die latente Wärme der Verdunstung,

r $D = D'$ die virtuelle Wärme des Abflusses.

Der Term P' gibt an, welche Energiemenge zur Verdunstung des gesamten Niederschlagswassers notwendig ist. P' wird vermindert um die virtuelle Abflußwärme D'. Je nach der Niederschlagshöhe unter- oder überschreitet die in Form der Nettostrahlung Q an der Erdoberfläche verfügbare Energie den Wert P'. Es sind daher auch die energetisch normierte Wasserbilanzgleichung

$$\frac{1}{Q}\,(P' = E' + D')$$

The evaporation formula, whether theoretically and thermodynamically based or empirical, employ the above roughly-sketched relationships. We can use the energy balance analysis, and characterize in matrix form the general tendency to be expected in the dependence of evaporation depth on several climatological factors. Evaporation increases (+) or decreases (−) with

	Over land	Over sea
Net radiation	+	+
Air temperature	+	+
Air humidity	−	−
Cloudiness	−	−
Wind speed	+	+
Precipitation depth	+	
Water temperature		+
Vapor pressure difference		+
$E_W - e_a$		
Cold air over warm water		+
Warm air over cold water		−

Water balance terms for the characterization of climate, water budget, or land yields etc., are referred to in terms of various index values. Here the primary quantities are the evaporation ratio (E/P), the runoff ratio (D/P), or the drought index in the most simple form (P/T) (cf. Tables XXVIII and XXXIV). Evaluation of the water-budget components in energy terms (multiplication by the specific heat of evaporation r),

$$r\,(P = E + D),$$

yields

r $P = P'$ the equivalent heat of evaporation
  of precipitation,

r $E = E'$ (=L) the latent heat of evaporation,

r $D = D'$ the virtual heat of runoff.

The term P' represents the amount of heat necessary to evaporate the total precipitation. P' is reduced by the virtual heat of runoff D', to the extent that the precipitation depth exceeds the energy (in the form of net radiation Q at the surface) available for P'. Accordingly, also, the energetically normalized water balance equation

$$(P' = E' + D')\,1/Q$$

Tabelle 18 a   Mittelwerte der Glieder der Wasser- und Energiebilanz für die Einheit der Erdoberflächen in den 10°-Brei- tenzonen, für die Nord- und Südhalbkugel der Erde sowie für die gesamte Erde.
a) Landflächen der Erde,

Table 18 a.   *Averages of the terms of Water- and Energybalances for the unit of earthsurfaces in 10°-latitude zones, for North- and South hemispheres as well as for the total Globe.*
a) Land Surfaces,

Breiten-zonen *Latitude-Zones* φ o	Flächen *Areas* F 10³ km²	%	Hydrologische Einheiten *Hydrological Quantities* P mm	E	D	Indizes *Indexes* E/P %	D/E	Energetische Einheiten *Energetical Quantities* P' Kal/cm² a	E'	D'	Q	H	Indizes *Indexes* Q/P' %	L/Q	H/L	D'/Q
N																
80–90	395	0	67	37	30	55	81	4	- 2	- 2	(- 9)	11	220	24	500	22
70–80	3512	3	213	81	132	38	163	13	- 5	- 8	(3)	2	23	163	41	261
60–70	13305	9	428	201	227	47	113	26	-12	-14	20	- 8	78	61	67	70
50–60	14684	10	577	318	259	55	81	35	-19	-16	30	-11	87	63	58	50
40–50	16469	11	535	380	155	71	41	32	-22	-10	45	-23	142	50	102	22
30–40	15553	10	534	412	122	77	30	31	-24	- 7	60	-36	191	40	149	12
20–30	15081	10	611	366	245	60	67	36	-21	-15	69	-48	193	31	224	22
10–20	11243	7	846	624	222	74	36	49	-36	-13	71	-35	144	51	96	18
0–10	10103	7	1724	1080	644	63	60	101	-63	-38	72	- 9	72	88	14	53
0–10	10399	8	1956	1166	790	60	68	114	-68	-46	72	- 4	63	94	6	64
10–20	9417	6	1184	890	294	75	33	69	-52	-17	73	-21	105	71	40	23
20–30	9317	6	564	476	88	84	18	33	-28	- 5	70	-42	211	40	150	7
30–40	4183	3	660	495	165	75	33	39	-29	-10	62	-33	159	47	113	16
40–50	971	1	1302	388	914	30	236	77	-23	-54	41	-18	53	56	78	132
50–60	210	0	993	388	605	39	156	59	-23	-36	31	- 8	52	75	34	116
60–70	1835	1	429	60	369	14	615	26	- 4	-22	13	- 9	50	28	250	169
70–80	8312	6	173	33	140	19	424	10	- 2	- 8	- 2	4	19	100	200	400
80–90	3915	2	73	12	61	16	508	5	- 1	- 4	-11	12	244	6	1700	36
S																
0–90 N	100345	67	678	435	243	64	56	41	-26	-15	50	-24	122	53	68	30
0–90 S	48559	33	888	572	316	64	55	54	-35	-19	50	-15	86	75	43	38
Globe	148904	100	746	480	266	64	55	44	-28	-16	50	-22	112	57	74	32

und die daraus resultierenden Quotienten

$$\frac{P'}{Q}, \frac{E'}{Q} \equiv \frac{L}{Q} \text{ und } \frac{D'}{Q}$$

von besonderem Interesse. Den reziproken Wert von $\frac{P'}{Q}$, nämlich Q/P' bezeichnete BUDYKO (1956) mit Strah- lungstrockenheitsindex. Anhand dieses Quotienten wurde die Abhängigkeit der Verdunstung und des Abflusses von der Nettostrahlung abgeleitet und eine geobotanische Zo- nengliederung der Erde durchgeführt. Hierbei sind Werte unter 0,3 für Tundra, von 0,3 bis 1,1 für Wälder, von 1,1 bis 2,3 für Savanne, Steppe oder Prärie, von 2,3 bis 3,4 für Halbwüste und > 3,4 für Wüste gefunden worden. All- gemein werden Zonen mit Q < P' als feucht, mit Q/P' von 1,0 bis 3,0 als unzureichend feucht und mit Q > 3 P' als trocken bezeichnet.

and the resulting ratios

$$P'/Q, E'/Q = L/Q, \text{ and } D'/Q$$

are of particular interest. Budyko (1956) called the recipro- cal of P'/Q, i.e., Q/P', the radiation drought index. On the basis of these quotients, the dependence of evaporation and runoff on net radiation was deduced, and geobotanical zo- nation of the earth was accomplished. In so doing, values found for tundras were less than 0.3, for forests from 0.3 to 1.1, for savannahs, plains, and prairies from 1.1 to 2.3, for semi-deserts from 2.3 to 3.4, and for deserts greater than 3.4. In general, zones with Q < P' were identified as moist, with Q/P' from 1.0 to 3.0 as semi-arid, and with Q > 3P' as arid.

Tabelle 18 b   Mittelwerte der Glieder der Wasser- und Energiebilanz für die Einheit der Erdoberflächen in den 10°-Breitenzonen, für die Nord- und Südhalbkugel der Erde sowie für die gesamte Erde.
b) Weltmeer,

Table 18 b.   Averages of the terms of Water- and Energybalances for the unit of earthsurfaces in 10°-latitude zones, for North- and South hemispheres as well as for the total Globe.
b) Oceans,

Breiten-zonen Latitude-Zones φ (o)	Flächen Areas F (10³ km²)	%	Hydrologische Einheiten Hydrological Quantities P (mm)	E	D	Indizes Indexes E/P (%)	D/E	Energetische Einheiten Energetical Quantities P' (Kal/cm² a)	E'	D'	Q	H+B	Indizes Indexes Q/P' (%)	L/Q	H+B/L	D'/Q
N																
80–90	3518	1	43	35	8	81	23	3	-2	-1	-9	11	346	23	550	11
70–80	8075	2	195	146	49	75	34	12	-9	-3	1	8	9	870	89	300
60–70	5594	2	694	455	239	66	53	41	-27	-14	23	4	56	118	15	61
50–60	10925	3	1203	622	581	306	93	72	-37	-35	29	8	41	128	22	135
40–50	15037	4	1258	920	338	357	37	75	-55	-20	51	4	68	107	7	39
30–40	20856	6	931	1388	-457	149	33	55	-82	27	83	-1	152	98	1	33
20–30	25121	7	715	1557	-842	218	54	42	-91	49	113	-22	271	80	24	42
10–20	31545	8	1211	1528	-317	126	21	70	-89	19	119	-30	169	75	34	16
0–10	33974	10	1943	1303	640	138	49	113	-76	-37	115	-39	102	66	51	32
0–10	33684	10	1273	1433	-161	113	11	74	-83	9	115	-32	155	73	39	8
10–20	33368	9	1090	1684	-594	154	35	64	-98	35	113	-15	178	88	15	31
20–30	30900	8	841	1556	-715	185	46	49	-91	42	101	-10	205	90	11	42
30–40	32226	9	906	1274	-368	141	29	53	-75	22	82	-7	154	91	9	27
40–50	30532	8	1124	877	247	78	28	67	-52	-15	57	-5	86	91	10	26
50–60	25399	7	1001	555	446	55	80	60	-33	-27	28	5	47	118	15	96
60–70	17175	5	562	244	318	43	130	34	-15	-19	(11)	4	33	133	27	173
70–80	3281	1	388	104	284	27	213	23	-6	-17	(-3)	3	13	207	50	567
80–90	·	·	·	·	·	·	·	·	·	·	·	·	·	·	·	·
S																
0–90 N	154645	43	1160	1198	-38	103	3	68	-70	2	86	-16	125	81	23	2
0–90 S	206465	57	996	1160	-164	116	14	59	-68	10	77	-11	133	88	16	13
Globe	361110	100	1066	1176	-110	110	9	63	-69	6	81	-12	131	85	17	7

In der Verbindungsgleichung setzte BUDYKO

$$E/P = k \cdot Q/P'.$$

Der Wert k ergibt sich durch Umformung zu

$$k = L/Q$$

und bedeutet die relative Verdunstungswärme. In seiner zukunftsweisenden Evapotranspiration-Climatonomy zeigte LETTAU (1969), daß für stationäre mittlere Verhältnisse allgemein gilt:

$$\left(1 - \frac{D}{P}\right)\left(1 + \frac{H}{L}\right) = \frac{Q}{P'}.$$

Der Ausdruck H/L, durch den das Verhältnis des sensiblen Wärmestromes (H) aus- oder an die Luft zum latenten

In the combination equation, Budyko set

$$E/P = k \cdot Q/P'$$

By transformation, the value k, given by

$$k = L/Q$$

indicates the relative heat of evaporation. In his promising Evapotranspiration-Climatonomy, Lettau (1969) showed that for stationary mean conditions, it is generally true that:

$$(1 - D/P) \cdot (1 + H/L) = Q/P'.$$

The term H/L, which quantifies the ratio of the sensible and latent heat fluxes to (or from) the air, is the Bowen ratio.

Tabelle 18 c **Mittelwerte der Glieder der Wasser- und Energiebilanz für die Einheit der Erdoberflächen in den 10°-Breitenzonen, für die Nord- und Südhalbkugel der Erde sowie für die gesamte Erde.**
c) Gesamte Erdoberfläche

Table 18. *Averages of the terms of Water-and Energybalances for the unit of earthsurfaces in 10° latitude zones, for North- and South hemispheres as well as for the total Globe.*
c) Globe (Land + Oceans)

Breiten-zonen / Latitude-Zones φ	Flächen / Areas F		Hydrologische Einheiten / Hydrological Quantities			Indizes / Indexes		Energetische Einheiten / Energetical Quantities					Indizes / Indexes			
o	10^3 km²	%	P	E	D	E/P	D/E	P'	E'	D'	Q	H+B	Q/P'	L/Q	$\frac{H+B}{L}$	D'/Q
			mm			%		Kal/cm² a					%			
N																
80–90	3913	1	46	36	10	78	28	3	-2	-1	-9	11	320	24	550	11
70–80	11587	2	200	126	74	63	59	12	-8	-4	1	7	8	760	88	400
60–70	18899	4	507	276	231	54	84	31	-17	-14	21	-4	69	79	24	67
50–60	25609	5	843	447	396	53	89	50	-27	-23	30	-3	60	89	11	77
40–50	31506	6	874	640	234	73	37	52	-38	-14	48	-10	93	79	26	29
30–40	36409	7	761	971	-210	128	22	45	-57	12	73	-16	163	78	28	16
20–30	40202	8	675	1110	-435	164	39	40	-65	25	96	-31	244	67	48	26
10–20	42788	8	1117	1284	-167	115	13	65	-75	10	106	-31	163	70	41	9
0–10	44077	9	1885	1250	635	66	51	110	-73	-37	105	-32	96	69	44	35
0–10	44083	9	1435	1371	64	96	5	84	-80	-4	105	-25	126	76	31	4
10–20	42785	8	1109	1507	-398	136	26	65	-88	23	104	-16	161	84	18	22
20–30	40217	8	777	1305	-528	168	40	46	-77	31	94	-17	207	81	22	33
30–40	36409	7	875	1181	-306	135	26	52	-70	18	80	-10	155	87	14	23
40–50	31503	6	1128	862	266	76	31	67	-51	-16	56	-5	84	91	10	29
50–60	25609	5	1003	553	450	55	81	60	-33	-27	28	5	47	118	15	96
60–70	18910	4	549	229	320	42	140	33	-14	-19	13	1	39	106	7	146
70–80	11593	2	230	54	176	23	326	14	-3	-11	-2	1	14	165	33	550
80–90	3915	1	73	12	61	16	508	5	-1	-4	-11	10	244	6	1000	36
S																
0–90 N	254990	50	990	897	73	92	8	57	-53	-4	72	-19	126	73	36	6
0–90 S	255024	50	975	1048	-73	107	7	58	-62	4	72	-10	125	86	16	6
Globe	510014	100	973	973	·	100	·	57	-57	·	72	-15	126	79	26	·

Wärmestrom (L) quantifiziert ist, entspricht der Bowen Ratio.

Neben dem in obiger Gleichung erscheinenden Abfluß-quotienten D/P kann auch der Quotient D'/Q postuliert werden. Diese dimensionslose Größe kann als reatlive virtuelle Abflußwärme bezeichnet werden und zur Charakterisierung dienen, welcher Energieanteil von Q dem Verdampfungsprozeß auf den Landflächen der Erde durch den Wasserabfluß von D_L vom Land zum Meer entzogen wird.

Von den vorhin genannten Beziehungen ist in den Tab. 18 a–c Gebrauch gemacht. In diesen sind die hydrologischen Meßgrößen P, E, D und deren Indexwerte E/P

In addition to the runoff ratio D/P that appears in the equation above, one can also postulate the ratio D'/Q. This dimensionless quantity can be denoted as the relative virtual runoff heat, and serves to characterize the partial energy of Q that is withdrawn from the vaporization processes over the land surfaces of the earth by the runoff D_L from land to sea.

The above relationships are used in Tables 18 a-c. In these the hydrological data P, E, and D, and their indexes E/P and D/E as well as the energetic terms of the water and energy balance P', E' = L, D', Q, H, and B, and the dimensionless indexes Q/P', L/Q, H/L, and D'/Q are listed as mean values for 10°-latitude zones. For net radiation Q, the values given by Sellers (1965, 5th Ed. 1972) were used as a basis.

und D/E sowie die energetischen Quantitäten der Wasser- und Energiebilanz P', E' ≡ L, D', Q, H, B und die dimensionslosen Indexwerte Q/P', L/Q, H/L und D'/Q als Mittelwerte für 10°-Breitenzonen gelistet. Für die Nettostrahlung Q wurden die von SELLERS (1965, 5. Aufl. 1972) angegebenen Werte zugrundegelegt. Bei den Landflächen der Erde ist der Strom fühlbarer Wärme

$$H = - (Q + L)$$

berechnet worden. Bei den Ozeanen wurde die Summe des fühlbaren Wärmestroms H und Wärmestroms B (durch die Wärmeverlagerungen mit den Meeresströmen) aus

$$H + B = - (Q + L)$$

berechnet. Anstelle H/L wurde der Quotient (H+B)/L angegeben. Entsprechendes gilt auch für die Tab. 18 c (Globe). Für die Vorzeichenwahl ist die Energiebilanzgleichung in der Form

$$Q + L + H + B = O$$

verwendet, wobei alle zur Erdoberfläche hinführenden Energieströme positiv und alle der Erdoberfläche Energie entziehenden Prozesse negativ zu bezeichnen sind. Alle die Wertereihen fügen sich in die meridionale Gliederung ein, wie sie anhand der Weltkarte ersichtlich ist. Deren Grundzüge sowie die Ursachen der regionalen Verteilung sind im folgenden zusammengefaßt:

1. E ist über dem Meere mehr als doppelt so hoch als über Land (1176 gegen 480 mm), weil über dem Meer infolge des stets verfügbaren Wassers die potentielle Verdunstung stets erreicht wird, während über dem Lande der von P_L her begrenzte Feuchtigkeitsvorrat an der Erdoberfläche die aktuelle E_L entsprechend begrenzt.

2. E nimmt vom Äquator zu den Polen hin stark ab. Man ersieht dies besonders deutlich an den globalen holosphärischen Mitteln der Verdunstung in den 30°-Breitenzonen. 0–30°: 1307 mm, 30–60°: 812 mm, 60–90°: 176 mm. Die polwärtige Verminderung der Verdunstungshöhe ist in erster Linie eine Folge der Abnahme der Nettostrahlung bzw. der Luft- oder Wassertemperatur. Dazu treten auf dem Lande auch die Abnahme der Niederschlagshöhe, über dem Meere auch die Abnahme der Dampfdruckdifferenz – beide als Folge eines in Richtung zu den Polen hin niedrigeren Temperaturniveaus. Die Abnahme der Verdunstungshöhe vom Äquator zu den Polen hin ist nicht stetig. Über die Nettostrahlung wirkt sich die Zunahme der Bewölkung von den Subtropen her sowohl zum Äquator hin als auch in die subpolaren Breiten auf die Verdunstungshöhe aus. Die zu letzteren hin zunehmende Windgeschwindigkeit mildert jedoch die polwärtige Abnahme von E etwas ab.

3. Die Höchstwerte von E sind auf dem Lande an die niederschlagsreichen Gebiete, über dem Meere an die strahlungsreichen Gebiete gebunden.

4. Über dem Lande ist der Zusammenhang von E_L mit der Nettostrahlung durch die Abhängigkeit von P_L überdeckt. In bezug auf P_L ist E_L eine Halbvariante, weil großräumig geringere Unterschiede der Nettostrahlung einer größeren Differenzierung von P_L gegenüberstehen. Die Unterschiede

For land surfaces of the earth, the flux of sensible heat was calculated as

$$H = -(Q + L).$$

For the oceans, the sum of the sensible heat flux H and the heat flux B (by means of heat transport in ocean currents) were computed from

$$H + B = -(Q + L).$$

In place of H/L, the ratio (H + B)/L was used. The same applies also for Table 18c (globe). In the choice of signs, the energy balance equation in the form

$$Q + L + H + B = 0$$

is used, where all energy fluxes directed toward the earth's surface are positive, and all processes withdrawing energy from the surface are negative. All of the values become a part of the meridional structure, as is apparent from the maps. The main features as well as the causes of the regional distribution are summarized in the following:

1. E over the oceans is more than twice as great as over land (1176 versus 480 mm), because over the sea potential evaporation is constantly attained on account of the constant availabilty of water, whereas over land moisture supply at the surface, limited by P_L, limits actual E_L accordingly.

2. E decreases greatly from the equator toward the poles. One sees this quite clearly in the global holospherical evaporation means for 30°-latitude zones: 0–30°: 1307 mm, 30–60°: 812 mm, 60–90°: 176 mm. The poleward decrease of the evaporation depth is primarily a result of the decrease of net radiation or air and water temperature. Over land the decrease of precipitation depth, and over the sea also the decrease of the vapor pressure difference (both as a result of lower temperature levels toward the poles), also play a part in this. The decrease of evaporation depth from the equator to the poles is not uniform. Through its influence on net radiation, the increase of cloudiness from the sub-tropics toward the equator and also toward the sub-polar regions affects the evaporation depth. However, increasing wind speed toward the sub-polar regions moderates the poleward decrease of E to some extent.

3. The highest values of E are associated with regions of high precipitation over land, and with regions of high radiation over oceans.

4. Over *land* the relationship of E_L with net radiations is obscured by its dependence on P_L. With respect to P_L, E_L is a semi-variable because generally smaller differences of net radiation occur with a greater differentiation of P_L. So, the differences in the distribution of P_L appear to a lesser extent for E_L. The paired values in Table 19, from the results of Wundt (1938) for equal temperatures, t (used here in place of net radiation), show this in a general way. They can be supplemented by numerous individual examples at given latitudes from Tables II through VII in the appendix.

in der Verteilung von P_L treten also bei E_L in geringerem Ausmaß in Erscheinung. Dies zeigen generell die in Tab. 19 zusammengestellten Wertepaare, die sich nach WUNDT (1938) bei jeweils gleichen Temperaturen (t) (die hier anstelle der Nettostrahlung stehen) für P_L und E_L ergeben. Sie könnten durch zahlreiche Einzelbeispiele mit gleicher Breitenlage aus den Tab. II bis VII im Anhang ergänzt werden. Bei allen Temperaturen ist in Tab. 19 die Abnahme bei P_L in der obersten Zeile größer als von E_L in allen Zeilen. Darin wird die ausgleichende Wirkung des Faktors Temperatur (bzw. der Strahlung) bei unterschiedlichem P_L sichtbar. Andererseits wirkt in jeder Spalte die Temperatur (bzw. die Strahlung) bei hohem P_L (links) erheblich stärker als bei geringem P_L (rechts), weil im ersteren Falle mehr Feuchtigkeit zur Ausschöpfung der potentiellen Verdunstung zur Verfügung steht als bei weniger Niederschlag.

At all temperatures the decrease of P_L in the top lines is greater than that of E_L in all lines. Here the compensating effect of the temperature factor (or radiation) with varying P_L becomes apparent. On the other hand, temperature (or radiation) is much more effective everywhere with high P_L (left) than with low P_L (right), because in the first instance more moisture is available to exhaust potential evaporation than with lower precipitation.

5. Over the *oceans* one recognizes the narrow, almost continuous equatorial zone of somewhat lower E_S as a result of reduced radiation in this very cloudy region of the ITC. To the north and south the belt of higher E_S follows in the subtropics, with the highest ocean values displaced to the westward, i.e., over poleward-flowing ocean currents with their warm water and resulting greater E_S. These maximum re-

Tabelle 19 Zusammengehörige Wertepaare P_L/E_L im Mittel des Festlandes bei verschiedenen Mitteltemperaturen t.
Table 19. Homologous Value Pairs P_L/E_L as Means for Land at Various Mean Temperatures t.

		mm	%[1]	mm	%[1]	mm	%[1]	mm	%[1]	mm	%[1]
t	P_L:	2000	100	1500	75	1000	50	500	25	250	12
25°	E_L:	1250	100	1200	96	950	76	500	40	250	20
	%[2]	62	·	80	·	95	·	100	·	100	·
20°	E_L:	1000	100	990	99	840	84	490	49	250	25
	%[2]	50	·	66	·	84	·	98	·	100	·
15°	E_L:	780	100	780	100	710	91	460	59	250	32
	%[2]	39	·	53	·	71	·	92	·	100	·
10°	E_L:	590	100	590	100	590	100	410	69	240	39
	%[2]	30	·	39	·	59	·	82	·	96	·
5°	E_L:	430	100	430	100	430	100	320	74	200	47
	%[2]	22	·	29	·	43	·	64	·	80	·
0°	E_L:	290	100	290	100	290	100	240	83	170	59
	%[2]	14	·	19	·	29	·	48	·	68	·

[1] % des P_L bzw. E_L in der ersten linken Spalte
[2] % des P_L bei t = 25°
[1] % of P_L or E_L in the first column at the left.
[2] % of P_L for t = 25° C.

5. Über dem Weltmeer erkennt man die schmale, fast ununterbrochene äquatoriale Zone etwas geringeren E_S als Folge der geringeren Einstrahlung in diesem stärker bewölkten Bereich der ITC. Nördlich und südlich schließen sich die Gürtel höheren E_S in den Subtropen an, deren Höchstwerte innerhalb der Ozeane westwärts, d. h. über die polwärts fließenden Meeresströme mit ihrem Warmwasser und daher größerem E_S verschoben sind. Diese Maximalgebiete setzen sich auf der Westseite der Ozeane

gions continue on the western sides of the oceans as poleward-directed tongues of higher E_S-values, most pronounced in the north Atlantic. In contrast, on the east sides of the oceans, toward the equator there are extensive regions of lower E_S over the cold-water currents.

in den gemäßigten Breiten mit polwärts gerichteten Zungen höherer Werte der E_S fort, am deutlichsten im Nordatlantik. Ihnen stehen zum Äquator hin ausgedehnte Gebiete niedrigeren E_S auf der Ostseite der Ozeane, also über den Kaltwasserströmen mit ihrem geringeren E_S gegenüber.

6.2.2 Festland

Hohe E_L von 1000 mm und mehr treten in den Tropen zwischen 10°/15° N und 15° S auf, wobei die polwärtige Grenze in den Kaltwassergebieten der südlichen Westküsten der Kontinente teilweise bis in die Nähe des Äquators, in den Warmwassergebieten der Ostküsten aber bis gegen 20° reicht. Die Maximalwerte steigen auf 1400 mm, in Vietnam bis 1500 mm an.

Relativ höhere E_L-Werte ergeben sich an den polwärtigen Westküsten der Kontinente ab 40° polwärts, die in φ = 40° zwischen 600 bis 700 mm, in Tasmanien und Neuseeland um 800 mm betragen, jedoch zu den Polen hin im Norden bis etwa 65° N, in Chile bis 55° S strahlungs- und temperaturbedingt auf etwa 400 mm abnehmen. An den Ostküsten reicht das Gebiet mit E_L = 600 mm monsunbedingt polwärts ebenfalls bis 40°. Dann aber folgt bedingt durch Kaltwasserströme bis 65° eine schnelle Abnahme auf etwa 200 mm. Als Besonderheit sind die Etesiengebiete zu erwähnen: Am Mittelmeer werden zwischen 35° und 40° N 600 bis 800 mm Verdunstung, in Südafrika und SW-Australien in 35° S 800 bzw. 1100 mm Verdunstung berechnet.

Geringere E_L-Werte von unter 200 mm finden wir in den subarktischen und arktischen Gebieten nördlich des Polarkreises sowie unter 100 mm in der Antarktis, auf deren Inlandeis die Verdunstung kaum mehr als 10 mm beträgt, im polferner gelegenen Inneren Grönlands etwa 25 mm.

Klein ist E_L schließlich in allen Trockengebieten der Festländer, nämlich in den Subtropen mit Werten unter 200 mm bis gegen Null sowie generell in allen Kontinenten mit abnehmender Meeresferne, wo in 50° bis 65° N Werte um 200 bis 400 mm vorherrschen.

Alle diese Verhältnisse werden im wesentlichen durch die Verteilung von P_L und durch die Strahlungs- bzw. Temperaturabnahme nach den Polen hin erklärt. Dabei tritt unter dem Einfluß der sehr kalten Antarktis bei 60° S eine Umkehr ein, während andererseits auf der Nordhalbkugel unter dem Einfluß der Warmwasserheizung von Nordeuropa und Alaska durch den Golfstrom und Kuro Shiwo ab 60° im N ein höheres E_L bewirkt wird. Im übrigen sind die Werte um 60° S wegen der sehr kleinen Bezugsflächen keineswegs repräsentativ.

Im Verhältnis der Halbkugeln zueinander weisen die Landflächen der Südhalbkugel insgesamt ein höheres E_L (572 mm) auf als der Norden (435 mm). Der Unterschied von rund 140 mm ist im Einklang mit der Differenz bei P_L von 210 mm.

6.2.2 Land

High E_L of 1000 mm or more occurs in the tropics between 10°/15° N and 15° S, but the poleward limit in the cold water regions of the southern west coasts of the continents is near to the equator in places, while in the warm water regions of the east coasts it extends to about 20°. The maximum values rise to 1400 mm, in Vietnam to 1500 mm.

Relatively higher E_L-values occur on the poleward west coasts of the continents above 40°; at φ = 40° they amount to between 600 and 700 mm, in Tasmania and New Zealand to about 800 mm. But toward the poles (in the north to about 65° N, in Chile to 55° S) they decrease with radiation and temperature to about 400 mm. On the east coasts, the monsoon-caused region with E_L = 600 mm extends to 40° poleward, but then cold ocean currents cause a rapid decrease to about 200 mm at 65°. As special cases, the etesian regions are to be noted: In the Mediterranean between 35° and 40° N, 600 to 800 mm were estimated, in South Africa and SW Australia at 35° S, 800 or 1100 mm.

We find smaller E_L values of under 200 mm in subarctic and arctic regions north of the arctic circle, and under 100 mm in the antarctic where over the ice cap evaporation amounts to scarcely more than 10 mm. In the more poleward interior of Greenland, it is about 25 mm.

Finally, E_L is small in all arid regions of the continents, namely in the sub-tropics with values under 200 mm to almost zero, as well as generally in all continents with decreasing distance to the sea where at 50° to 65 ° N values between 200 to 400 mm predominate.

All of these cicumstances are essentially explained by the distribution of P_L and by radiation or temperature decreases toward the poles. A reversal of this occurs at 60° S under the influence of very cold Antarctica, on the other hand the increased warm-water heating of northern Europe and Alaska by the Gulf Stream and Kuro Shiwo causes a higher E_L, above 60° in the north. Moreover beyond 60° S the values are by no means representative because of the very small reference area.

In the relationship of the hemispheres to one another, the land areas of the southern hemisphere show a higher average E_L (572 mm) than the northern (435 mm). The difference of about 140 mm is in harmony with the difference in P_L of 210 mm.

6.2.3 Weltmeer

Hohe Werte für E_S von 1800 mm und mehr sind zunächst an die wolkenärmeren und gleichzeitig strahlungsreicheren subtropischen Hochdruckgebiete gebunden. Wir finden sie auf der Nordhalbkugel über dem Atlantik und dem Pazifik mit einer östlichen Zelle am Südrand des Subtropenhochs in 20° N. Dazu tritt je eine nach NW verlagerte Zelle um 35° N bzw. in 20 bis 35° N, die an die Warmwassergebiete des Antillenstroms bzw. des Nordäquatorialstroms im westlichen Teil der Ozeane am nördlichen Rande der Subtropen gebunden ist. In 35° N wird hier E_S = 2500 mm infolge der hohen Temperaturdifferenz zwischen dem subtropischen Warmwasser des Golfstroms und der darüber streichenden, vom Labradorstrom stark abgekühlten Polarluft. Die geringere Ost-West-Ausdehnung des Atlantik bewirkt, daß die beiden Zellen hier nahe aneinander gerückt sind. Im Indischen Ozean, wo im N das Subtropenhoch fehlt, kommen hohe E_S-Werte als Folge der monsunal bewirkten Warmwassertransporte aus SW und S sowie überhaupt wegen der höheren Wassertemperatur dieses nach N abgeschirmten Ozeans zustande.

Auf der Südhalbkugel bilden sich alle Systeme wegen des stark geminderten Land/Wassereinflusses weniger gestört aus. So liegen die hohen E_S-Gebiete fast allgemein in 10° bis 20° S, also wie auf der Nordhalbkugel am äquatorseitigen Rand des Subtropenhochs. Über dem Atlantik ist das hohe E_S nach Westen verschoben, da das ausgesprochene Kaltwassergebiet des Benguelastroms an der Ostküste dort ein größeres E_S nicht zuläßt. Mit einem abgeschwächten Keil von 1400 mm reicht die hohe E_S als Folge des warmen Brasilstroms bis 30° S nach SW. Beim Pazifik tritt der Abstand von der Ostküste als Folge des Humboldtstroms in gleicher Weise in Erscheinung, jedoch breitet sich dann der Gürtel hoher E_S geschlossen über den ganzen Ozean aus, wirkt also optisch nicht so stark als nach W verschoben wie beim Atlantik. Mit dem warmen ostaustralischen Strom greift die 1400 mm-Isolinie südwestlich bis über 35° S aus. Schließlich treten an der Ostküste des Indischen Ozeans die Kaltwassergebiete zurück, so daß der Gürtel mit hohem E_S sich zwischen Australien und Südafrika zunächst in 10° - 20° S, dann mit dem warmen Südäquatorialstrom in 20° - 30° S voll entwickeln kann. Das weitere südwestliche Ausgreifen des Gürtels ist dann eine Folge des warmen Wassers des Mozambique/Agulhasstroms an der Ostküste Afrikas. Hier reicht das Gebiet höherer E_S mit 1400 mm bis zum Kap und 40° S, mit 1200 mm bis 15° ö.L. und 43° S.

Relativ hohe E_S-Werte sind auch in den gemäßigten und subpolaren Breiten an Warmwasser gebunden. Über dem Golfstrom bzw. dem Nordatlantischen Strom greift die Isolinie 1400 mm bis fast 50° N, 1000 mm bis 60° N und 400 mm bis 75° N aus. Im westlichen und mittleren Pazifik finden wir unter dem Einfluß des Kuro Shiwo bzw. des Nordpazifischen Stroms 1400 mm in 40° N, 1000 mm 45° N und 400 mm in 60° N, ist doch der Warmwassertransport hier nicht so stark ausgeprägt wie über dem Atlantik. Auf der Südhalbkugel herrscht auch bei E_S in

6.2.3 Oceans

High values of E_S of 1800 mm or more are associated first of all with the less cloudy, strong radiation, sub-tropical high pressure areas. We find them in the northern hemisphere over the Atlantic and Pacific with an eastern cell at the southern border of the sub-tropical high at 20° N. Associated therewith are NW-oriented cells at 35° N and 20° to 35° N, in the warm-water regions of the Antillian and Equatorial currents, at the northern borders of the sub-tropics. At 35° N, E_S = 2500 mm, as a result of the high temperature difference between the sub-tropical warm water of the Gulf Stream and the ambient polar air, strongly cooled by the Labrador Stream. The smaller east-west extension of the Atlantic causes the two cells to be pushed almost together here. In the Indian Ocean where, in the north, the sub-tropical high is lacking, high E_S-values occur as a result of monsoonal-caused warm-water transport from SW and S, as well as generally higher water temperatures of this ocean shielded from the north.

In the southern hemisphere all of the systems develop with less disturbance because of the greatly diminished land/water influence. So the higher E_S-regions lie mostly at 10° to 20° S or, as in the northern hemisphere, on the equatorial side of the sub-tropics. Over the Atlantic the high E_S is displaced to the west since the pronounced cold-water region of the Benguela Current on the east coast does not permit a greater E_S there. With a reduced peak of 1400 mm, the high E_S extends to 30° S as a result of the warm Brazilian Current. In the Pacific the distance from the east coasts appears in the same way as a result of the Humboldt Current, but then the band of higher E_S extends completely over the entire ocean. With the warm east Australian current the 1400-mm isoline stretches southwest to beyond 35° S. Finally, on the east coasts of the Indian Ocean the cold-water region is unimportant, so that the high E_S band between Australia and South Africa can develop, first at 10°-20° S, then with the warm south-equatorial current at 20°-30° S. The broader southwesterly extension of the belt is then a result of the warmer waters of the Mozambique/Agulhas Current in the east coast of Africa. Here the region of higher E_S with 1400 mm extends to the Cape and 40° S and with 1200 mm to 15° E Longitude and 43° S.

Relatively high E_S-values are also associated with warm water in temperate and subpolar latitudes. Over the Gulf Stream or north Atlantic current, the 1400-mm isoline extends to almost 50° N, 1000 mm to 60° N, and 400 mm to 75° N. In the western and middle Pacific we find, under the influence of the Kuro Shivo or north Pacific currents, 1400 mm at 40° N, 1000 mm at 45° N, and 400 mm at 60° N, but warm-water transport is not as strongly pronounced as over the Atlantic. In the southern hemisphere, at temperate and subpolar latitudes, an almost zonal distribution also prevails for E_S, with uniform decreases to the south: 1400 mm at 30° to 35° S, 1000 mm at 40° to 42° S, 400 mm around 60° S, in each case with somewhat higher E_S in the west in the region of the three out-flowing equatorial warm-water currents, and somewhat lower E_S in the east of the oceans under the influence of northward directed weak branches of the cool

den gemäßigten und subpolaren Breiten eine fast zonale Verteilung mit gleichmäßiger Abnahme von E_S nach Süden vor: 1400 mm in 30° bis 35° S, 1000 mm in 40 bis 42° S, 400 mm um 60° S, jedesmal mit etwas höherem E_S im Westen im Bereich der drei auslaufenden äquatorialen Warmwasserströme und etwas geringerem E_S im Osten der Ozeane unter dem Einfluß von nordwärts gerichteten schwachen Abzweigungen der kühlen Westwinddrift.

Zwischen den Zonen hoher E_S am inneren Rand der Subtropen liegt ein Gebiet geringerer E_S im äquatorialen Bereich. Über dem Atlantik liegt diese Achse um 3° S im W und 8° N im E. Dort beträgt E_S im W unter 1500 mm, im E unter 1000 mm. Über dem Pazifik ist diese Zone geringen E_S sehr deutlich ausgeprägt. Sie liegt am Äquator und weist im östlichen Teil zwischen 80° und 115° w.L. 800 bis 1000 mm, von 170° W bis 170° E fast 1400 mm und schließlich über der Celebes-See östlich Borneo zwischen 0° und 5° N unter 1000 mm Verdunstung auf. Über dem Indischen Ozean ist diese Zone beiderseits des Äquators sehr schwach ausgeprägt, im W mit Werten etwas unter 1500 mm, im E mit etwas unter 1600 mm. Dies sind die Gebiete der tropischen Frontalzone mit ihrer stärkeren Bewölkung und geringeren Strahlung.

Niedrigere Werte von E_S stehen in den Tropen und Subtropen den genannten Gebieten mit höherem E_S bis in die gemäßigten Breiten hinein an den Ostküsten der Ozeane gegenüber, polwärts gebunden an das kalte Auftriebswasser, äquatorwärts eine Folge der bereits erwähnten kalten Meeresströmungen vor den Westküsten Afrikas und Amerikas, denen wir noch den Kanarenstrom und den Kalifornienstrom hinzufügen. Dort reichen 1000 mm vor Nieder-Kalifornien von Süden her bis gut 20° N, vor Mittelamerika von N her bis 7° N, vor Afrika durchgehend von N und S her bis zum Äquator. Unter 800 mm sind vor Kalifornien bis 30° N, unter 900 mm vor Europa in 30° bis 50° N und unter 800 mm vor Südamerika von gut 5° N bis fast 30° S zugleich als Folge kalten Auftriebswassers zu finden.

In den gemäßigten und subpolaren Breiten ist E_S niedrig an den Westküsten der Ozeane. So finden wir über dem Labradorstrom bzw. dessen Auslauf im Atlantik 1400 mm in 40° N, 1000 mm in 42° N, 400 mm in 50° N, über dem Grönlandstrom in fast 70° N. Auf der asiatischen Seite des Pazifik werden über dem kalten Oyashio in Küstennähe 400 mm in 50° bis 55° N angetroffen. Auf der Südhalbkugel liegen an der Ostküste Südamerikas über dem Falklandstrom 1400 mm in 20° S und 1000 mm in 32° S.

Wir fassen die vorstehenden Ergebnisse in Tab. 20 zusammen.

Über den Ozeanen der Nordhalbkugel ergibt sich E_S = 1198 mm, über der Südhalbkugel E_S = 1160 mm. Im Gegensatz zum Festland hat P_S für das Ausmaß von E_S keine Bedeutung, so daß sich der höhere Niederschlag der NHK nicht entsprechend auf E_S auswirkt. Vielmehr wird die im N geringere Verdunstung der Tropenzone als Folge der nach N verschobenen strahlungsärmeren ITC

west-wind drift.

Between the zones of higher E_S at the inner limits of the sub-tropics lies a region of lower E_S in the equatorial zone. Over the Atlantic this axis is at 3° S in the west and at 8° N in the east. In the west E_S amounts to under 1500 mm, in the east under 1000 mm. Over the Pacific this zone of reduced E_S is very clearly pronounced. It lies at the equator, and in the eastern part between 80° and 115° W Longitude and shows evaporation of 800 to 1000 mm, from 170° W to 170° E almost 1400 mm, and finally over the Celebes Sea east of Borneo between 0° and 5° N less than 1000 mm. Over the Indian Ocean this zone ist very weakly pronounced on both sides of the equator, in the west with values somewhat below 1500 mm, in the east with somewhat under 1600 mm. These are the regions of the tropical frontal zones with greater cloudiness and less radiation.

Lower values of E_S on the east coasts of the oceans occur in the tropics and sub-tropics of the regions named, and up to the temperate latitudes, because of cold surface waters toward the poles and as a result of already mentioned cold ocean currents along the west coasts of Africa and America, to which we add the Canary and California currents. Near Lower California from the south to 20° N, by Central America from the north to 7° N, and along Africa continous from N and S to the equator, E_S = 1000 mm. Less than 800 mm is to be found along California to 30° N, under 900 mm by Europe at 30° to 50° N, and less than 800 mm near South America from 5° N to almost 30° S, all as the result of cold surface waters.

In temperate and subpolar latitudes, E_S is low along the west coasts of the oceans. So we find, over the Labrador current or its offshoot into the Atlantic, 1400 mm at 40° N, 1000 mm at 42° N, 400 mm at 50° N and over the Greenland current at almost 70° N. On the Asiatic side of the Pacific over the cold Oyashio 400 mm occur near the coasts at 50° to 55° N. In the southern hemisphere, near the east coast of South America over the Falkland current 1400 mm occur at 20° S and 1000 mm at 32° S.

We summarize the foregoing results in Table 20.

Over the oceans of the northern hemisphere E_S = 1198 mm, in the southern hemisphere E_S = 1160 mm. In contrast to the continents P_S has no importance in the magnitude of E_S so the higher precipitation of the NHK has no corresponding effect on E_S. Moreover, higher E_S over the warm ocean areas of the north temperate latitudes over-compensates somewhat for the lower evaporation of the tropical zone as a result of displacement to the north of the low-radiation ITC.

durch das höhere E_S über den warmen Seegebieten der nördlichen gemäßigten Breiten etwas überkompensiert.

Tabelle 20 Verdunstungshöhen über den Ozeanen (schematisch)
Table 20. Depth of Evaporation for the Oceans (schematic)

Climatic zone	E_S mm	Atlantic Westcoast	Atlantic Central	Atlantic Eastcoast	Ind. Ocean Westcoast	Ind. Ocean Eastcoast	Pacific Westcoast	Pacific Central	Pacific Eastcoast
North — temperate-subpolar	400	Ⓒ 51°/61°	Ⓒ 70°	75°			Ⓒ 50°/55°	56°	58°
	600	45°	58°	73°			46°/50°	52°	
	800	43°	57°	67°			37°/40°	48°	
	1000	42°	(54°)	61°			34°/38°	45°	
	1400	40°	(45°) Ⓦ	48°			25°/33° Ⓦ	40°	
North — subtropic-temperate	400								Ⓒ
	600								
	800		Ⓒ 0°						45°
	1000								30°
	1400								22°
South — temperate-subtropic	1400	20° Ⓦ	32°		Ⓦ 35°/41°	32°	Ⓦ 37°		
	1000	32°	41°	0°	(44°)	(42°) Ⓒ	48°		7° N
	800	39°	45°	Ⓒ	(47°)		(52°)		6° N
	600	45°	(49°)		(50°)		(57°)		Ⓒ
	400	Ⓒ							
South — subpolar-temperate	1000	40°			42°		40°		
	800	45°			45°		46°		
	600	50°			52°		54°		
	400	58°			58°		61°		

Ⓒ ⟶ Cold water streams   Ⓦ ⟹ Warm water streams   ⟶ West drift

---

6.3 Abfluß

6.3.1 Allgemein

Der Abfluß $D = P - E$ hat auf dem Lande eine grundsätzlich andere Stellung als über dem Meere. Von den Landflächen fließt Wasser als Oberflächenwasser oder als Grundwasser zu den Meeresküsten und in die Meere. Über den Meeresflächen ist der Abfluß identisch mit dem Wasserdampfstrom in die Atmosphäre, der bei der Verdunstung erzeugt wird.

Über Land tritt unter dem Einfluß der verschiedenen wirksamen Faktoren eine Aufteilung des zur Verfügung stehenden Niederschlags P_L auf die beiden Teilbeträge E_L und D_L ein. Die für E_L maßgeblichen Faktoren wurden unter 6.2.1 erläutert. Für D_L kann man die folgenden Faktoren als maßgeblich bezeichnen:

1. Die Durchlässigkeit des Bodens, wobei aus Niederschlägen auf durchlässige Böden höhere D_L zustande kommen.

6.3 Runoff

6.3.1 General

Runoff $D = P - E$ is basically different for land than for the sea. From land water flows as surface or ground water to sea coasts and into the sea. Over the oceans runoff is identical with the atmospheric water vapor flux which is produced by evaporation.

Over *land*, under the influence of the various operative factors, there occurs a partitioning of available precipitation P_L into the two parts E_L and D_L. The controlling factors for E_L were described in 6.2.1. For D_L one can identify the following factors as determinative:

1. The permeability of the ground, whereby higher D_L occurs from precipitation on permeable ground.
2. The orographic formation, which causes higher runoff in steeply sloping regions.
3. The proportion of standing or weakly flowing water bodies, i.e., lakes, bogs, or flatly formed catchments, which by

2. Die Entwicklung der Orographie, durch welche in stark geneigten Gebieten höhere Abflüsse bewirkt werden.

3. Der Anteil an stehenden oder schwach fließenden Gewässern, also an Seen, Sumpfgebieten oder breit ausgebildeten Abflußrinnen, der bei verlangsamten Abfluß ein geringeres D_L liefert.

4. Der Anteil der Niederschläge an den einzelnen Jahreszeiten, indem ein höherer Anteil von P_L in der warmen Jahreszeit eine Minderung von D_L bewirkt.

Hier werden also Umstände wirksam, die am Ende über eine geringere oder höhere Verdunstung unter bestimmten Verhältnissen erhöhend oder mindernd auf den Abfluß einwirken. Wir vermerken dies in dem Abschnitt „Abfluß", weil es sich hier um Faktoren handelt, die erst auf den nach einem Niederschlag bereits in Gang gekommenen Abfluß einwirken.

Über dem Lande ist der Abfluß D_L ganz überwiegend positiv. Nur in einzelnen Zehrgebieten – sowohl im peripheren als auch besonders im zentralen Gebiet – fällt D_L negativ aus.

Anders *über dem Meer*: Hier ergibt sich D_S als reine rechnerische Differenz von $P_S - E_S$. Dem Charakter dieser Differenz entsprechend ist D_S teils positiv, in größerem Ausmaß aber negativ.

Als Grundzüge für die Verteilung des Abflusses über die Erde erkennt man aus der Abflußkarte:

1. Im Verhältnis Land zu Meer sind die Abflußmengen gleich, und zwar der Wasserhaushaltsgleichung entsprechend über Land positiv, über Meer negativ zu bewerten. Die Abflußhöhen sind über dem Festland insgesamt größer (266 mm) als über dem Weltmeer (−110 mm), jedoch ist dieser Sachverhalt wegen des Nebeneinander von Gebieten mit hohem und negativem D_S aus dem Kartenbild erst nach eingehenderen Vergleichen herauszulesen.

2. Die zonale Anordnung zeigt den Tropengürtel mit hohen Abflüssen über Land und Meer, und zwar über Land vorwiegend mehr südlich, über Meer teils nördlich, teils südlich des Äquator verlagert. Über Land resultiert dieser Sachverhalt aus den hohen Abflüssen im Amazonasgebiet mit seinem Schwerpunkt südlich des Äquator, über Meer aus dem unter 6.1.3 erklärten höheren P_S nördlich des Äquator bzw. der südlich gelagerten Gebiete mit hohem P_S über dem Westpazifik und dem Indischen Ozean. Polwärts folgen die subtropischen Zonen niedriger Abflüsse, besonders ausgeprägt über dem Weltmeer wegen des dort sehr geringen P_S und sehr hohen E_S. Die höheren Abflüsse der Westwindzonen sind gegenüber P polwärts verlagert, wie es sich aus dem strahlungsbedingten polwärtigen Rückgang der Verdunstung E ergibt. Innerhalb der polaren Gürtel nimmt aber D polwärts ab, gegenüber der Abnahme der Niederschlagsmengen P jedoch stark gebremst.

3. Global ergibt sich – wie bei P im Kartenbild von den zonalen Einflüssen überlagert – umgekehrt wie bei P und E zu den Polen hin eine deutliche Zunahme von D mit abnehmender Temperatur. Die Mittelwerte für holosphä-

delayed runoff produce reduced D_L.

4. The seasonal proportions of precipitation, since a higher proportion of P_L in the warm season effects a reduction of D_L.

Thus there are circumstances here which ultimately, by means of smaller or greater evaporation under given conditions, produce increased or decreased runoff. We note these in the section "Runoff," whereas here it is a question of factors which are already in progress to influence runoff immediately following precipitation.

Over land, runoff D_L is quite predominantly positive. Only in isolated consumptive areas—although in peripheral as well as (especially) in interior regions—D_L turns out to be negative.

Over *oceans*, otherwise: Here D_S results as the purely calculated difference, $P_S - E_S$. According to the character of this difference, D_S is sometimes positive but to a greater extent negative.

As main features of the distribution of runoff over the earth one recognizes from the runoff map:

1. In the comparison of land with oceans the runoff volumes are equal, and with respect to the water budget equation are to be valued positive for land and negative for the sea. Runoff depths are on the average greater (266 mm) over continents than over oceans (−110 mm), but this fact is to be deduced only after detailed comparisons because of the proximity of regions with high and negative D_S on the map.

2. The zonal arrangement shows the tropical belt with high runoff over land and sea, but shifted predominately more to the south over land, and partly to the north and south over oceans. Over land this state-of-affairs results from high runoff in the Amazon region with its center of gravity south of the equator; over oceans it results from the higher P_S north of the equator (explained under 6.1.3), or from the southerly regions with high P_S over the west Pacific and Indian Ocean. Toward the poles follow the sub-tropical zones of lower runoff, especially pronounced over the oceans because of very low P_S and very high E_S. The higher runoff in the west-wind zones is shifted poleward in contrast to P since it results from the radiation-caused poleward decrease of evaporation E. Within the polar belt, however, D decreases toward the poles; but in comparison with the decrease of precipitation P, it is strongly retarded.

3. Globally – as with P, superimposed with zonal influences – there is in contrast to P and E a distinct increase in D toward the poles with decreasing temperature. The holospherical mean values for 30°-zones show runoff depths of: 0-30°: -127 mm, 30-60°: 96 mm, 60-90°: 202 mm.

rische 30°-Zonen zeigen dies:

0–30°: –127 mm, 30–60°: 96 mm, 60–90°: 202 mm.

6.3.2   Festland

In der Tropenzone treten Abflußhöhen von 2000 mm und mehr in größerer Ausdehnung nur im südostasiatischen Archipel auf. Über 1000 mm findet man verbreitet und übergreifend auf die Subtropen in den anschließenden Monsunländern, an der Ostküste Madagaskars, im Kamerun- und Guineagebiet, in großer Ausdehnung im Bereich des Amazonas und Orinoco, ferner in Teilen Mittelamerikas. In der gemäßigten Zone treten über 1000 mm in größerer Verbreitung in den Alpen und im adriatischen Karst, an der norwegischen Küste, an den Westküsten Nord- und Südamerikas sowie auf Neuseeland auf. Als Höchstwerte, die in Karten noch dargestellt werden können, wurden angenommen: Indonesien 3000 mm, Südasien-Philippinen: 2500, Himalaya: 3000, Japan: 2500, Äthiopien: 1000, Kamerun: 2500, Trop. Kordilleren: 6000, Amazonasbecken: 2000, Guatemala: 3000, Südl. Alaska: 4000, Chilenische Kordilleren 5000, Neuseeland: 4000, Skandinavien: 4000, Island: 2500, Schottland: 2000, Alpen 2500 mm.

Überdurchschnittliche Abflüsse von 400 bis 1000 mm treten in größeren Gebieten Vorder- und Hinterindiens sowie Chinas, in Westafrika, in Äthiopien und auf Madagaskar auf. In den gemäßigten Zonen findet man sie an den Ostküsten der Kontinente, in Asien bis 57° N, in Nordamerika bis 55° N, in Grönland bis 69° N, in Südamerika bis 32° S. An den Westküsten treten 400 mm in Europa von 40° bis 70° N und damit ursächlich verbunden in Westsibirien zwischen 64° und 70° N auf, in Nordamerika von 38° bis 64° N, in Südamerika von 36° bis 56° S, im Kapland auf kleinstem Raum in 34° S, in Tasmanien von 41° bis 43° S und auf Neuseeland verbreitet von 35° bis 47° S.

Als unterdurchschnittliche Abflüsse kann man bei einem Mittel von D_L = 266 mm Werte von 200 mm und weniger bezeichnen, unter denen hier zunächst die Gebiete mit 0 bis 200 mm Abfluß behandelt werden.

Innerhalb der Tropen und Subtropen handelt es sich um trockene Gebiete in Hinter- und Vorderindien, den größten Teil Ost- und Südafrikas, die südliche Randzone der Sahara, Nordostbrasilien, den westlichen Küstenbereich von Nord- und Südamerika sowie fast ganz Australien außerhalb der Halbwüste einschließlich des Anteils an der gemäßigten Zone. Überall schließlich weisen die weiter unten behandelten Gebiete mit D_L < O an ihrem Rande schmale Streifen mit einem Abfluß von 0 bis 200 mm auf.

In den gemäßigten Breiten gibt es Gebiete größerer Ausdehnung mit D_L = 0 bis 200 mm im russischen Asien ohne den östlichen Küstenbereich, und zwar im W südlich 61°, im E südlich 57°. Dieses Gebiet greift in Mitteleuropa nach Westen in 52° N bis etwa zur Elbe aus. In

6.3.2   Land

In the tropics runoff depths of 2000 mm or more appear over a larger area only in the archipelago of southeast Asia. One finds 1000 mm widespread throughout the sub-tropics in the adjoining monsoon lands, on the east coasts of Madagascar, in the Cameroons and Guinea areas, in extensive areas of the Amazon and Orinoco, and in parts of Central America. In the temperate zone more than 1000 mm occurs over wide areas in the Alps and Adriatic Karst, on the Norwegian coast, along the west coasts of North and South America, and over New Zealand. As the highest adopted values that could be shown in the maps: Indonesia: 3000 mm, south Asia-Philippines: 2500, Himalayas: 3000, Japan: 2500 mm, Ethiopia: 1000, Cameroons: 2500, tropical Cordilleras: 6000, Amazon Basin: 2000, Guatemala: 3000, southern Alaska: 4000, Chilean Cordilleras: 5000, New Zealand: 4000, Scandinavia: 4000, Iceland: 2500, Scotland: 2000, and the Alps: 2500 mm.

Above average runoff from 400 to 1000 mm appears over extensive areas between southern Asia and China, west Africa, Ethiopia, and Madagascar. In the temperate zones one finds this on the east coasts of the continents, in Asia to 57° N, in North America to 55° N, in Greenland to 69° N, and in South America to 32° S. On the west coasts 400 mm occur in Europe from 40° to 70° N, and for the same reasons in western Siberia between 64° and 70° N, in North America from 38° to 64° N, in South America from 36° to 56° S, in Cape Colony localities at 34° S, in Tasmania from 41° to 43° S, and in New Zealand from 35° to 47° S.

As below average runoff one can designate (for mean D_L = 266 mm) values of 200 mm or less, amongst which regions with 0 to 200 mm runoff will be discussed next.

Within the tropics and sub-tropics there are arid regions in southern and southeastern Asia, most of east and south Africa, the southern border zone of the Sahara, northeast Brazil, the western coastal areas of North and South America, as well as almost all of Australia excepting the semi-desert including parts in the temperate zone. Finally, everywhere at the borders of regions with D_L < 0, additional narrow strips exhibit runoff from 0 to 200 mm.

In the temperate latitudes there are extensive regions with D_L = 0 to 200 mm in Russian Asia excluding the eastern coastal region, specifically in the west south of 61°, and in the east south of 57°. This region stretches to central Europe in the west at 52° N, about as far as the Elbe. In Anatolia, in the east half of southeast Europe, as well as in the southeastern two-thirds of the Iberian peninsula, less than 200 mm run off, likewise in limited parts of the Atlas lands. In North America the region includes that west of the Hudson Bay and the Mississippi River up to the valleys and basins of the

Anatolien, in der Osthälfte Südosteuropas sowie in den südöstlichen zwei Dritteln der Iberischen Halbinsel fließen unter 200 mm ab, ebenfalls in eng begrenzten Teilen der Atlasländer. In Nordamerika umfaßt das Gebiet den Bereich westlich der Hudson Bay und des Mississippi bis in die Täler und Becken des Felsengebirges hinein, in Südamerika südlich des Chaco bis nach Südpatagonien, ferner Mittelchile.

In dem subpolaren Teil Asiens verläuft die 200 mm-Linie von 70° N an der Küste Westsibiriens in das Gebiet der Lena auf 60° Breite und dann wieder in den Küstenbereich der Nordküste Jakutiens in 77° N. Das subpolare Nordamerika sowie Grönland außerhalb des südöstlichen Küstenstreifens hat unter 200 mm Abfluß. Am Rande der Antarktis fließen über 200, vielfach über 300, in begrenzten Randstreifen über 500 mm ab. Außerhalb der Randgebiete weist sie unter 200 mm, zum Inneren zurückgehend auf unter 25 mm Abfluß auf.

Weite Gebiete des Festlandes haben keinen oberirdischen Abfluß, sie fallen jedoch nicht mit den zentralen, sogen. abflußlosen Gebieten zusammen; darunter werden die Bereiche ohne Abfluß zum Weltmeer hin verstanden, die sich in Gebiete mit Abfluß ($P_L > E_L$), ohne Abfluß ($P_L = E_L$) und mit Aufzehrung ($P_L < E_L$) aufgliedern. Andererseits sind in die peripheren Gebiete, also mit Abfluß zum Meere, auch kleinere Gebiete mit $P_L = E_L$ und mit $P_L < E_L$ eingestreut, während die Bereiche mit $P_L > E_L$ natürlich bei weitem überwiegen.

$D_L = P_L - E_L = 0$ tritt in größerer Ausdehnung vorwiegend in Zentralasien zwischen 30°/36° und 49°/54° N vom Kaspisee bis 120° ö.L. sowie in Vorderasien vom Iran bis Beludschistan und im größten Teile Arabiens auf. Dazu kommen in Afrika die großen Gebiete der Sahara und Nubiens zwischen 15°/20° und 30°/35° N, von Eritrea und Somalia sowie längs der Südwestküste zwischen 13° und 32° S. In Australien fällt die südwestliche Hälfte zwischen 18° und 33° S in diesen Bereich. Nordamerika weist im Westen mehrere weniger ausgedehnte Gebiete mit $D_L = 0$ südlich 47° N mit einem Ausläufer in Mexiko bis 20° S auf. In Südamerika schließlich findet man Gebiete ohne Abfluß an der Westküste südlich 5° S und im Inneren südlich 16° S, die in 30° S miteinander verschmelzen. Diese Gebiete mit $D_L = 0$ sind also vorwiegend an die Ziff. 6.1.2 behandelten subtropischen Trockengebiete zwischen 15° und 35° Breite gebunden. Sie greifen aber in Innerasien weit darüber polwärts aus, eine Folge von deren meeresferner Lage mit ihrem geringen Niederschlag. Andererseits ist der extreme Abflußmangel an der Westküste Südamerikas wie bei P_L eine Folge des Humboldtstroms und weniger extrem in Südwestafrika durch den Benguelastrom verursacht.

Wie erwähnt haben die Zehrgebiete des Abflusses innerhalb der zentralen abflußlosen Gebiete eine besondere Bedeutung. Dabei haben wir bei größeren Zehrgebieten versucht, ein negatives D_L anzugeben, jedoch sind diese Werte wegen der unscharfen Abgrenzung, d.h. wegen der schwankenden Flächengröße dieser Gebiete sehr unsicher. Bei den meisten Zehrgebieten haben wir uns auf eine

Rocky Mountains, and in South America south of the Chaco to south Patagonia and central Chile.

In the subpolar part of Asia the 200-mm isoline runs from 70° N at the coast of western Siberia to the area of Lena at 60° N, and then back to the coast of Jakut at 77° N. Subpolar North America and Greenland, with the exception of the southeastern coastal strip has less than 200 mm runoff. Along the borders of Antarctica more than 200 mm run off, in many instances more than 300, and in limited coastal strips more than 500. With the exception of border areas, runoff is less than 200 mm, and toward the interior it decreases to less than 25 mm.

Extensive areas of the continents have no surface runoff, but they do not coincide with the interior absorbing regions without runoff; regions without runoff to the sea are comprehended as those classified as regions with runoff ($P_L > E_L$), without runoff ($P_L = E_L$), and consumptive ($P_L < E_L$). On the other hand, in peripheral regions (i.e., with runoff to the sea) there are also smaller interspersed areas with $P_L = E_L$ and with $P_L < E_L$, but naturally areas with $P_L > E_L$ predominate.

$D_L = P_L - E_L = 0$ occurs to a greater extent chiefly in central Asia between 30°/36° and 49°/54° N from the Caspian Sea to 120° E Longitude, as well as in the Near East from Iran to Baluchistan and in most of Arabia. Also included in Africa ist the large region of the Sahara and Nubia between 15°/20° and 30°/35° N, from Eritrea and Somalia as well as along the southwest coasts between 13° and 32° S. In Australia the southwest half between 18° and 33° S falls in this region. North America exhibits, in the west, several less extensive areas with $D_L = 0$ south of 47° N, with a branch in Mexico to 20° S. Finally, in South America one finds regions without runoff along the west coasts south of 5° S, and in the interior south of 16° S, which merge with one another at 30° S. These regions with $D_L = 0$ are associated primarily with the sub-tropical arid regions between 15° and 35° discussed in section 6.1.2. But they extend poleward far beyond this zone in central Asia, a result of their continentality and low precipitation. On the other hand, the extreme runoff deficit at the west coast of South America (as with P_L) is a result of the Humboldt Current, and the lesser extreme in southwest Africa is caused by the Benguela Current.

As mentioned, consumptive areas within interior regions without runoff have a special significance. So we have attempted to assign a negative D_L for larger consuming areas, but these values are quite uncertain on account of hazy demarcation, i.e., uncertain area of these regions. For most of the consuming areas we have limited ourselves to a more symbolic identification.

mehr symbolische Ausweisung beschränkt.

In Eurasien stellen das Kaspische Meer, der Aral- und Balchaschsee sowie der Lopnor und die Tsaidam-Sümpfe die bedeutendsten Zehrgebiete dar. Daneben ist auf eine Reihe von kleineren Zehrgebieten in der Mongolei, in Tibet und in Vorderasien hinzuweisen, unter letzteren der Van-See. In Afrika seien der Tschad- und der Tanganjikasee sowie die Sumpfgebiete des südlichen Sudan besonders hervorgehoben. Kleinere Zehrgebiete stellen die ostafrikanischen Grabenseen und die Seen am Rande der Kalahari dar. In Australien sind der Eyresee und die übrigen Endseen in Südaustralien sowie zahlreiche kleinere Zehrgebiete am Rande der Halbwüste zu erwähnen. In Nordamerika nennen wir den Großen Salzsee, in Südamerika den Titicaca und die großen Sumpfgebiete des Chaco im Grenzgebiet von Bolivien, Brasilien und Paraguay sowie im westlichen Argentinien, ferner einige Endseen südlich 40° S.

Im Vergleich der Halbkugeln ist – den Niederschlagsverhältnissen entsprechend – D_L im Norden mit 243 mm kleiner als im Süden mit 315 mm. Der Unterschied von rund 70 mm entspricht der Differenz der Halbkugeln bei P_L von 210 mm und bei E_L von 140 mm.

6.3.3   Weltmeer

Isolierte hohe Abflüsse von über 2000 mm treten im Tropengürtel nur in Landnähe auf: Westlich Panama – Kolumbien (4000 mm), östlich der Philippinen, westlich Thailand-Burma und vor Westafrika (Guineaküste 3000 mm). Auch vor der Guayana-Küste finden wir über 2000 mm.

Über 1000 mm werden in der nordpazifischen Konvergenzzone, im tropischen Westpazifik und in der indonesischen Inselwelt sowie vor den Westküsten Sumatras, Hinter- und Vorderindiens erreicht. Beim Atlantik ist D_S > 1000 mm auf die Seegebiete vor der Westküste Afrikas und vor der Nordostküste Südamerikas beschränkt. Im übrigen ist D_S in den Tropen als fast geschlossener Gürtel positiv, im Ostpazifik in einer Ausdehnung von 20 Breitengraden, im Zentralpazifik von 10 Breitengraden, zum Westpazifik hin auf 40 Breitengrade auffächernd. Im zentralen Indischen Ozean geht die Ausdehnung auf 20 Breitengrade zurück, im westlichen Teil ist D_S wegen des in Ziff. 6.1.3 erläuterten geringen P_S bereits negativ. Dasselbe gilt für den westlichen tropischen Atlantik, wo sich im Osten das positive D_S auf gut 10 Breitengrade erstreckt.

Die ausgedehnten subtropischen Gebiete mit negativem Abfluß treten über den Ozeanen besonders starkt hervor. Über dem Pazifik werden im Osten −1400 bzw. −1700 mm unterschritten, im regenreicheren Südwesten nur −200 mm. Über dem Indischen Ozean findet man – wie sich aus Ziff. 6.1.3 und 6.2.3 ergibt – im Süden hohe negative D_S bis −1800 mm, im Norden −200 mm in Fortsetzung des südindischen Trockengebiets. Über dem Atlantik sind die negativen Extremwerte −1700 mm (N) und −1900 mm (S), wobei über diesem Ozean die Gebiete von

In Eurasia, the Caspean Sea, the Aral and Balkhash Lakes, as well as the Lop Nor and Tsaidam swamps are the most important consumptive areas. Next is a series of smaller consuming areas in Mongolia, Tibet, and the Near East, in the latter the Van Lake. In Africa, the Tschad and Tanganyika Lakes and the swamp areas of the southern Sudan are especially noteworthy. Smaller sonsumptive areas are the east African Rift Lakes and lakes at the margin of the Kalahari. In Australia, the Eyre and other bogs in southern Australia, as well as numerous smaller consumptive areas at the edge of the semi-desert are to be noted. In North America we mention the Great Salt Lake, in South America the Titicaca and large Swampy areas of the Chaco in the border areas of Bolivia, Brazil, Paraguay, and western Argentina, and some bog areas south of 40° S.

In comparison of the hemispheres — corresponding to precipitation conditions — D_L in the north is smaller (243 mm) than in the south (315 mm). The difference of about 70 mm corresponds to hemispherical differences of 210 mm for P_L and 140 mm for E_L.

6.3.3   Oceans

Isolated high runoff values of over 2000 mm occur in the tropical belt only near to land: west of Panama-Colombia (4000 mm), east of the Philippines, west of Thailand-Burma, and along west Africa (Guinea coast 3000 mm). Also along the Guayana coast we find over 2000 mm.

More than 1000 mm is attained in the north Pacific convergence zone, in the tropical west Pacific, and in the Indonesian islands, as well as along the west coasts of Sumatra and southern Asia. In the Atlantic D_S > 1000 mm is limited to areas along the west coast of Africa and north-east coast of South America. Otherwise in the tropics D_S is positive as an almost continuous belt, in the east Pacific at a width of 20-latitude degrees, in the central Pacific 10-latitude degrees, flaring to 40-latitude degrees toward the west Pacific. In the central Indian Ocean the spread is reduced to 20-latitude degrees, and in the western part D_S ist already negative on account of the low P_S explained in section 6.1.3. The same holds true for the western tropical Atlantic where, in the east, the positive D_S extends over 10-latitude degrees.

The extensive sub-tropical area with negative runoff appears especially strong over the oceans. Over the Pacific, in the east −1400 or −1700 mm is exceeded negatively, in the rainy southwest only −200 mm. Over the Indian Ocean one finds — as sections 6.1.3 and 6.2.3 show — in the south high negative D_S to −1800 mm, in the north −200 mm in continuation of the south Indian arid region. Over the Atlantic the negative extremes, -1700 mm (N) and -1900 mm (S) occur, in connection with which over this ocean the regions with D_S < 0 are especially extensive corresponding to the distributions of P_S and E_S, and also include the adjacent seas (European Mediterranean, Caribbean Sea, and Gulf of Mexico).

$D_S < 0$ entsprechend der Verteilung von P_S und E_S besonders weit ausgedehnt sind und auch die Nebenmeere (Europäisches Mittelmeer, Karibische See, Golf von Mexiko) umfassen.

Mit zunehmendem P_S und abnehmendem E_S folgen polwärts die Gebiete mit $D_S > 0$ auf der Südhalbkugel in rein zonaler Erstreckung mit meist 400 mm und mehr, auf der Nordhalbkugel der Niederschlagsverteilung folgend mit Ausweitung nach NE hin. Dort kommt es dann über dem Nordpazifik verbreitet zu mehr als 1000 mm Abfluß in Form von Wasserdampf, vor der Küste Nordamerikas zu mehr als 2000 mm, maximal über 3500 mm. Über dem Nordatlantik werden verbreitet über 400 mm, südlich Island und östlich Ostgrönland über 1000 mm erreicht. Über der niederschlagsärmeren Nord- und Ostsee ist aber $D_S < 0$. – Die Höchstwerte von D_S über dem Südpazifik sind an die Gebiete westlich Neuseeland und Chile (3000 mm) gebunden.

In den subpolaren Meeresgebieten der Südhalbkugel beträgt der Abfluß um 300 mm. Zwischen Island und Westsibirien kommt es bei relativ hohem E_S und möglicherweise zu gering angenommenem P_S zu einem D_S bis unter -100 mm. Der innere polare Ozean hat wahrscheinlich auch ein leicht negatives D_S.

Nach Halbkugeln beträgt der Abfluß im Norden -38 mm, im Süden -164 mm. Dies ist die Folge des auf der Nordhalbkugel um 164 mm größeren P_S, zu dem ein dort nur 38 mm höheres E_S gehört; hierzu wird auf Ziff. 6.1.3 und 6.2.3 verwiesen.

With increasing P_S and decreasing E_S toward the poles, regions with $D_S > 0$ in the southern hemisphere follow a purely zonal extension with mostly 400 mm or more, in the northern hemisphere it follows the distribution of precipitation with extension toward the northeast. There, over the north Pacific, runoff in the form of water vapor amounts to more than 1000 mm, along the coasts of North America to more than 2000 mm with a maximum over 3500 mm. Over the north Atlantic more than 400 mm are to be found, south of Iceland and to the east of Greenland more than 1000 mm is attained. Over the low rainfall North and Baltic Seas, however, $D_S < 0$. The highest values of D_S over the south Pacific are endemic to the regions west of New Zealand and Chile (3000 mm).

In the subpolar ocean areas of the southern hemisphere runoff amounts to around 300 mm. Between Iceland and west Siberia D_S becomes less than -100 mm with relatively high E_S and perhaps an underestimate of P_S. The interior Arctic Ocean probably also has a slightly negative D_S.

Runoff is, by hemispheres, -38 mm in the north and -164 mm in the south. This is the result of the 164 mm greater P_S in the northern hemisphere with only a 38 mm higher E_S; reference was made to this in sections 6.1.3 and 6.2.3.

7. Unsicherheiten und mögliche Fortschritte

7. Uncertainties and Possible Improvements

7.1. Abschätzung der Genauigkeit

Die folgenden Betrachtungen sollen darüber Aufschlüsse geben, in welchen Grenzen die Fehler der neueren Untersuchungsergebnisse liegen, soweit letztere innerhalb des allgemeinen Rahmens unserer Erkenntnis vertretbar und erkennbar erscheinen. Wir befassen uns zunächst mit den fünf einzelnen Bilanzposten (P_L, E_L, $D_L = D_S$, E_S und P_S) und sodann abschließend mit den Auswirkungen der einzelnen geschätzten Fehler auf die Bilanzsumme $P_G = E_G$. Alle Zahlenangaben über die einzelnen Posten und die Summe sind in $10^3 \, km^3$ gegeben.

7.1.1 Festland

7.1.1.1 Niederschlag

Schlüssel für die Abschätzung der Fehler im Wasserhaushalt ist der Niederschlag. Untersuchungen über die Genauigkeit der Niederschlagsmessung haben ergeben, daß die im Regenmesser aufgefangenen Mengen meist kleiner sind als die am Erdboden auftreffenden Mengen. Der Einfluß des Windes auf die Ab- und Umlagerung der festen Niederschläge, der Benetzung und der Verdunstungsverluste ist bei den einzelnen Typen der Meßgeräte und bei den wechselnden Aufstellungshöhen der Auffangflächen über dem Erdboden unterschiedlich. Die verschiedenen klimatischen Verhältnisse bedingen große Unterschiede in den Differenzen wegen der verschiedenen Auswirkung der oben genannten Faktoren in den einzelnen Breitenzonen und Meereshöhen. Gesicherte numerische Ergebnisse liegen jedoch kaum vor.

Die neuen Darstellungen aus der UdSSR (Water Resources and Water Budget of the USSR-Area, Leningrad, 1967) und aus Finnland (HELIMÄKI-SOLANTIE 1973) ließen die Hoffnung aufkommen, genauere zahlenmäßige Angaben für die Subarktis zu gewinnen. Die Auswertung der Karten über P_L, E_L und D_L aus der UdSSR führte jedoch wegen der stark generalisierenden Ausführung dieser Karten nicht zu dem gewünschten Ergebnis. Sie lassen höhere Werte von P_L im ganzen Bereich erkennen. Diesen Verhältnissen hatten wir durch eine Erhöhung von P_L polarwärts ab 60° N um rund 50 mm Rechnung getragen. So kamen wir in 60° von rund 400 bis 500 mm auf 450 bis 550 mm = + 12% bis + 10%, in 70° von 150 bis 350 mm auf 200 bis 400 mm = + 33% bis + 14%. Die russischen Karten selbst lassen eine noch weitere Erhöhung um 20 bis 30% im größten Teile der UdSSR erkennen, die zu übernehmen wir uns mangels der Möglichkeit einer Einsichtnahme in die Grundlagen der russischen Untersuchung nicht zu entschließen vermochten.

7.1 Evaluation of the Accuracy

The following observations are meant to establish the error limits of the new research results to the extent that they appear to be discernible and defensible within the general scope of our knowledge. We deal first of all with the five individual balance components (P_L, E_L, $D_L = D_S$, E_S and P_S), and then finally with the effects of singly evaluated errors on the balance sum $P_G = E_G$. All of the data with regard to individual components and their sums are given in $10^3 \, km^3$.

7.1.1 Land

7.1.1.1 Precipitation

The key to error evaluation in the water budget is precipitation. Investigations of the accuracy of precipitation measurement have shown that the amounts collected in rain gages are usually smaller than the amounts striking the ground. The influence of wind on the deposition and transposition of solid precipitation, and wetting and evaporation losses vary with the type of instrument and with the different installation heights of receivers above the ground. Variable climatological conditions cause great differences because of variable effects of the above-named factors at particular latitudes and elevations. Reliable data scarcely exist.

Recent descriptions from the USSR (Water Resources and Water Budget of the USSR-Area, Leningrad, 1967) and from Finland (Helimäki-Solantie, 1973) permit the hope of obtaining more exact numerical data for the subarctic. Interpretation of the maps of P_L, E_L, and D_L from the USSR, however, does not lead to the desired result because of the highly generalized quality of the maps. They exhibit higher values of P_L over the entire region. We accounted for this by an increase of P_L of about 50 mm poleward from 60° N. So we came at 60° N from about 400-500 mm to 450-550 mm = +12% to +10%, at 70° N from 150-350 mm to 200-400 mm = +33% to +14%. The Russian maps exhibit an even greater increase of 20 to 30% over most of the USSR; we could not accept this without the possibility of examining the bases of the Russian investigations.

HELIMÄKI-SOLANTIE (1973) fanden für Finnland neue Werte von P_L, die gegenüber dem Gebietsmittel von bisher 550 mm jetzt bei 630 mm liegen, also 80 mm = 15% mehr. Diese Differenz ist um rund 5% höher als die von uns über der UdSSR durchgeführten Korrektion von 50 mm. Leider ist uns diese Untersuchung erst Ende 1973 nach Abschluß aller Entwürfe, Auswertungen und Berechnungen bekanntgeworden, so daß wir sie nicht berücksichtigen konnten. Die Ergebnisse beruhen insbesondere auch auf einer Heranziehung der Neuschneemessungen und Wassergehaltsbestimmungen der Schneedecke im finnischen Netz und damit auf solidem Material. Andererseits ist die Frage offen, wie weit die Ergebnisse auf das benachbarte Schweden mit seinem guten Netz übertragen werden können, nachdem sich derzeit kein Übergang an der Grenze der beiden Länder finden läßt.

Wir haben uns nun gefragt, ob diese Erkenntnisse auch auf den kanadischen arktischen und subarktischen Bereich ausgedehnt werden könnten, kamen jedoch zu unterschiedlichen Ergebnissen, die nicht in Einklang mit den Gesetzmäßigkeiten im Zusammenhang von P_L, E_L und D_L zu bringen sind, so daß wir auf eine Korrektion bei P_L verzichten. Dies fiel um so leichter, als unsere Quelle für die Karte P_L aus dem Jahre 1968/69 sich sicher bereits mit diesem Problem auseinandergesetzt hat und überdies unsere Darstellung über Alaska im Einklang mit unserer korrigierten Darstellung auf der Tschuktschen-Halbinsel ist.

Auch die von uns verwendete neue Darstellung von Grönland (STEINHAUSER 1970) ist so neuzeitlich, daß wir nicht an eine Korrektur herangehen wollten. Insgesamt ist der ganze Fragenkomplex noch zu ungenügend geklärt, daß wir nur die etwaigen Konsequenzen vorstehender Untersuchungen abschätzen wollen, ohne daß wir über die durchgeführten Korrekturen hinaus weitere Veränderungen gegenüber unseren Quellenwerken glaubten verantworten zu können.

Um eine Vorstellung über die Auswirkung dieser Fehler auf den Bilanzposten P_L zu gewinnen, nehmen wir drei Fälle A bis C mit den folgenden positiven Korrekturen an P_L an:

Breite	0°-30°	30°-50°	50°-70°	70°-90°	N/S
A	0	5	5	10	%
B	5	10	15	20	%
C	10	15	20	25	%

Daraus resultieren folgende Wassermengen (10^3km^3) für P_L über dem ganzen Festland:

A	0.0	1.0	0.8	0.3	+ 2.1 = 2%
B	3.7	2.1	2.3	0.5	+ 8.6 = 8%
C	7.4	3.2	3.0	0.7	+ 14.3 = 13%

Wir halten eine Fehlergröße zwischen A und B oder gemäß B am wahrscheinlichsten.

Die übrigen Fehler, die aus der Struktur der Beobachtungsnetze, insbesondere den Lücken in unbewohnten Gebieten und in den Gebirgen resultieren, halten wir in ihrer Gesamtheit für verhältnismäßig gering; dies ergibt sich insbesondere daraus, daß sich die Kartendarstellungen der verschiedenen Autoren im Grundsatz ziemlich einander genähert haben,

Helimäki/Solantie (1973) derived new values of P_L for Finland which in contrast to the former areal mean of 550 mm now lie at 630 mm, or 80 mm = 15% more. This is about 5% greater than the value we derived and used as a correction of 50 mm for the USSR. Unfortunately their study was first known at the end of 1973 after the conclusion of the sketches, evalutations, and computations, so we could not consider it. The results are based on reference to new snow measurements and water budget determinations for snow cover in the Finnish network, therefore on reliable experimental data. On the other hand there is a question of to what extent the results can be carried over to neighbouring Sweden with its good network since at present no transition can be found at the border of the two countries.

We have then asked ourselves if this knowledge could also be extended to the Canadian arctic and subarctic region, but arrived at variable results which cannot be brought into harmony with the regularities in the relationship of P_L, E_L and D_L, so we avoid any correction of P_L. This was all the easier since we may be sure that our 1968/69 authority for the P_L-map had already explained this problem, and moreover our description for Alaska is in harmony with our corrected description for the Chukchi peninsula.

Also, the new description of Greenland (Steinhauser 1970) that we used is so recent that we did not want to undertake a correction. Collectively the entire question complex is still too insufficiently explained for us to evaluate the eventual consequences of the preceding investigations, except that we believed with the derived corrections to be able to defend further modifications of our source data.

In order to obtain an idea of the effect of these errors on the balance component P_L, we assume three cases A to C with the following positive corrections of P_L:

Latitude	0°-30°	30°-50°	50°-70°	70°-90°	N/S
A	0	5	5	10	%
B	5	10	15	20	%
C	10	15	20	25	%

From this the following water volumes (10^3km^3) for P_L over the entire land result:

A	0.0	1.0	0.8	0.3	+ 2.1 = 2%
B	3.7	2.1	2.3	0.5	+ 8.6 = 8%
C	7.4	3.2	3.0	0.7	+ 14.3 = 13%

We assume an error magnitude between A and B, or B, as most probable.

The remaining error, which results from the structure of the observational network, especially the gaps in uninhabited regions and mountainous areas, we assume to be relatively small on the average; this is supported by the fact that the map descriptions of the various authors are in reasonable agreement, and the deviations in details may compensate tolerably on the global scale. Of course this does not rule out certain local adjustments given on the basis of increased observations.

während sich die Abweichungen in den Details innerhalb globaler Betrachtungen ziemlich ausgleichen dürften. Dies schließt natürlich nicht aus, daß sich in Teilgebieten sicher Berichtigungen aufgrund vermehrter Beobachtungen ergeben werden.

Schließlich glauben wir, die weniger bekannten Niederschlagsmengen in den Hochlagen der Gebirge insgesamt zutreffend erfaßt zu haben, indem wir stets an die obere Grenze der aus den in den letzten Jahrzehnten in dieser Hinsicht gewonnenen Erkenntnisse gegangen sind.

7.1.1.2 Abfluß

Der globale Wert scheint ziemlich eingegrenzt zu sein. MARCINEK (1965) berechnet D_L = 36.5, L'VOVITCH (1970) gibt 37.4 ohne die neuerliche Korrektur (MARCINEK 1965, HENNING 1970) der Abflußwerte vom Amazonas und wohl auch Orinoco an. Nach Korrektur durch diese neueren Werte errechnet sich für L'VOVITCH 40.2. Die Differenz der beiden Autoren beträgt also 10%, der Mittelwert beträgt 38.3×10^3 km^3. Wir glauben, daß die beiden Werte von MARCINEK und L'VOVITCH Grenzwerte darstellen, so daß man für den Mittelwert eine Genauigkeit von ± 5% bzw. $\pm 1.9 \times 10^3$ km^3 annehmen kann. Sicher werden die Ergebnisse der IHD gerade beim Abfluß zu einer größeren Genauigkeit führen. Gerade das Beispiel des Amazonas zeigt, welche Bedeutung der Verbesserung der Abflußdaten als diesem Programmpunkt der IHD zukommt.

7.1.1.3 Verdunstung

Hier halten wir die Berechnung $E_L = P_L - D_L$ für die genaueste Methode. Klimatologische Berechnungen, z. B. nach THORNTHWAITE (siehe Ziff. 2.1.2.1) oder die Bestimmung aus dem Wärmehaushalt müssen wir als weniger genau ansehen, weil all diese Berechnungen den differenzierten Verhältnissen an der Erdoberfläche (insbesondere Bodenbedeckung und -formation) nicht gerecht werden können. Für eine genaue Berechnung aus dem Austausch bieten das vorliegende aerologische Material oder die wenigen Beobachtungen über die Feuchteströme aus den untersten Luftschichten bis jetzt keine ausreichende Grundlage.

In Anbetracht dessen, daß P_L möglicherweise zu niedrig angenommen wurde, weil Korrekturen wegen der Meßfehler notwendig werden, dürften sich die Ermittlungen von E_L aus dem Wasserhaushalt vielleicht als teilweise zu niedrig herausstellen. E_L liegt nach unserer obigen gegenwärtigen Erkenntnis über die Genauigkeit unserer Untersuchungen wohl um etwa 75×10^3 km^3. Die Differenz beträgt 4×10^3 km^3 = 5%.

7.1.2 Weltmeer

7.1.2.1 Verdunstung

Der größte Unterschied innerhalb der Ergebnisse der letzten 15 Jahre liegt zwischen ALBRECHT (1960) mit 411 und BUDYKO (1970) mit 455×10^3 km^3. Nach Ausschaltung der etwas willkürlichen Korrektur von Albrecht (−1.5%)

7.1.1.2 Runoff

The global value appears to be suitably bracketed. Marcinek (1965) calculated D_L = 36.5, L'vovitch (1970) gave 37.4 without the recent correction (Marcinek 1965, Henning 1970) of runoff values for the Amazon and Orinoco. After correction for these new values, 40.2 is computed for L'vovitch The difference between the two authors amounts therefore to 10%, and the mean value is 38.3 (10^3) km^3. We think that the values of Marcinek and L'vovitch set the limits so that one can assume for the mean value an accuracy of ±5%, or ±1.9 (10^3)km^3. Certainly the results of the IHD will lead to greater accuracy, especially for runoff. The Amazon example shows the importance of improvement of runoff data due to this IHD program point.

7.1.1.3 Evaporation

In this we maintain the computation $E_L = P_L - D_L$ is the most exact method. Climatological computations, e.g., Thornthwaite's (see section 2.1.2.1), or the heat budget determination, we must view as less precise because all of these estimates cannot take into account differentiated conditions at the earth's surface (especially ground cover and formation). For an exact calculation of the exchange, the available aerological data or the few observations of moisture fluxes from the lowest air strata up to now do not offer a sufficient basis.

Considering that P_L possibly was assumed too low because corrections for measurement error are necessary, the estimates of E_L from the water budget may perhaps prove in part to be too low. According to our present knowledge concerning the accuracy of our investigations, E_L probably is about 75 (10^3) km^3. The difference amounts to 4 (10^3)' km^3 = 5%.

7.1.2 Oceans

7.1.2.1 Evaporation

The greatest difference in the results of the last 15 years lies between Albrecht's (1960) 411 and Budyko's (1970) 455 (10^3) km^3. After elimination of the somewhat arbitrary correction of Albrecht (−1.5%) one arrives at 418,

kommt man auf 418, nach Angleichung der bei BUDYKO wohl zu hohen Differenz D_S von -43 auf den wahrscheinlichen Abflußwert von 40 auf Kosten von E_S ergäbe sich 452. Die Differenz zwischen diesen beiden korrigierten Werten von ALBRECHT und BUDYKO beträgt immerhin noch $34 \times 10^3 \, km^3$ bzw. 8%, die Genauigkeit unseres Wertes $\pm 4\%$.

and after approximation of Budyko's (probably too high) $D_S = -43$ by the probable runoff value of -40 we have 452. The difference between these two corrected values still amounts to $34 \, (10^3) \, km^3$ or 8%, and the accuracy of our value is $\pm 4\%$.

7.1.2.2 Niederschlag

Die unter 7.1.2.1 erläuterten Grenzwerte für $E_S = 418$ bis $452 \times 10^3 \, km^3$ würden bei einer Annahme von $D_S = -40$ zu Grenzwerten für $P_S = 378$ bis $412 \times 10^3 \, km^3$ führen, also zu einer Differenz von $34 \times 10^3 \, km^3$ bzw. 10% und zu einer Genauigkeit von $\pm 5\%$.

Die Berechnungen für P_S aus den letzten 20 Jahren schwanken zwischen BUDYKO (1955) mit 370, ALBRECHT (1960) mit 378 sowie DROSDOW (1964) und BUDYKO (1970) mit $412 \times 10^3 \, km^3$; aus der Karte von KNOCH (1961) ermittelten wir $396 \times 10^3 \, km^3$, als Mittel der schließlich zugrunde gelegten Werte von ALBRECHT, KNOCH und DROSDOW $395 \times 10^3 \, km^3$. Die Unterschiede werden bedingt durch die verschiedenen Annahmen, die als Abschlag beim Übergang von den zu hohen Insel- und Küstenwerten auf das ebene Weltmeer verwendet werden. Diese Annahmen liegen bei den obigen Werten zwischen 0 und -10%, während WÜST (1954) sogar mit -20% rechnete und somit auf $324 \times 10^3 \, km^3$ kam. Dabei liegen die Ausgangswerte für diese Abschlagsrechnungen bei rund $410 \times 10^3 \, km^3$. Eine Übersicht über die Reduktion der Meßwerte von Küsten und Inseln, neuerdings auch von Wetterschiffen auf die Meeresoberfläche hat JACOBS (1968) gegeben. Die Differenz der drei Grundwerte beträgt $34 \times 10^3 \, km^3$ oder 9%, die Genauigkeit unseres Wertes $\pm 5\%$.

Trotz des zum Teil recht dünnen Beobachtungsnetzes über dem Meere kann man aus den Niederschlagskarten der verschiedenen Autoren entnehmen, daß die Linienführung der Isohyeten große Übereinstimmung aufweist und daß nur der Absolutbetrag der Niederschlagsmenge im oben erläuterten Ausmaß differiert.

7.1.2.2 Precipitation

The limiting values for $E_S = 418$ to $452 \, (10^3) \, km^3$ (explained in section 7.1.2.1), for an assumend $D_S = -40$, would lead to limiting values for $P_S = 378$ to $412 \, (10^3) \, km^3$, therefore to a difference of $34 \, (10^3) \, km^3$ or 10%, and to an accuracy of $\pm 5\%$.

The calculations for P_S from the last 20 years fluctuate between Budyko (1955) with 370, Albrecht (1970) with 378, and Drosdow (1964) and Budyko (1970) with $412 \, (10^3) \, km^3$; from Knoch's (1961) map we estimated $396 \, (10^3) \, km^3$, and as the mean of the finally established values of Albrecht, Knoch, and Drosdow $395 \, (10^3) \, km^3$. The differences are caused by the various assumptions used in reducing high island and coastal values to apply to the open sea. These assumptions range in the above values between 0 and -10%, whereas Wüst (1954) estimated -20% and in so doing arrived at $324 \, (10^3) \, km^3$. The initial value used in these reduction estimates is about $410 \, (10^3) \, km^3$. Jacobs (1968) gave a review of the reduction of measured values from coasts and islands, and recently from weather ships on the oceans. The difference of the three basic values amounts to $34 \, (10^3) \, km^3$ or 9%, and the accuracy of our values is $\pm 5\%$.

In spite of the sometimes very sparse observational network over the sea, one can conclude from the precipitation maps of the various authors that the pattern of isohyets shows considerable agreement, and that only the absolute amount of precipitation differs to the degree explained above.

7.1.3 Zusammenfassende Betrachtung

Die für die fünf Bilanzposten in vorstehenden Ausführungen gefundenen Fehlergrenzen sollen nun zur Globalsumme des Niederschlags bzw. der Verdunstung auf der Erde in Beziehung gesetzt werden. Zur Vereinfachung rechnen wir dabei mit der runden Summe $P_G = E_G = 500 \times 10^3 \, km^3$. Im Verhältnis zu dieser Größe betragen dann die Fehler:

$$P_L \quad = +5 \times 10^3 \, km^3 : 1.0\%$$
$$D_L \quad = \pm 2 \times 10^3 \, km^3 : 0.4\%$$
$$E_L \quad = +4 \times 10^3 \, km^3 : 0.8\%$$
$$E_S \quad = \pm 17 \times 10^3 \, km^3 : 3.4\%$$
$$P_S \quad = \pm 17 \times 10^3 \, km^3 : 3.4\%$$
$$P_G, E_G = 22 \times 10^3 \, km^3 : 4.4\%$$

Der letztere roh gerechnete Wert zeigt, daß wir mit unserem Wert von $496 \times 10^3 \, km^3$ der Globalsumme der Wasserbilanz anscheinend auf 5% nahe gekommen sind. Sie mag also zwischen 525 und $475 \times 10^3 \, km^3$ liegen, wobei wir mit

7.1.3 Comprehensive Consideration

The error limits for the five balance components in the foregoing discussion shall now be referred to the global sums of precipitation or evaporation over the earth. To simplify, we calculate with the approximate sums $P_G = E_G = 500 \, (10^3) \, km^3$. In relationship to this value the errors amount to:

$$P_L \quad = +5 \times 10^3 \, km^3 : 1.0\%$$
$$D_L \quad = \pm 2 \times 10^3 \, km^3 : 0.4\%$$
$$E_L \quad = +4 \times 10^3 \, km^3 : 0.8\%$$
$$E_S \quad = \pm 17 \times 10^3 \, km^3 : 3.4\%$$
$$P_S \quad = \pm 17 \times 10^3 \, km^3 : 3.4\%$$
$$P_G = E_G = 22 \times 10^3 \, km^3 : 4.4\%$$

The latter roughly computed value shows that our value of $496 \, (10^3) \, km^3$ for the global water balance apparently is within 5%. Therefore it might lie between 525 and 475 $(10^3) \, km^3$, from which we might expect, with respect to

Rücksicht auf die jüngsten finnischen Untersuchungen (HELIMÄKI-SOLANTIE 1973) (Ziff. 7.1.1.1.) vermuten möchten, daß sie eher etwas über 500 x 10^3 km^3 als darunter liegt.

7.2 Weitere Entwicklung

Im folgenden wollen wir einige Anmerkungen zu der Frage machen, wie sich die Genauigkeit der Berechnungen und der Kartendarstellungen steigern ließe. Hier sind insbesondere die Gesichtspunkte der Meßgenauigkeit, der Berechnungsgrundlagen, der Beobachtungsdichte und der orographischen Einflüsse auf der Erde angesprochen, aber auch einheitliche Bezugszeiträume für die ganze Erde oder mindestens für größere Gebiete vom Ausmaß von Kontinenten oder Subkontinenten müßten gewährleistet werden. Wir wollen diese ausgedehnten Probleme hier nur skizzieren, soweit die Richtung von Fortschritten derzeit konkreter erkennbar ist.

7.2.1 Festland

7.2.1.1 Niederschlag

Die Meßgenauigkeit wird derzeit mit Vergleichsbeobachtungen an Geräten über und an der Erdoberfläche untersucht. Vergleiche zwischen dem Wassergehalt der Neuschneeschicht und der Niederschlagsmessung sind im Gange. Der Windeinfluß soll durch Hilfseinrichtungen zur Egalisierung der Strömung um das Meßgerät herabgesetzt werden.

Die Messung des Niederschlags in unbewohnten Gebieten durch Sammler und automatisch messende Geräte macht Fortschritte. Hierunter fällt auch die Verdichtung des Beobachtungsnetzes in den Gebirgen, das wegen deren relativ höheren Niederschlagsmengen von Bedeutung ist.

7.2.1.2 Verdunstung

Die Bestimmung über die Strahlungsbilanz macht durch die Verdichtung der Meßpunkte Fortschritte. Vielleicht kann auch eine Verbesserung oder Verdichtung der Bewölkungsbeobachtungen diese Tendenz unterstützen. Ebenso möchte man an einen Fortschritt bei den Versuchen glauben, E_L aus den klimatologischen Werten, insbesondere Lufttemperatur, Sättigungsdefizit, Niederschlagshöhe und Windgeschwindigkeit, zu bestimmen. Weniger erfolgreich scheinen die Versuche zu sein, über Austauschbetrachtungen zu genaueren E_L-Werten zu kommen. Auch die vielfachen Versuche zur direkten Messung von E_L mit lysimeterartigen Einrichtungen haben nicht immer befriedigt, führen aber vielleicht doch weiter, mindestens in bezug auf Relativwerte für den Jahresgang. Insgesamt müßten die hier behandelten Fortschritte dem Ziele dienen, sich der genauen Bestimmung von E_L von zwei Seiten her im Sinne der geophysikalischen Arbeitsmethode unter gegenseitiger Kontrolle zu nähern, nämlich durch die Berechnung und Messung wie vorstehend sowie durch indirekte Bestimmung als $E_L = P_L - D_L$ von der hydrographischen Messung her.

the most recent Finnish investigation (Helimäki/Solantie 1973), that it would rather lie a little above than below 500 (10^3) km^3.

7.2 Further Development

In the following we will remark concerning the question of how the accuracy of the calculations and the map description might be increased. Here, especially the aspects of measurement accuracy, computational bases, observational density, and orographic influences over the earth are discussed, but also uniform reference periods for the entire earth, or at least for larger regions the size of continents or sub-continents, must be assured. We shall sketch only these extensive problems here as far as the direction of improvements is really discernible at this time.

7.2.1 Land

7.2.1.1 Precipitation

The measurement accuracy will be investigated now with comparable observations with instruments above and at the earth's surface. Comparisons between the water content of the new snowpack and precipitation measurement are in progress. The wind influence shall be minimized by means of auxilliary arrangements to standardize flow around the measurement instrument.

The measurement of precipitation in uninhabited regions with storage gages and automatic measuring instruments advances. Increasing the density of observational networks in mountains, which is of importance because of their relatively high precipitation, is included in this.

7.2.1.2 Evaporation

Determination of the radiation balance is progressing with the increased density of measurement points. Perhaps an improvement or intensification of cloudiness observations can also support this tendency. Likewise one would think of an improvement in the attempt to determine E_L from climatological data, especially air temperature, saturation deficit, precipitation depth, and wind speed. Less successful appear to be the attempts to arrive at more exact E_L-values using "Austausch" considerations. Also the manifold attempts at the direct measurement of E_L with lysimeter-type installations have not always been satisfactory, but may improve, at least regarding relative values, on monthly basis. Overall the improvements treated here must serve the purpose of the exact determination of E_L from two aspects: 1) in the sense of the geophysical method with controls to support (by means of calculation and measurement as well as by indirect determination, 2) the hydrographic method $E_L = P_L - D_L$.

7.2.1.3 Abfluß

Hier liegt gegenwärtig das Schwergewicht auf einer Verdichtung des Pegelnetzes, das zur genaueren Verfolgung des Abflußvorgangs in quantitativer Hinsicht ebenso erforderlich ist als mit dem Ziele einer Verkleinerung der Einzugsgebiete zur vorstehend behandelten Ermittlung von E_L auf hydrographischer Grundlage, schließlich auch zur Gewinnung eines gesicherten Verteilungsbildes von D_L. Rechnerische Hilfsmethoden für die Aufteilung der Flächenintegrale von D_L auf ein Verteilungsbild mit Isolinien von D_L können auf einer solchen Grundlage ebenfalls auf eine solidere Basis mit dem Ergebnis einer größeren Genauigkeit gestellt werden. Natürlich bedarf es bei den Pegelstellen eines modernen Ausbaus mit normierten Meßstrecken, fundierten und möglichst unveränderlichen Querschnitten, ggf. der besseren Erfassung von Grundwasserströmen und der Fixierung der Pegelstände durch fortlaufende Registrierungen. Alle diese Verbesserungen sind im Gange und werden allgemein zu mehr gesicherten Werten über D_L führen, als es schon jetzt in vielen Teilgebieten der Erde der Fall ist. Welche Überraschungen noch in der Luft liegen, haben die unter 2.1.4 behandelten Gebiete des Amazonas und des Orinoco schlaglichtartig beleuchtet.

7.2.1.4 Allgemein

Bei P_L, E_L und D_L werden die in der IHD erzielten Fortschritte bei der Verarbeitung des verbesserten Materials im nächsten Jahrzehnt in Erscheinung treten, doch muß und wird die weitere Entwicklung nach dieser Initiative über den bis jetzt erreichten Stand hinausführen. Hierzu trägt auch die vielfältige Bedeutung des Wassers als Rohstoff, als Lebensgrundlage und als Umweltfaktor schlechthin bei.

7.2.2 Weltmeer

Auch die Fortschritte der Meeresforschung, die durch die gewaltige Bedeutung des Weltmeeres als Rohstoffgrundlage in eine Periode erheblicher Intensivierung getreten ist, machen vor der Wasserbilanz mit Beiträgen für die zahlenmäßige Erfassung der Wassertransporte im Weltmeer und damit wiederum als einer der Grundlagen für das Studium des Lebens sowie der organischen und der anorganischen Materie im Weltmeer nicht Halt.

7.2.2.1 Niederschlag

Die Bestimmung von P_S bedarf der Festpunkte, wie sie in den Inseln und Küsten auf natürlicher Basis gegeben sind. Dazu treten die Wetterschiffe, während auf den in schneller Bewegung befindlichen Handelsschiffen die Vorbedingungen für die Messung der Niederschläge sehr ungünstig sind und nur Relativwerte für den Jahresgang von P_S zu erwarten sind. Die zeitweilig diskutierte Einstellung der Wetterschiffe wäre ein Rückschritt im Bemühen nach besserer Information. Neuerdings mögen künstliche Inseln, wie sie in Verbindung mit der Gewinnung von Erdöl und -gas sowie durch Abbau von Rohstoffen überhaupt geschaffen werden, ebenfalls solche Stützpunkte abgeben. Vorausset-

7.2.1.3 Runoff

Here the present difficulty in increasing the density of the stream-gage network is that the more precise pursuit of runoff phenomena quantitatively is just as necessary as the reduction of catchment size to determine E_L from a hydrographic basis, finally also to obtain a reliable distribution map of D_L. Analytical methods for the arrangement of areal values of D_L on a distribution map with isolines can be provided with a more solid basis and results of greater accuracy. Of course gaging stations require modern installation with normalized measuring systems of fixed and unvarying cross-sections, also better comprehension of groundwater flows and establishment of the gage rating through continual calibration. All of these improvements are in progress and will lead generally to more reliable values of D_L – as is already the case in many parts of the earth. Which surprises are yet to come is suggested by the Amazon and Orinoco results (discussed in 2.1.4).

7.2.1.4 General

With respect to P_L, E_L, and D_L, progress achieved in the IHD will appear with thorough study of the improved data, but further development following this initiative must and will be carried forth beyond the state now attained. Here also the manifold importance of water as a raw material, as a basis for life, and as an environmental factor certainly is included.

7.2.2 Oceans

Also the developments in ocean research, which, with the enormous importance of oceans as raw material sources, enters a period of considerable stress, continue with the water balance and contributions to the numerical comprehension of water transport in the ocean and again as a basis for the study of life as well as for the organic and inorganic material in the oceans.

7.2.2.1 Precipitation

Determination of P_S requires reference points, as occur naturally in the islands and coasts. Included here are the weather ships, whereas on the faster-moving merchant ships the conditions for precipitation measurement are very unfavorable and only relative annual values of P_S are to be anticipated. The temporarily discussed suspension of weather ships would be a step backward in the search for better information. Recently artificial islands, as erected in connection with natural oil and gas extraction as well as mineral exploitation generally, also would provide such supports. Prerequisite for evaluation of all these measurements are above all faultlessly measured reference values and derived

zung für die Auswertung aller diese Messungen sind allerdings einwandfrei gemessene Bezugswerte und spekulationsfrei abgeleitete Beziehungen zu P_S auf der Wasseroberfläche, an denen es bisher mangelt. Nach Erfüllung eines dahin zielenden Programms würde man über eine bessere Basis zur Darstellung von P_S verfügen.

Das Verteilungsbild von P über den Weltmeeren wird zunehmend durch die Satellitenbilder der Bewölkung und deren klimatologische Verarbeitung etwa in der Form von "Global Atlas of Relative Cloud Cover" 1969-1970 von B. MILLER u. R.C. FEDDES (1971) gesichert. Eine punktweise Auswertung längerer Beobachtungsreihen wird neue Erkenntnisse bringen, die aber zunächst nur relative Werte vermitteln. Die schwierigste Aufgabe ist dann die Quantifizierung dieser Relativwerte zu absoluten Werten von P.

7.2.2.2 Verdunstung

Die Bestimmung von E_S beruht auf der Ermittlung des Äquivalents von E_S im Wärmehaushalt über dem Meere und auf der Berechnung nach Verdunstungsformeln aus klimatologischen Mittelwerten auf der Basis von Austauschuntersuchungen.

Zur Bestimmung des Strahlungshaushalts liegen nur von wenigen Stationen Meßwerte vor. Ziel der Bemühungen sollte sein, dieses Netz wesentlich enger zu ziehen. Für die Extrapolation der Ergebnisse auf die Gebiete zwischen den Meßstellen bedarf es besserer Unterlagen über die Bewölkungsverhältnisse über dem Weltmeer. Hierbei werden die unter 7.2.2.1 erwähnten Satellitenbilder und die Auswertung längerer Reihen eine ganz wesentliche Hilfe liefern. Dazu treten Messungen der Strahlung von Satelliten aus.

Die Verdunstungsformeln enthalten jeweils Konstanten, deren Ermittlung mit Hilfe von Wärmehaushaltsuntersuchungen möglich ist. Mit deren vorstehend behandelter Verdichtung würde sich auch ein größeres Kollektiv für die Ermittlung dieser Konstanten ergeben. Diese streuen bisher innerhalb der einzelnen Vergleichspunkte sehr stark und sind also mit größeren Ungenauigkeiten behaftet, welche die gesuchte Größe E_S erheblich beeinflussen.

In diesen Bereich gehört ferner eine einheitliche Messung und Beobachtung zu gleichen täglichen Ortszeiten sowie eine homogenisierte Bearbeitung der klimatologischen und ozeanographischen Grundwerte. Dies betrifft sowohl Lufttemperatur, Dampfdruck, Bewölkung und Wind als auch Wassertemperatur und Salzgehalt über und an der Meeresoberfläche. Weiter bedarf es einer genauen Festlegung der Eisverhältnisse im subpolaren und polaren Bereich des Meeres. Die gegenwärtig vorliegenden Atlanten genügen insoweit noch nicht für eine genauere Berechnung der Meeresverdunstung als Schlüsselgröße für den Wasserhaushalt auf der Erde. Direkte Messungen von E_S, z. B. auf Flößen, stoßen auf ähnliche oder noch größere Schwierigkeiten wie bei P_S, wie man u. a. auch aus den Erfahrungen bei den Binnenseen mit ihrem vergleichsweise schwachen Wellengang schließen möchte.

relationships for P_S at the water surface free of speculation, which up to now are deficient. After fulfillment of some of the programs alluded to, there will be a better basis for the description of P_S.

The distribution map of P over oceans will be increasingly secured by satellite pictures of cloudiness and their climatological processing, e.g., in the form of Global Atlas of Relative Cloud Cover 1969-1970 by B. Miller and R.C. Feddes (1971). A point by point evaluation of longer observational series will bring new knowledge, but at first only relative values. The most difficult task is then the quantification of these relative values to absolute values of P.

7.2.2.2 Evaporation

Determination of E_S depends on estimation of E_S equivalents in the heat budget over the ocean and on calculations according to evaporation formulae from climatological means on the basis of "Austausch" investigations.

For determination of the radiation budget only a few measurement stations exist. A basis for concern should be to significantly amplify the network. For interpolation of the results to areas between stations, a better background concerning cloud conditions over the oceans is required. In this, the satellite pictures mentioned under 7.2.2.1 and their evaluation over longer periods will provide important assistance. Along with this come measurements of radiation from satellites.

The evaporation formulae contain certain constants, determination of which is possible with the help of heat budget investigations. With their above-mentioned amplification, a larger collective for the determination of these constants will also exist; these vary greatly, up to now, for individual comparisons and are burdened with greater inaccuracies which considerably influence the desired quantity E_S.

Also pertinent in this field is uniform measurement and observation on fixed local-times as well as uniform treatment of climatological and oceanographic data. This includes not only air temperature, vapor pressure, cloudiness, and wind, but also water temperature and salt content above and at the ocean surface. An additional requirement is a more exact determination of ice conditions in subpolar and polar regions of the oceans. Presently available data do not yet suffice for a more exact estimate of ocean evaporation as key value for the water budget of the earth.
Direct measurements of E_S, e.g., on floats, encounter similar or greater difficulties than for P_S, as one would conclude also from experiences at inland lakes with their comparably weak waves.

7.2.3 Allgemein

Einen Antrieb zur Intensivierung der Forschung über den Wasserhaushalt müßte die immer stärker heraufkommende Frage der Klimamodifikation (FLOHN, 1973) geben, bei der es sich um ein grundlegendes Umweltproblem und um eine entscheidende Herausforderung des Menschen handelt. Voraussetzung für Entscheidungen in dieser Beziehung sind gesicherte Vorstellungen über die weltweite Ausgangslage, d. h. bei dem hier behandelten Teilaspekt "Wasserhaushalt" über die Gegebenheiten in bezug auf P, E und D über Land und Meer und solide physikalische Kenntnisse über den Einfluß der einzelnen Parameter auf jeden der drei Bilanzposten des Wasserhaushalts. Letzterer bildet weiterführend dann auch die Grundlage für einen weiteren Teilaspekt des angeschnittenen Umweltproblems, nämlich für die Untersuchung der Wassertransporte im Luftmeer und die weitreichenden Konsequenzen auf diese Transporte bei Veränderungen im Strömungssystem und in den transportierten Wassermengen als Folge von Klimamodifikationen.

Dies alles zeigt, welche zukunftsträchtige Bedeutung der unter Ziff. 7.2 angeschnittenen Weiterentwicklung der Wasserhaushaltsforschung im Rahmen der Forschungsaufgaben von Meteorologie und Ozeanographie zukommt.

7.2.3 General

An incentive for the intensification of research on the water budget must be the ever more prominent question of climate modification (Flohn, 1973), which is a basic environmental problem and a decisive challenge to mankind. Prerequisite for decisions in this respect are reliable conceptions of world-wide initial conditions, i.e., for the "water budget" aspect treated here, firm data with respect to P, E, and D over land and sea, and solid physical information concerning the influence of individual parameters on each of the three water-budget components. The latter constitutes then also the basis for an additional partial aspect of the environmental problem, namely the investigation of water transport in the atmosphere and the far-reaching consequences of this transport with changes in the flow system and in the volumes of water transported as a result of climate modifications.

All of this shows how the momentous future importance of the wider development of water-budget research belongs in the realm of research tasks of the meteorologist and oceanographer (see section 7.2).

8. Dank

8. Acknowledgements

Wir erfreuten uns der bereitwilligen Mithilfe und Unterstützung verschiedenster Art, nämlich:

Wissenschaftliche Information:

B. Balon, H. Flohn, H. Fehn, H. Fischer, W. Hartke, L.A. Heindl, H. Henning, U. de Haar, W. E. Hiatt, A. J. Hoffmann, W. C. Jacobs, R. Keller, H. Kern, A. Kessler, H. E. Landsberg, H. Louis, J. R. Mather, F. Möller, J. Nemec, S. Orvig, G. Pogade, D. W. Privett, O. Reinwarth, H. U. Roll, K. Ruppert, M. Schlegel, M. K. Thomas, A. Tollan, E. Vowinkel.

Bayer. Landesstelle für Gewässerkunde, Bundesanstalt für Gewässerkunde, Deutscher Wetterdienst (Zentralamt und Seewetteramt), Deutsches Hydrographisches Institut, Hydrologisches Staatsinstitut Leningrad, Meteor. Hydrogr. Institut Stockholm, Thornthwaite Associates (Laboratory of Climatology).

EDV (Programmierung und Auswertung):

H. Hager, K. P. Hoinka, R. Strauß.

Kartographie und Abbildungen:

O. Gaub (Verlag Das Beste, Stuttgart), A. Hanle (Bibliographisches Institut Mannheim), M. Hann (Wenschow GmbH München), W. Hirner, G. Koch.

Schreibarbeiten und Zusammenstellung des Tabellenanhangs:

B. Bauer, Ch. Strauß.

Allen Genannten bzw. allen Institutionen sprechen wir unseren besonderen Dank für ihre Mühewaltung aus.

We were gratified by willing assistance and support of various kinds:

Scientific Information:

B. Balon, H. Flohn, H. Fehn, H. Fischer, W. Hartke, L. A. Heindl, H. Henning, U. de Haar, W. E. Hiatt, A. J. Hoffmann, W. C. Jacobs, R. Keller, H. Kern, A. Kessler, H. E. Landsberg, H. Louis, J. R. Mather, F. Möller, J. Nemec, S. Orvig, G. Pogade, D. W. Privett, O. Reinwarth, H. U. Roll, K. Ruppert, M. Schlegel, M. K. Thomas, A. Tollan, E. Vowinkel.

Bavarian Hydrology Institute, Federal Hydrology Institute, German Weather Service (Central and Sea Weather Offices), German Hydrographic Institute, Leningrad Hydrological Institute, Stockholm Meteor. Hydrogr. Institute, Thornthwaite Associates (Laboratory of Climatology).

EDV (Programming and Evaluation):

H. Hager, K. P. Hoinka, R. Strauss

Cartography and Illustrations:

O. Gaub (Publisher Das Beste, Stuttgart), A. Hanle (Mannheim Bibliographical Institute), M. Hann (Wenschow Gmbh, Munich), W. Hirner, G. Koch.

Typing and Compilation of the Tables:

B. Bauer, Ch. Strauss.

We express our special thanks to all of these persons and institutions for their diligent efforts.

9. Literatur- und Quellennachweis

9. Literature and List of References

Vorbemerkung

Das Verzeichnis umfaßt nur einen Auszug aus der umfangreichen Literatur über die Grundlagen der Weltwasserbilanz. Die angeführten Untersuchungen weisen in vielen Fällen reichhaltige Literaturzitate auf, auf die wir hiermit verweisen möchten. Deren Auswertung würde zu einer eigenen Spezial-Bibliographie führen. Eine solche Bearbeitung lag nicht in der Absicht und innerhalb der Möglichkeiten der Verfasser. Sie wäre wohl nur auf internationaler Basis zu verwirklichen.

Preliminary Remarks

This list includes only a quintessence of the voluminous literature concerning the foundations of the world water balance. In many instances the cited reports point to extensive literature references which we would like to refer to here. Their use would lead to a specific special bibliography. Such a treatment was not the intention of the authors, and was not feasible. Probably it could materialize only on an international basis.

ALASKA (1943): Climatic atlas for Alaska – US Weather Bur. 17+227 p.

ALBRECHT, F. (1947): Die Aktionsgebiete des Wasser- und Wärmehaushalts der Erdoberfläche – Z. Meteor. 1: 97-109.

ALBRECHT, F. (1949): Über die Wärme- und Wasserbilanz der Erde – Ann. Meteor. 2: 129-144, 6 Taf.

ALBRECHT, F. (1950): Methoden zur Bestimmung der Verdunstung der natürlichen Erdoberfläche – Arch. Meteor. Geoph. Biokl. A 2: 1-38.

ALBRECHT, F. (1951): Monatskarten des Niederschlages, der Verdunstung und des Wasserhaushalts des Indischen und Stillen Ozeans – Ber. Dt. Wd. US-Zone Nr. 29. 39 S. Bad Kissingen.

ALBRECHT, F. (1960): Jahreskarten des Wärme- und Wasserhaushaltes der Ozeane – Ber. Dt. Wd. 9, Nr. 66. 19 S. Offenbach.

ALBRECHT, F. (1961): Der jährliche Gang der Komponenten des Wärme- und Wasserhaushalts der Ozeane – Ber. Dt. Wd. 11, Nr. 79. 24 S. Offenbach

ALBRECHT, F. (1962): Die Berechnung der natürlichen Verdunstung (Evapotranspiration) der Erdoberfläche aus klimatologischen Daten – Ber. Dt. Wd. 11, Nr. 83, 19 S., Offenbach.

ALBRECHT (+), F. (1965): Untersuchungen des Wärme- und Wasserhaushalts der südlichen Kontinente – Ber. Dt. Wd. 14, Nr. 99. 54 S. Offenbach.

ALMAYDA ARROYO, E. und SOLAR, Fernando Saez (1958): Recopilacion de datos climatologicos de Chile y mapas sinopticos respectivos. – Minist. de Agricult. Proyeto 14. 195 S.

ANIOL, R. und SCHLEGEL, M. (1963): Klimaatlanten und neuere Klimakarten – Bibliogr. Dt. Wd. Nr. 14. 31 S. Offenbach.

ANTARKTIS (1966): Atlas Antarktiki (Atlas of the Antarctic). Part I – Soviet Antarct. Exp. Moscow/Leningrad (Geodet. and Cartogr. Administr.) XII+225+XXII S.

ARGENTINIA (1960): Atlas Climatico de la Republica Argentina – Serv. Meteorol. Nacional.

ARGENTINIA (1962): Datos Pluviometricos 1921-1950 – Serv. Meteorol. Nacional. Publ. B 1, No. 2.

ATLAS MIRA (1964): 298 S. Moskau – Siehe auch: WORLD, Phys. Geogr. Atlas.

AUSTRALIA (1924): Average annual rainfall map of Australia.

AUSTRALIA (1965): The climate and meteorology of Australia.

BALEK, J. (1966): Hydrological regimes of Albania rivers – Bull. Int. Ass. Scient. Hydrol. 11, No. 2: 69-75. Gentbrügge.

BAUER, A. (1966): Le bilan de masse de l'Inlandeis du Groenland n'est pas positif. – Bull. Int. Ass. Scient. Hydrol. 11, No. 4: 8-12. Gentbrügge.

BAUMGARTNER, A. und REICHEL, E. (1970): Preliminary results of new investigations of world's water balance – Bull. Int. Ass. Scient. Hydrol.: 65-78. Gentbrügge.

BAUMGARTNER, A. und REICHEL, E. (1973): Eine neue Bilanz des globalen Wasserkreislaufes – Umschau 73: 631-632.

BAUMGARTNER, A. und REICHEL, E. (1974): Die Wasserbilanz von Europa im Rahmen der Weltwasserbilanz – Deutsche Gewässerkdl. Mitt. 18: 29-34.

BENTLEY, C. R. and others (1964): Physical characteristics of the Antarctic Ice Sheet – Antarct. Map Folio Series, Fol. 2. 10 S. 10 map. Amer. Geogr. Soc. New York.

BERGSTEN, F. (1950): Contribution to study of evaporation in Sweden – Met. Hydr. Inst. Meddel. Ser. D, Nr. 3. Stockholm.

BLUME, H. (1962): Beiträge zur Klimatologie Westindiens – Erdkunde 16: 271-289.

BOYUM, G. (1962): A study of evaporation and heat exchange between the sea-surface and the atmosphere – Geophys. Publ. 22: 1-15.

BRENKEN, G. (1960): Versuch einer Klassifikation der Flüsse und Ströme der Erde – Als Manuskript gedruckt. Düsseldorf.

BRINKMANN, W. L. F. (1968): Zur Hydrologie des Tigrissystems. Run-off regimes and studies of the water balance – Int. Geogr. Un., Somm. IHD. 1. Rep.: 181-239. Geogr. Inst. Freiburg.

BROGMUS, W. (1952): Eine Revision des Wasserhaushalts der Ostsee – Kieler Meeresforsch. 9: 15-42.

BROOKS, C. E. P. and HUNT, Th. M. (1930): The zonal distribution of rainfall over the Earth – Mem. Roy. Meteor. Soc. 3, Nr. 28.

BRUZON, E. Atlas (1930): Indochine Français. – Service Météorol. 42 p. Hanoi.

BRYAN, K. (1969): The ocean model. – Monthly Weather Rev. 97: 806-827.

BUDYKO, M. I. (1961): Radiation balance and heat balance of oceans – Monogr. U. G. S. I., No. 10

BUDYKO, M. I. (1963): Atlas of heat balance of the Earth – 5 p. 69 map. Moscow.

BUDYKO, M. I. (1963): Der Wärmehaushalt der Erdoberfläche. Deutsche Fassung von E. Pelzl. – Fachl. Mitt. Geophys. Berat. Dienst Bundeswehr. Reihe 1 Nr. 100. 282 S. + 19 S. Abb. Porz-Wahn.

BUDYKO, M. I. (1970): The water balance of the Oceans. In: Symposium on world water balance, vol. I, Reading 1970 – Int. Ass. Scient. Hydrol. Publ. Nr. 92, 24-33. Gentbrügge.

BULTOT, F. (1950): Regimes normaux et cartes des précipitations dans l'est du Congo Belge – Publ. Inst. Nat. Etude Agron. Congo Belge. 51 p. Bruxelles.

BULTOT, F. et DUPRIEZ, G. (1968): Etude hydrométéorologique des précipitations sur les bassins hydrographiques belges J. Semois Inst. Mét. Belg. 75 p. Uccle.

CALEMBERT, J. (1954): Quelques données sur l'évaporation et les déficits en eau en Belgique – Bull. Inst. Agron. Gembloux, Bd. 22, No. 3-4: 189-212. Bruxelles.

CAMPAN, G. (1959): Note sur la climatologie des Antilles et de la Guyane Française – Monogr. Météor. Nat. no. 15.

CANADA (1957): Atlas of Canada – Dept. Mines Techn. Surveys. 110 Bl.

CANADA (1967): Climatic maps. – Ottawa.

CARTER, D. B. (1956): The water balance of the Mediterranean and Black Seas – Lab. of Climat., Vol. IX, No. 3: 123-174. Centerton.

CHATTERJEE, S. P. (1957): National atlas of India – 11 + 8 p., 26 map. Calcutta.

CHERNOGAEVA, G. M. (1970): Water resources of Europe – Bull. Int. Ass. Scient. Hydrol. 15, No. 4: 67-76

CHINA (1953): Climatic atlas of China – Centr. Weather Bur. Peking.

DAMMANN, W. (1967): Zur Meteorologie des Tschadsee-Gebietes – Ber. Bd. d. Dipl. Gärtner, Heft 12: 36-47.

DAUME, W. (1950): Der Wasserhaushalt des Mittelmeeres – Erdkunde 4: 185-188.

DEFANT, F. (1972): Klima und Wetter der Ostsee – Kieler Meeresforsch. 28: 1-30.

DHIR, R. D. (1953): Hydrological research in the arid and semi-arid regions of India and Pakistan – Unesco. Rev. of Res. on Arid Zone Hydrology: 96-127. Paris.

DROSDOV, O. A. (1964): Siehe ATLAS MIRA.

DROSDOV, O. A. und GRIGOREVA, A. S. (1965): The hydrologic cycle in the atmosphere – Jerusalem.

EMIG, M. (1967): Heat transport by ocean currents – J. Geophys. Res. 72: 2519-2529.

ERDOGAN OZTURGUT (1966): Water balance of the Black Sea and flow through the Bosporus – Cento Sympos. on Hydrol. and Water Res. Develop. Ankara.

ESCOBAR, I. (1949): Regimen anual de precipitacion en Bolivia – Rev. Meteor. 8: 247-268.

EUROPE (1944): Reichsamt für Wetterdienst: Mittlere jährliche Niederschlagsmenge in Europa – Beilage zu E. Woermann, Europäische Ernährungswirtschaft. Berlin 1944. Nicht erschienen.

FLETCHER, R. D. (1949): A hydrometeorological analysis of Venezuelan rainfall – Bull. Amer. Meteor. Soc. 30: 1-9.

FEAN, C. R. (1961): Seasonal survey of average cloudiness conditions over the Atlantic and Pacific Oceans – Scripps Inst. of Oceanogr. San Diego.

FERGUSON, H. L. O'NEILL, A. D. and CORK, H. F. (1970): Mean evaporation over Canada – Water Resources Res. 6: 1618-1633.

FLOHN, H. (1958): Beiträge zur Klimatologie von Hochasien – Erdkunde 12: 294-308.

FLOHN, H. (1958): Ein russischer Atlas des Wärmehaushalts der Erdoberfläche – Erdkunde 12: 233-237.

FLOHN, H. (1959): Bemerkungen zur Klimatologie von Hochasien – Akad. d. Wiss. Math. nat. Kl. Nr. 14. Wiesbaden.

FLOHN, H. (1965): Probleme der theoretischen Klimatologie – Naturw. Rdsch. 18: 385-392.

FLOHN, H. (1966): Energy budget of the Earth's surface – Enzycl. of Oceanogr.: 250-256. New York.

FLOHN, H. (1968): Ein Klimaprofil durch die Sierra Nevada de Meridia (Venezuela) – Wetter u. Leben 20: 181-191.

FLOHN, H. (1969): Zum Klima und Wasserhaushalt des Hindukuschs und der benachbarten Hochgebirge – Erdkunde 23: 205-215.

FLOHN, H. (1973): Natürliche und anthropogene Klimamodificationen – Ann. Meteor., N. F. 6: 59-66.

FLOHN, H. (1973): Der Wasserhaushalt der Erde: Schwankungen und Eingriffe – Manuskript

FOSTER, E. E. (1948): Rainfall and Run off. – 487 p. New York.

GANJI, M. H. (1955): The climates of Iran – Bull. Soc. Géogr. d'Egypte 28: 195-299.

GANJI, M. H. (1960): Iranian rainfall data – Univ. of Teheran. Arid Zone Research Center Publ. No. 3.191 p.

GEIGER, R. (1965): Die Atmosphäre der Erde. 12 Wandkarten 1:30 Mill – Perthes Verlag Darmstadt.

GIOVINETTO, M. B. (1964): The drainage systems of Antarctica: Accumulation – Antarct. Res. Ser. Amer. Geophys. Un. 2: 127-155.

GLANDER, H. (1965): Das Verhalten von Gebietsniederschlag und Gebietsverdunstung, dargestellt am Beispiel der Oberen Havel. Wasserw. – Wassertechn. 15: 54-58.

GLOBE (1971): Global atlas of relative cloud cover 1967-1970 – Nat. Climat. Center Ashville Nr. 28801. Washington D. C.-See: MILLER

GLOBE (1968): A compendium of major international rivers in ECAFE region – UN Water Resources Series Nr. 29.

GLOBE (1958): Tables of temperature, relative humidity and precipitation for the world – Met.Off., M. O. 617 a - f. London.

GOHL, D. (1970): Bemerkungen zur Bearbeitung von Karten langjähriger mittlerer Abflußhöhen für das Gebiet der Bundesrepublik Deutschland – Dt. Gewässerkdl. Mitt. 14: 122-125.

GRASNICK, K.-H. (1965): Wärmehaushaltsuntersuchungen im Atlantik 1958-1961 – Z. f. Meteor. 18: 55-67.

GRIFFITHS, J. F. and HEMMING, C. F. (1963): A rainfall map of Eastern Africa and Southern Arabia – E. Afr. Meteor. Dep. Mem. 3, no. 10. 42 p. Nairobi.

GRIMM, F. (1965): Das Abflußregime der Flüsse Bulgariens – Leipz. Geogr. Beitr.: 45-54.

GRINDLAY, J. (1972): Hydrology of the North Sea: run-off and precipitation – Meteor. Magaz. 101: 356-362.

GUATEMALA (1964): Atlas climatologico.

GUERRINI, V. H. (1953): Evaporation and transpiration in the Irish climate – Techn. Note Meteor. Serv. No. 14. 34 p. Dublin.

GUTBERLET, F. (1957): Niederschlag und Abfluß des Sakarya-Flusses in der Türkei – Gas- und Wasserfach, 98: 1197-1203.

GUTMANN: Niederschlagskarte von Korea – Manuskript.

DE HAAR, U. (1968): Hydrologische Karten der Erde – Dt. Gewässerkdl. Mitt. 12: 80.

HARE, F. K. (1951): Some climatological problems of the Arctic and Sub-Arctic – Compend. Meteor.: 952-964. Boston.

HAUDE, W. (1959): Die Verteilung der potentiellen Verdunstung. in Ägypten – Erdkunde 13: 214-224.

HAUDE, W. (1959): Verdunstung und Strahlungsbilanz in einem Trockenklima – Meteor. Rdsch. 12: 11-17.

HAUDE, W. (1959): Verdunstung und Wasserbilanz im Flußgebiet des Nils – Geogr. Ann. 41: 49-66. Stockholm.

HANZAWA, M. (1950): On the annual variation of evaporation from the sea-surface in the North Pacific Ocean – Oceanogr. Magaz. 2: 77.

HELA, I. (1951): On the energy exchange between the sea and the atmosphere in the Baltic area – Univ. Helsinki. Inst. of Meteor. Pap. No. 70, 48 p.

HENNING, D. (1970): Anmerkung zum Abflußverhalten des Festlandes – Meteor. Rdsch. 23: 91-92.

HENNING, D. (1970): Comparative heat balance calculations: First results of a global investigation. In: Symposium on world water balance, vol. II. Reading 1970. – Int. Ass. Scient. Hydrol Publ. no. 93: 361-376. Gentbrügge.

HENNING, H. (1968): Hwang Ho und Yangtze Kiang. Run-off regimes and studies of the water balance – Int. Geogr. Un., Comm. IHD. 1. Rep.: 87-180. Geogr. Inst. Freiburg.

HIEZ, G. et DUBREUIL, P. (1964): Les régimes hydrologiques en Guyane français. Inst. franç. d'Amérique tropical – Mém. de l'OR-STROM No. 3. 120 p.

HOINKES, H. (1960): Neue Ergebnisse der glaziologischen Erforschung der Antarktis. III – Umschau 60: 627-630.

HOINKES, H. (1968): Das Eis der Erde – Umschau 68: 301-306.

HU, H.-Y. (1947): A geographical sketch of Kiangsu Province – Geogr. Rev. 37: 609-617.

HUCK, S. (1958): Cuba. –Focus 8, Nr. 10.

v. HYLCKAMA, T. E. A. (1956): The water balance of the Earth – Publ. in Climatology, vol. IX, no. 2: 57-117. Centerton New Jersey.

IASH - UNESCO (1970): Symposium on world water balance. Vol. I and II – Publ. Nr. 92, 93. Ass. Int. Scient. Hydrol., Proc. Conf. Reading.

IRAQ (1962): Climatological atlas for Iraq – Meteor. Dept. Publ. No. 13. 216 p. Baghdad.

ISRAEL (1956/1960): Atlas of Israel – Dept. of Surveys. Jerusalem.

ISRAEL (1958): Climatological normals. Part I – Meteor. Notes Ser. A. no. 3 A, Tel Aviv.

JACKSON, S. P. (1961): Climatological atlas of Africa – Comm. for Techn. Co-operation in Afr. south of the Sahara. Joint Proj. No. 1. 6 p. 55 map. Lagos-Nairobi.

JACOBS, W. C. (1943): Sources of atmospheric heat and moisture over the North Pacific and North Atlantic Oceans – Ann. New York Acad. Sci. 44: 19-40.

JACOBS, W. C. (1948): Some empirical relations between seasonal values of (E-P) and surface salinities over the North Atlantic – J. Marine Res. 7: 330-336.

JACOBS, W. C. (1949): The distribution and some effects of the seasonal quantities of E-P over the North Atlantic and North Pacific – Arch. Meteor. Geophys. Biokl. A 2: 1-16.

JACOBS, W. C. (1949): The energie acquired by the atmosphere over the oceans through condensation and through heating from the sea surface – J. Meteor. 6: 266-272.

JACOBS, W. C. (1951): The energy exchange between sea and atmosphere and some of its consequences – Bull. Scripps Inst. of Oceanogr. Univ. California 6: 27-122. La Jolla.

JACOBS, W. C. (1951): Large scale aspects of energy transformation over the ocean – Ass. of Pacif. Coast Geogr. Yearbook 30: 63-78.

JACOBS, W. C. (1964): Large-scale aspects of air-sea interactions – Intern. Diction. Geoph. 10 p.

JACOBS, W. C. (1968): The seasonal apportionment of precipitation over the Ocean – Ass. of Pacif. Coast Geogr. Yearbook 30: 63-78.

JAMAICA (1954/1963): Supplement to rainfall of Jamaica – Kingston.

JAPAN (1948): The climatographic atlas of Japan. 1st Series – Centr. Meteor. Obs. 4 + 12 p., 42 map. Tokyo.

KALWEIT, H. (1953): Der Wasserhaushalt – 2 Bde. 408 + 277 S. Berlin.

KELLER/GRAHMANN/WUNDT (1958): Das Wasserdargebot in der BRD – Forsch. z. Dt. Ldkde., Bd. 103-105. Remagen.

KELLER, R. (1961): Gewässer und Wasserhaushalt des Festlandes – 520 S. Berlin.

KERN, H. (1954): Verteilungskarten von Landverdunstung und Abfluß – Meteor. Rdsch. 7: 137-140.

KERN, H. (1954): Niederschlags-, Verdunstungs- und Abflußkarten von Bayern (Jahresmittel 1901-1951) – Veröff. Bayer. LdSt. Gew. Kde. 12 S., 2 Taf., 3 K. München.

KERN, H. (1963): Zur Methode der Entwicklung von Abflußspendenkarten für den langjährigen mittleren Abluß – Dt. Gewässerkdl. Mitt., Sonderheft: 21-24.

KERN, H. (1973): Mittlere jährliche Abflußhöhen 1931-1960 – Schr. Bayer. LdSt. Gew. Kde. Heft 5, 13 S., 1 Karte. München.

KESSLER, A. (1968): Globalbilanzen von Klimaelementen – Ber. Inst. Meteor. Klimat. Techn. Univ. Hannover. 141 S.

KOBLINSKI-SIEMENS, G. v. (1954): Zur agrargeographischen Gliederung von Haiti – Erdkunde 8: 194-198.

KOHLER, M. A., NORDENSON, T. J. and BAHER, D. R. (1959): Evaporation maps for the Unites States – Techn. Rep. US Weather Bur. no. 37.

KNOCH, K. (1963): Großraum-Klimakarten – Z. f. Meteor. 17: 261-266.

KNOCH, K. und REICHEL, E. (1930): Verteilung und jährlicher Gang der Niederschläge in den Alpen – Abh. Preuß. Meteorol. Inst. IX, Nr. 6. 84 S., 4 Beil. Berlin.

KNOCH, K. und SCHULZE, A. (1951): Niederschlag, Temperatur und Schwüle in Europa – Welt-Seuchen Atlas I. 4 S., 5 K. Hamburg.

KNOCH, K. und SCHULZE, A. (1955): Niederschlag, Temperatur und Schwüle in Afrika – Welt-Seuchen Atlas II. 3 S., 6 K. Hamburg.

KNOCH, K. (1961): Niederschlag und Temperatur (Weltkarten) – Welt-Seuchen Atlas III. 5 S., 3 K. Hamburg.

KÖPPEN, W. und GEIGER, R. (1930 ff.): Handbuch der Klimatologie – Berlin.

KOPANEV, J. B. (1966): Role of evaporation in Antarctica – Soviet Antarct. Exp. Inf. Bull. 4, No. 2.

KUPRIANOV, B. B. (1958): Über experimentelle Untersuchungen der Elemente des Wasserhaushalts in der UdSSR – Z. f. Meteor. 12: 42-46.

LAEVASTU, T. CLARKE, L. u. WOLFF, P. M. (1969): Oceanic part of the hydrological cycle – WMO, Rep. on WMO/IHD-Projects. Rep. No. 11. 71 p., 31 fig. Geneva.

LANDSBERG, H. E. (1969 foll.): World Survey of Climatology – Amsterdam-London-New York.

LETTAU, H. (1969): Evapotranspiration climationomy I – Monthly Weather Weather Rev. 97: 691-699.

LETTAU, H. (1973): Evapotranspiration climatonomy II – Monthly Rev. 101: 636-649.

LINSLEY-KOHLER-PAULUS (1949): Applied Hydrology – 689 p. New. York.

LOEWE, F. (1954): Beiträge zur Kenntnis der Antarktis – Erdkunde 8: 1-15.

LOEWE, F. (1966): Das Inlandeis Grönlands – Umschau 66: 532-538.

LOEWE, F. (1967): The water budget in Antarctica – Proc. Sympos. Pacific-Antarct. Sciences, Jare Scient. Rep., Spec. Iss. Nr. 1: 101-110. Tokyo.

LONDON, J. (1957): A study of the atmospheric heat balance – Final Report Contr. No. AF 19 (122)-165. Dept. of Meteor. and Oceanogr., 99 p. New York Univ.

L'VOVITCH, M.I. (1964): Siehe ATLAS MIRA'

L'VOVITCH, M.I. (1970): World water balance: (General Report) In: Symposium on world water balance Reading 1970 vol. II. – Int. Ass. Sci. Hydrol. Publ. No. 93: 401-415. Gentbrügge.

L'VOVITCH, M.I. (1973): The Global Water Balance – US. IHD-Bull. 23: 28-42.

LU, A. (1947): Precipitation in the South Chinese-Tibetian borderland – Geogr. Rev. 37: 88-93.

LYSHEDE, J. M. (1955): Hydrologic studies on Danish water courses – Folia Geogr. Danica 6. 155 p. København.

MAC DONALD, J. E. (1961): On the ratio of evaporation to precipitation – Bull. Am. Meteor. Soc. 42: 185-189.

MALKUS, J.S. (1962): Large scale interactions – The Sea, Vol. I: 88-294. New York

MANABE, S. (1969): The atmospheric circulation and the hydrology of the earth's surface – Monthly Weather Rev. 97: 739-774.

MANABE, S., SMAGORINSKI, J. and STRICKLER, R. F. (1965): Simulated climatology of a general circulation model with a hydrologic cycle – Monthly Weather Rev. 93: 769-798.

MANALO, E. B. (1956): The distribution of rainfall in the Philippines – Philipp. Geogr. J. 4: 104-167.

MANIER, G. and MÖLLER, F. (1961): Determination of heat balance at the boundary layer over the sea – Final Rep. Contr. No. AR 61 (052)-315. 99 p. Meteor. Geophys. Inst. Univ. Mainz.

MARCINEK, J. (1964/1965): Der Abfluß von den Landflächen der Erde und seine Verteilung auf 5°-Zonen – Mitt. Inst. Wasserwirtsch. 204 S. Berlin. – Ergänzung. Ebenda. 4 S.

MATHER, J. R. (1970): The average annual water balance of the world – Symposium Banff. 1969. AWRA Proceedings of Meeting.

MATTHÄUS, H. G. (1965): Neue Ergebnisse der Meteorologie der Antarktis – Meteor. Abh. Inst. Meteor. Geophys. Fr. Univ. Berlin.

MC DONALD, W.F. (1938): Atlas of climatic charts of the Oceans. Washington

MEINARDUS, W. (1928): Über den Kreislauf des Wassers – Festrede Univ. Göttingen. Dietrich'sche Univ. Buchdr.

MEINARDUS, W. (1934): Die Niederschlagsverteilung auf der Erde – Meteor. Z. 51: 345-350.

MEINARDUS, W. (1934): Eine neue Karte der Niederschlagsverteilung der Erde – Pet. Geogr. Mitt. 80: 1-4. 1 K.

MELIN, R. (1948): The evaporation in Sweden – Un. Geod. Geophys. Int. Oslo: 62-64.

MIKULSKI, Z. (1973): Water balance of the Baltic Sea – Meet. Hydrol. Probl. Europe, Bern, 21 + 5 S.

MILLER, D. B. und FEDDES, R. G. (1970): Global atlas of relative cloud cover 1967-70 – U. S. Dept. of Commerce and U. S. Air Force Washington, D. C. 237 S.

MILLER-GERAGHTY-COLLINS (1963): Water atlas of the United States – Water Inform. Center. Washington.

MÖLLER, F. (1951): Vierteljahreskarten des Niederschlags für die ganze Erde – Pet. Geogr. Mitt. 95: 1-7.

MÖLLER, F. (1951): Die Verdunstung als geophysikalisches Problem – Naturwiss. Rdsch.: 45-50.

MUNN, R. E. (1961): Energy budget and mass transfer theories of evaporation – Proc. Hydrol. Symposium No. 2. Evaporation. Toronto: 8-26 – Discussion: 27-30.

NACE, R. L. (1967): Partial thematic outline and selected detail of a summary report on the results of the earlier works on the world water balance – Working Group on World Water Balance. Final Rep. Second Session, Point 4. 2. Paris.

NACE, R. L. (1970): World hydrology: status and prospects. In: Proc. Symposium on World Water Balance. vol. I, Reading 1970 – Int. Ass. Sci. Hydrol. Publ. No. 92: 1-10, Gentbrügge.

NEUMANN, J. (1958): Evaporation from Red Sea – Israel. Explor. J. 2: 153-162.

NEUMANN, J. and ROSENAN, N. (1954): The Black Sea: Energy balance and evaporation – Trans. Amer. Geoph. Un. 35: 767-774.

NIEUWOLT, S. (1969): Klimageographie der malaiischen Halbinsel – Mainzer Geogr. Stud. Heft 2. 152 S.

NOLL, D. A. (1960): Estude geografico do Uruguay – Bol. Geogr. 18: 420-453.

NORDENSON, T. J. (1968): Preparation of co-ordinated precipitation, run-off and evaporation maps – Rep. WMO/IHD Projects, Reg. no. 6. Geneva.

NORTH AND CENTRAL AMERICA (1968): Manuscript map of mean annual amount of precipitation – WMO Region. Assoc. VI. Working Group on Climatic Atlases.

OLASCOAGA, M. J. (1950): Some aspects of argentine rainfall – Tellus 2: 312-318.

OLTMANN, R. E. (1967): Reconnaissance investigations of the discharge and water quality of the Amazon – Atlas do simposio sobre a Biota Amazonica. Vol. 3(Limnologia). Rio de Janeiro.

ORVIG, S. (1970): Climates of the polar regions – See: LANDSBERG, H. E. (1969 foll.): vol. 14.

OURYVAEV, V.A. (1967): See: USSR Water Resources.

PALMEN, E. (1963): Computation of the evaporation over the Baltic Sea from the flux of water vapor in the atmosphere – Publ. Int. Ass. Sci. Hydrol. Berkeley Comité de l'Evaporation: 244-252 Gentbrügge.

PALMEN, E. und SOEDERMAN, D. (1966): Computation of the evaporation over the Baltic Sea from the flux of water vapor in the atmosphere – Geophysica 8, No. 4: 261-279.

PALMEN, E. (1967): Evaluation of atmospheric moisture transport for hydrological purpuses – Reports on WMO/IHD Projects. Rep. Nr. 1, 63 p. Geneva.

PENMAN, H. L. (1948): Physics in agriculture – Sci. Instr. and of Phys. in Industry. 25: 425-432.

PENMAN, H. L. (1950, 1951): Evaporation over British Isles – Q. J. R. Meteor. Soc. 76: 372-383 – Discussion: 77: 312-315.

PRIVETT, D. W. (1959): Monthly charts of evaporation from the N. Indian Ocean (including Red Sea and the Persian Gulf) – Q. J. R. Meteor. Soc. 85: 424-428.

PRIVETT, D. W. (1960): The exchange of energy between the atmosphere and the oceans of the southern hemisphere – Geophys. Mem. 13, No. 104. 61 p. London.

RAMANADHAM, R. and MURTY, A. V. S. (1970): Studies of evaporation from the sea at Waltair – Pure Appl. Geoph. 79: 98-102.

RASCHKE, E., MÖLLER, F. und BANDEEN, W. (1968): The radiation balance of earth-atmosphere system over both polar regions obtained from radiation measurements of the Nimbus II meteorological satellite – Tellus: 42-57.

RASCHKE, E. und BANDEEN, W. R. (1968, 1970): The radiation balance of the planet earth from radiation measurements of the satellite Nimbus II – Nasa Techn. Note TN D - 4589. Washington – J. Appl. Meteor. 9: 215-238.

REICHEL, E. (1952): Der Stand des Verdunstungsproblems – Ber. Dt. Wd. US-Zone Nr. 35: 155-172. Bad Kissingen.

REICHEL, E. (1952): Die Verdunstung im Wasserkreislauf der Erde – Umschau 52: 37-39.

REICHEL, E. (1952): Der Entwurf von Verdunstungskarten, erläutert am Beispiel der Iberischen Halbinsel – Ber. Dt. Wd. US-Zone Nr. 42: 234-238. Bad Kissingen.

REICHEL, E. (1953): Der Wasserhaushalt in Europa – Umschau 53: 677-680.

REICHEL, E. (1953): Die Zunahme der Verdunstung als eine Ursache des Wassermangels – Wasserwirtsch. 43: 123-126.

REICHEL, E. (1957): Der Zusammenhang zwischen Niederschlag, Temperatur und Verdunstung in den Alpen – La Météor. 4: 199-205.

RENIER, H. (1933): Die Niederschlagsverteilung in Südosteuropa – Mém. Soc. Géogr. Beograd 1. 67 S. 4 Taf.

REY, J. (1955): Carte pluviometrique du Liban – Ksara.

ROCHE, M. (1963): Hydrologie de surface – 430 p. Paris.

RODIER, J. (1964): Régimes hydrologiques de l'Afrique Noire à l'ouest du Congo – Off. Rech. Scient. Techn. Outre Mer. 137 p. Paris.

ROMANIA (1966): Climatological atlas of the Socialist Republic of Romania – Inst. of Meteor. 158 map. Bukarest.

RUBIN, M. J. and WEYANT, W. S. (1963): The mass and heat budget of the antarctic atmosphere – Monthly Weather Rev. 91: 487-493.

RUBIN, M. J. (1964): Antarctic weather and climate – Res. in Geophys. II; 461-478. Cambridge.

RUDOLPH, W. E. (1957): Chile – Focus 7, Nr. 9.

RUSIN, N. P. (1964): Meteorological and radiational regime of Antarctica – Israel Program Scient. Translations IV, 355 p. Jerusalem.

SANDERSON, M. E. and PHILLIPS, D. W. (1967): Average annual water surplus in Canada – Climat. studies No. 9, 76 p. Toronto.

SCHMIDT, R. D. (1952): Die Niederschlagsverhältnisse im andinen Kolumbien – Bonner Geogr. Abh. Nr. 9: 99-119.

SCHOTT, G. (1933): Die jährlichen Niederschlagsmengen auf dem Indischen und Stillen Ozean – Ann. Hydr. 61: 1-12, 1 Taf.

SCHWERDTFEGER, W. (1970): The Climate of the Antarctic – See: LANDSBERG, H. E. (1969 foll.), vol. 14, 253 - 355.

SEELYE, C. J. (1945): Maps of average rainfall in New Zealand – N. Zeal. Meteor. Serv. Wellington.

SEELYE, C. J. (1950): Rainfall and its variablility over the Central and Southwestern Pacific – Meteor. Off. Note Nr. 35. Wellington.

SELLERS, W. D. (1965): Physical Climatology – 272 p. Chicago and London.

SERRA, A. (1969): Atlas climatologia Brasil – Serv. de Meteor. Rio de Janeiro.

SHELLARD, H. C. (1962): Some calculations of terms in the energy balance for monthly periods at the ocean weather stations I and G in the North Atlantic – Meteor. Off., Scient. Pap. Nr. 11, M. O. 712. London.

SIMOJOKI, H. (1949): Niederschlag und Verdunstung auf dem Baltischen Meer – Mitt. Inst. Meteor. Univ. Helsinki 64 – Soc. Geogr. Fenniae 71: 1.

SOPPER, W. E. und LULL, H. W. (1970): Stream flow characteristics of the Northeastern United States – Pennsylv. State Univ., College of Agricult.

SOUTH AFRICA (1957): Climate of South Africa. Part 4: Rainfall maps – Weather Bur. 22. 3 map. Pretoria.

STEINHAUSER, F. (1970): Climatic atlas of Europe. I. Maps of mean temperature and precipitation – WMO/UNESCO Cartographia. 28 map. Geneva.

SÜDAMERIKA (1972): Manuskriptkarte der mittleren jährlichen Niederschlagshöhe. Buenos Aires.

SVERDRUP, H. U. (1951): Evaporation from the oceans – Compend. Meteor.: 1071-1081. Boston.

SVERDRUP, H. U. (1957): Oceanography – Handbuch d. Physik, 48: 608-670. Berlin.

SWINBANK, W. C. (1959): Evaporations from the oceans – Scient. Rep. No. 12 to Contract AF 19 (604)-2179. 16 p. Dept. Met, Univ. Chicago.

TANEDA, Y. (1963): Study of potential evaporation – J. Agr. Engin. Soc. Japan. 31, No. 2: 73-88. Tokyo.

TAYLOR, A. (1961): Korea – Focus 12, Nr. 4.

THAILAND (1964): Mean annual and monthly rainfall over Thailand – Meteor. Dep. Bangkok.

THOMAS, M. K. (1953): Climatological atlas of Canada – Meteor. Division. 256 p. Ottawa.

THOMAS, M. K. and ANDERSON, S. R. (1968): Guide to the climatic maps of Canada – Climat. Stud., Toronto.

THORNTHWAITE, C. W. and MATHER, J. R. (1951): The role of evapotranspiration in climate – Arch. Meteor. Geoph. Biokl. B 3: 16-39.

THORNTHWAITE, C. W., MATHER, J. R. and CARTER, D. B. (1958): Three Water Balance Maps of Southwest Asia – Publ. Climatol. XI, Nr. 1: 5-57. Centerton, New Jersey.

THORNTHWAITE, C. W. (1962-65): Average climatic water balance data of the continents – Part. I Africa 1962, Part II Asia 1963, Part III U.S.S.R. 1963, Part IV Australia 1963, Part V Europe 1964, Part VI North America (excl. USA) 1964, Part VII United States 1964, Part VIII South America 1965 – C. W. Thornthwaite Assoc. Labor. of Climatol. Centerton, New Jersey.

THORNTHWAITE, C. W. (1948): An approach toward a rational classification of climate – Geogr. Rev. 38: 55-94.

TREFNA, E. (1952): Distribution des précipitations sur le plateau de Tibet et dans les pays voisins – Meteor. Zpr. 5: 48-49. Praha.

TROJER, H. (1958): Meteorologia y climatologia de la vertiente del Pacificio colombiano – Revist. Acad. Colomb. de Ciencas Exactas 10 (40): 199-219. Bogota.

TROLL, C. (1957): Forschungen in Zentralmexico 1954 – Verh. Dt. Geogr. Tag 30: 191-213.

TRUSOV, I. I. (1969): Evaporation capacity and evaporation in Cuba – Meteor. Hidrol. Nr. 5: 105-108.

TRYSELIUS, O. (1971): Runoff map of Sweden – Sver. Meteor. Hydrol. Inst., Medd. Ser. C, No. 7. Stockholm.

TUCKER, G. B. (1961): Precipitation over the North Atlantic Ocean – Q. J. R. Meteor. Soc. 87: 147-158.

TÜRKEI (1960): Mittlere jährliche Niederschlagsverteilung in der Türkei – Ankara.

UNESCO (1969): Discharge of selected rivers of the world. Paris.

U. S. NAVY (1956/63): Marine climatic atlas of the world, Vol. 1-6 – NAVAER, 50-1C-528-533. US Gov. Print. Office. Washington.

USSR (1962): Atlas USSR – 5 + 185 S. Moskwa.

USSR (1967): Water resources and water budget of the USSR area – State Hydrol. Inst. 198 p. 4 map. Leningrad.

VANDENPLAS, A. (1949): Données complémentaires sur le climat du Congo Belge. 2 L'évaporation – Mém. Inst. Météor. Belgique 33.

VENKATESWARAN, S. V. (1956): On evaporation from the Indian Ocean – Ind. J. Meteor. Geophys. 7: 265-284.

VEN TE CHOW (1964): Handbook of applied hydrology. New York.

VISHER, St. S. (1954): Climatic atlas of the United States – XII, 403 p. Cambridge.

VON DER HAAR, T. H. und SUOMI, V. E. (1971): Measurements of the earth's radiation budget from satelites during a five-year period – J. Atmosph. Sci. 28: 305-314.

VOWINKEL, E. (1967): Evaporation on the Canadian prairies – Publ. Arct. Meteor. Res. Group McGill. Univ. Montreal No. 88, 21 p.

VOWINKEL, E. and ORVIG, S. The climate of the North Polar Basin – See: LANDSBERG, H. E. (1969 foll.) vol. 14 Chap. 3, p. 129-252.

VOWINKEL, E. and ORVIG (+), S. Water balance and heat flow of the Arctic Ocean – "Arctic", J. Arct. Inst. of N. Amer. 15: 205-223.

VOWINKEL, E. and TAYLOR, B. (1965): Energy balance of the Arctic. IV. Evaporation and sensible heat flux over the Arctic Ocean – Arch. Meteor. Geophys. Biokl. B 14: 36-52.

VOWINKEL, E. and TAYLOR, B. (1966): Energy balance of the Arctic. V. The budget over the Arctic Ocean – Arch. Meteor. Geophys. Biokl. B 14: 303-325.

VROSNESENSKI (1967): See: USSR Water Resources.

WALLEN, C. C. (1955): Some characteristics of precipitation in Mexico – Geogr. Ann. 37: 51-85. Stockholm.

WALTER, H. und LIETH, H. (1967): Klimadiagramm Weltatlas – Jena.

WATSON, A. G. D. (1968): Air-sea interaction – Sci. Progr. Oxford 56: 303-323.

WECHMANN, A. (1964): Hydrologie Teil IV: Wasserhaushalt – 535 S. München/Wien.

WEBB, E. K. (1960): On estimating evaporation with fluctuating Bowen ratio – J. Geophys. Res. 65: 3415-3417.

WILHELMY, H. (1950): Zur Klimatologie und Bioklimatologie des Alto-Parana-Gebietes in Südamerika – Pet. Geogr. Mitt. 94: 130-139.

WIRTH, E. (1958): Morphologische und bodenkundliche Beobachtungen in der syrisch-irakischen Wüste – Erdkunde 12: 26-42.

WORLD (1965): Physical Geographical Atlas of the World, Moscow 1964. Soviet Geography. Review and Translation. Vol. VI. Nos. 5-6. 403 p. – Amer. Geogr. Soc. New York. See: ATLAS MIRA (1964).

WUNDT, W. (1938): Das Bild des Wasserkreislaufs auf Grund früherer und neuer Forschungen – Mitt. Reichsvbd. Dt. Wasserwirtsch. Nr. 77. 79 S.

WUNDT, W. (1938): Die Bestimmung des Jahresabflusses aus dem Niederschlag und der Temperatur – Wasserkraft u. Wasserwirtschaft 33: 158-161.

WUNDT, W. (1939): Die Verdunstung von den Landflächen der Erde im Zusammenhang mit der Temperatur und dem Niederschlag – Z. angew. Meteor. 56: 1-9.

WUNDT, W. (1953): Gewässerkunde – 320 S. Berlin/Göttingen/Heidelberg.

WUNDT, W. (1958); Die mittleren Abflußhöhen und Abflußspenden des Winters, des Sommers und des Jahres in der Bundesrepublik Deutschland – Forsch. Dt. Landeskde. 105. 19 S., 6 K. Remagen.

WÜST, G. (1950): Wasserdampf und Niederschlag auf dem Meere als Glieder des Wasserkreislaufs – Dt. Hydrogr. Z. 3: 111-127.

WÜST, G. (1951): Die Kreisläufe des Wassers auf der Erde – Schr. Naturwiss. Ver. Schleswig-Holstein 25: 185-195.

WÜST, G. (1952): Der Wasserhaushalt des Mittelländischen Meeres und der Ostsee in vergleichender Betrachtung – Riv. Geofis. Pura e Appl. 21: 3-14.

WÜST, G., BROGMUS, W. und NOODT, E. (1954): Die zonale Verteilung von Salzgehalt, Niederschlag, Verdunstung, Temperatur und Dichte an der Oberfläche der Ozeane. Kieler Meeresforsch. 10: 137-161.

WÜST, G. (1954): Gesetzmäßige Wechselbeziehungen zwischen Ozean und Atmosphäre in der zonalen Verteilung von Oberflächensalzgehalt, Verdunstung und Niederschlag – Arch. Meteor. Geoph. Biokl. A 7: 305-328.

WÜST, G. (1964): Stratification and circulation in the Antillean-Caribbean Basins. Part. I – Columbia University Press 201 p. New York.

WYRTKI, K. (1956): The rainfall over the Indonesian waters – Verh. Djawatan Meteor. Geofis. Nr. 49. 24 p.

WYRTKI, K. (1965): The average annual heat balance ot the North Pacific and its relation to ocean circulation – J. Geophys. Res. 70: 4547-4559.

ZIMMERSCHIED, W. (1958): Voläufige Mitteilung über die Niederschlagsverhältnisse in Ekuador – Meteorologische Rundschau 11: 156-162.

ZUBENOK, L. J. and STROKINA, L. A. (1963): Evaporation from the surface of the globe – Soviet. Hydrol. Select. Pap. Nr. 6. Washington.

Verzeichnis der Tabellen im Anhang

List of Tables in Appendix

---

[1]) Zentrale und periphere Gebiete getrennt

[2]) Interior and Peripheral Regions Separately

Tabelle I.　　Fläche (10^3 km^2)

Table I.　　*Area (10^3 km^2)*

LATID	EUR	ASI	AFR	AUS	NAM	SAM	ANT	LAND	NPO	ATL	IND	PAC	SEA	GLOB
N 90-85	.	.	.	.	.	.	.	.	980	.	.	.	980	980
85-80	27	13	.	.	355	.	.	395	2538	.	.	.	2538	2933
80-75	84	193	.	.	906	.	.	1183	2412	1253	.	.	3665	4848
75-70	103	1068	.	.	1158	.	.	2329	2294	2116	.	.	4410	6739
70-65	950	2690	.	.	2462	.	.	6102	285	2180	.	.	2465	8567
65-60	1425	3258	.	.	2520	.	.	7203	.	2380	.	749	3129	10332
90-60	2589	7222	.	.	7401	.	.	17212	8509	7929	.	749	17187	34399
60-55	1631	2890	.	.	2112	.	.	6633	.	2848	.	2528	5376	12009
55-50	2156	3235	.	.	2660	.	.	8051	.	2303	.	3246	5549	13600
50-45	2077	3780	.	.	2600	.	.	8457	.	2562	.	4058	6620	15077
45-40	1144	4425	.	.	2443	.	.	8012	.	3909	.	4508	8417	16479
40-35	428	4718	230	.	2256	.	.	7632	.	4602	.	5419	10021	17653
35-30	.	4548	1513	.	1860	.	.	7921	.	4618	.	6217	10835	18756
60-30	7436	23596	1743	.	13931	.	.	46706	.	20842	.	25976	46818	93524
30-25	.	4394	2569	.	979	.	.	7942	.	4522	381	6860	11763	19705
25-20	.	3527	2976	.	636	.	.	7139	.	4547	952	7859	13358	20497
20-15	.	2143	3214	.	805	.	.	6162	.	4176	2149	8667	14992	21154
15-10	.	1066	3562	.	274	179	.	5081	.	3857	2877	9819	16553	21634
10-5	.	400	3646	.	94	1200	.	5340	.	2796	2855	10963	16614	21954
5-0	.	742	2260	.	.	1761	.	4763	.	3595	3268	10497	17360	22123
30-0	.	12272	18227	.	2788	3140	.	36427	.	23493	12482	54665	90640	127067
N 90-0	10025	43090	19970	.	24120	3140	.	100345	8509	52264	12482	81390	154645	254990
S 0-5	.	711	1854	437	.	2340	.	5342	.	3234	3749	9802	16785	22127
5-10	.	332	1566	508	.	2651	.	5057	.	3032	4973	8894	16899	21956
10-15	.	.	1712	374	.	2331	.	4417	.	3034	5808	8376	17218	21635
15-20	.	.	1796	1258	.	1946	.	5000	.	2963	4861	8326	16150	21150
20-25	.	.	1436	2046	.	1565	.	5047	.	3297	4238	7920	15455	20502
25-30	.	.	928	2123	.	1219	.	4270	.	3585	4418	7442	15445	19715
0-30	.	1043	9292	6746	.	12052	.	29133	.	19145	28047	50760	97952	127085
30-35	.	.	511	1516	.	987	.	3014	.	3728	4895	7119	15742	18756
35-40	.	.	.	430	.	739	.	1169	.	3869	5898	6717	16484	17653
40-45	.	.	.	169	.	426	.	595	.	3877	5675	6281	15833	16428
45-50	.	.	12	34	.	330	.	376	.	3605	5339	5755	14699	15075
50-55	.	.	.	.	.	205	.	205	.	3378	4933	5083	13394	13599
55-60	.	.	.	.	.	5	.	5	.	2845	4580	4580	12005	12010
30-60	.	.	523	2149	.	2692	.	5364	.	21302	31320	35535	88157	93521
60-65	.	.	.	.	.	.	35	35	.	2243	4101	3959	10303	10338
65-70	.	.	.	.	.	.	1800	1800	.	2000	1750	3022	6772	8572
70-75	.	.	.	.	.	.	4200	4200	.	783	.	1755	2538	6738
75-80	.	.	.	.	.	.	4112	4112	.	276	.	467	743	4855
80-85	.	.	.	.	.	.	2935	2935	.	.	.	.	.	2935
85-90	.	.	.	.	.	.	980	980	.	.	.	.	.	980
60-90	.	.	.	.	.	.	14062	14062	.	5302	5851	9203	20356	34418
S 0-90	.	1043	9815	8895	.	14744	14062	48559	.	45749	65218	95498	206465	255024
G 90-90	10025	44133	29785	8895	24120	17884	14062	148904	8509	98013	77700	176888	361110	510014

Tabelle II. Niederschlagsmenge (P km^3)

Table II. *Precipitation Volume (P km^3)*

LATID	EUR	ASI	AFR	AUS	NAM	SAM	ANT	LAND	NPO	ATL	IND	PAC	SEA	GLOB
N 90-85	.	.	.	.	.	.	.	.	23	.	.	.	23	23
85-80	4	2	.	.	38	.	.	44	159	.	.	.	159	203
80-75	30	52	.	.	113	.	.	195	182	326	.	.	508	703
75-70	45	335	.	.	229	.	.	609	379	725	.	.	1104	1713
70-65	543	1020	.	.	675	.	.	2238	83	1160	.	.	1243	3481
65-60	976	1416	.	.	1125	.	.	3517	.	2302	.	460	2762	6279
90-60	1598	2825	.	.	2180	.	.	6603	826	4513	.	460	5799	12402
60-55	1057	1391	.	.	1362	.	.	3810	.	2893	.	2984	5877	9687
55-50	1280	1417	.	.	1974	.	.	4671	.	2726	.	4561	7287	11958
50-45	1412	1113	.	.	1941	.	.	4466	.	2918	.	5906	8824	13290
45-40	948	1621	.	.	1771	.	.	4340	.	3923	.	6024	9947	14287
40-35	292	2108	136	.	1645	.	.	4181	.	3790	.	6343	10133	14314
35-30	.	2353	229	.	1539	.	.	4121	.	2921	.	6295	9216	13337
60-30	4989	10003	365	.	10232	.	.	25589	.	19171	.	32113	51284	76873
30-25	.	4142	75	.	594	.	.	4811	.	2900	45	5627	8572	13383
25-20	.	3764	92	.	545	.	.	4401	.	2349	504	6505	9358	13759
20-15	.	2405	485	.	1241	.	.	4131	.	2818	1875	9792	14485	18616
15-10	.	1827	2638	.	508	219	.	5192	.	3888	3028	17180	24096	29288
10-5	.	846	4385	.	261	2436	.	7928	.	4715	3700	28170	36585	44513
5-0	.	2251	3004	.	.	4090	.	9345	.	5211	5043	18967	29221	38566
30-0	.	15235	10679	.	3149	6745	.	35808	.	21881	14195	86241	122317	158125
N 90-0	6587	28063	11044	.	15561	6745	.	68000	826	45565	14195	118814	179400	247400
S 0-5	.	1952	2758	1387	.	5082	.	11179	.	2323	7065	10809	20197	31376
5-10	.	709	1911	1757	.	4815	.	9192	.	1075	9739	11827	22641	31833
10-15	.	.	1975	476	.	3868	.	6319	.	771	8381	11681	20833	27152
15-20	.	.	1618	818	.	2247	.	4683	.	777	4298	10583	15658	20341
20-25	.	.	785	712	.	1544	.	3041	.	1282	2219	9891	13392	16433
25-30	.	.	403	620	.	1218	.	2241	.	1839	2100	8653	12592	14833
0-30	.	2661	9450	5770	.	18774	.	36655	.	8067	33802	63444	105313	141968
30-35	.	.	236	632	.	808	.	1676	.	2406	3176	7879	13461	15137
35-40	.	.	.	371	.	522	.	893	.	3260	5071	7428	15759	16652
40-45	.	.	.	292	.	344	.	636	.	3699	6148	7256	17103	17739
45-50	.	.	13	79	.	485	.	577	.	3598	6310	7245	17153	17730
50-55	.	.	.	.	.	284	.	284	.	3106	5184	6366	14656	14940
55-60	.	.	.	.	.	3	.	3	.	2321	3904	4662	10887	10890
30-60	.	.	249	1374	.	2446	.	4069	.	18390	29793	40836	89019	93088
60-65	.	.	.	.	.	.	18	18	.	1290	2487	2984	6761	6779
65-70	.	.	.	.	.	.	620	620	.	893	748	1526	3167	3787
70-75	.	.	.	.	.	.	858	858	.	325	.	756	1081	1939
75-80	.	.	.	.	.	.	578	578	.	96	.	163	259	837
80-85	.	.	.	.	.	.	238	238	.	.	.	.	.	238
85-90	.	.	.	.	.	.	64	64	.	.	.	.	.	64
60-90	.	.	.	.	.	.	2376	2376	.	2604	3235	5429	11268	13644
S 0-90	.	2661	9699	7144	.	21220	2376	43100	.	29061	66830	109709	205600	248700
G 90-90	6587	30724	20743	7144	15561	27965	2376	111100	826	74626	81024	228523	385000	496100

Tabelle III. Niederschlagshöhe (P mm)

Table III. *Precipitation Depth (P mm)*

LATID	EUR	ASI	AFR	AUS	NAM	SAM	ANT	LAND	NPO	ATL	IND	PAC	SEA	GLOB
N 90-85	.	.	.	.	.	.	.	.	23	.	.	.	23	23
85-80	148	154	.	.	107	.	.	111	63	.	.	.	63	69
80-75	357	269	.	.	125	.	.	165	75	260	.	.	139	145
75-70	437	314	.	.	198	.	.	261	165	343	.	.	250	254
70-65	572	379	.	.	274	.	.	367	291	532	.	.	504	406
65-60	685	435	.	.	446	.	.	488	.	967	.	614	883	608
90-60	617	391	.	.	295	.	.	384	97	569	.	614	337	361
60-55	648	481	.	.	645	.	.	574	.	1016	.	1149	1093	807
55-50	594	438	.	.	742	.	.	580	.	1184	.	1405	1313	879
50-45	680	294	.	.	747	.	.	528	.	1139	.	1455	1333	881
45-40	829	366	.	.	725	.	.	542	.	1004	.	1336	1182	867
40-35	682	447	591	.	729	.	.	548	.	824	.	1171	1011	811
35-30	.	517	151	.	827	.	.	520	.	633	.	1013	851	711
60-30	671	424	209	.	734	.	.	548	.	920	.	1236	1095	822
30-25	.	943	29	.	607	.	.	606	.	641	118	820	729	679
25-20	.	1067	31	.	857	.	.	616	.	517	529	828	701	671
20-15	.	1122	151	.	1542	.	.	670	.	675	872	1130	966	880
15-10	.	1714	741	.	1854	1223	.	1022	.	1008	1052	1750	1456	1354
10- 5	.	2115	1203	.	2777	2030	.	1485	.	1686	1296	2570	2202	2028
5- 0	.	3034	1329	.	.	2322	.	1962	.	1450	1543	1807	1683	1743
30- 0	.	1241	586	.	1129	2148	.	983	.	931	1137	1578	1349	1244
N 90- 0	657	651	553	.	645	2148	.	678	97	872	1137	1460	1160	970
S 0- 5	.	2745	1488	3174	.	2172	.	2093	.	718	1885	1103	1203	1420
5-10	.	2136	1220	3459	.	1816	.	1818	.	355	1958	1330	1340	1450
10-15	.	.	1154	1273	.	1659	.	1431	.	254	1443	1395	1210	1255
15-20	.	.	901	650	.	1155	.	937	.	262	884	1271	970	962
20-25	.	.	547	348	.	987	.	603	.	389	524	1249	867	802
25-30	.	.	434	292	.	999	.	525	.	513	475	1163	815	752
0-30	.	2551	1017	855	.	1558	.	1258	.	421	1205	1250	1075	1117
30-35	.	.	462	417	.	819	.	556	.	645	649	1107	855	807
35-40	.	.	.	863	.	706	.	764	.	843	860	1106	956	943
40-45	.	.	.	1728	.	808	.	1069	.	954	1083	1155	1080	1080
45-50	.	.	1080	2324	.	1470	.	1535	.	998	1182	1259	1167	1176
50-55	.	.	.	.	.	1385	.	1385	.	919	1051	1252	1094	1099
55-60	.	.	.	.	.	600	.	600	.	816	852	1018	907	908
30-60	.	.	476	639	.	909	.	759	.	863	951	1149	1010	995
60-65	.	.	.	.	.	.	514	514	.	575	606	754	656	656
65-70	.	.	.	.	.	.	344	344	.	447	427	505	468	442
70-75	.	.	.	.	.	.	204	204	.	415	.	431	426	288
75-80	.	.	.	.	.	.	141	141	.	348	.	349	349	172
80-85	.	.	.	.	.	.	81	81	.	.	.	.	.	81
85-90	.	.	.	.	.	.	65	65	.	.	.	.	.	65
60-90	.	.	.	.	.	.	169	169	.	491	553	590	554	396
S 0-90	.	2551	988	803	.	1439	169	888	.	635	1025	1149	996	975
G 90-90	657	696	696	803	645	1564	169	746	97	761	1043	1292	1066	973

Tabelle IV. Verdunstungsmenge (E km^3)

Table IV.　*Evaporation Volume (E km^3)*

LATID	EUR	ASI	AFR	AUS	NAM	SAM	ANT	LAND	NPO	ATL	IND	PAC	SEA	GLOB
N 90-85	.	.	.	.	.	.	.	.	25	.	.	.	25	25
85-80	1	1	.	.	17	.	.	19	112	.	.	.	112	131
80-75	7	16	.	.	43	.	.	66	116	226	.	.	342	408
75-70	20	132	.	.	96	.	.	248	168	708	.	.	876	1124
70-65	190	448	.	.	368	.	.	1006	31	964	.	.	995	2001
65-60	394	725	.	.	578	.	.	1697	.	1398	.	183	1581	3278
90-60	612	1322	.	.	1102	.	.	3036	452	3296	.	183	3931	6967
60-55	589	758	.	.	634	.	.	1981	.	2201	.	891	3092	5073
55-50	864	892	.	.	956	.	.	2712	.	2151	.	1560	3711	6423
50-45	834	1068	.	.	1137	.	.	3039	.	2517	.	2712	5229	8268
45-40	644	1360	.	.	1209	.	.	3213	.	4656	.	4175	8831	12044
40-35	218	1725	121	.	1265	.	.	3329	.	7059	.	6120	13179	16508
35-30	.	1632	241	.	1201	.	.	3074	.	7499	.	8322	15821	18895
60-30	3149	7435	362	.	6402	.	.	17348	.	26083	.	23780	49863	67211
30-25	.	2108	87	.	524	.	.	2719	.	6936	734	10331	18001	20720
25-20	.	2242	90	.	447	.	.	2779	.	6954	1475	12734	21163	23942
20-15	.	1499	469	.	836	.	.	2804	.	6382	3406	13851	23639	26443
15-10	.	1104	2444	.	296	181	.	4025	.	5635	4508	14345	24488	28513
10-5	.	489	3537	.	114	1426	.	5566	.	3730	4410	14294	22434	28000
5-0	.	961	2231	.	.	2131	.	5323	.	4308	4909	12564	21781	27104
30-0	.	8403	8858	.	2217	3738	.	23216	.	33945	19442	78119	131506	154722
N 90-0	3761	17160	9220	.	9721	3738	.	43600	452	63324	19442	102082	185300	228900
S 0-5	.	964	2122	580	.	2817	.	6483	.	4219	5819	12315	22353	28836
5-10	.	395	1608	724	.	2928	.	5655	.	4487	8125	13299	25911	31566
10-15	.	.	1691	400	.	2336	.	4427	.	5005	10179	13716	28900	33327
15-20	.	.	1382	752	.	1755	.	3889	.	4790	9322	13184	27296	31185
20-25	.	.	715	681	.	1212	.	2608	.	4888	8152	11913	24953	27561
25-30	.	.	376	595	.	882	.	1853	.	5016	7705	10388	23109	24962
0-30	.	1359	7894	3732	.	11930	.	24915	.	28405	49302	74815	152522	177437
30-35	.	.	216	586	.	624	.	1426	.	4796	7417	9017	21230	22656
35-40	.	.	.	275	.	329	.	604	.	4348	7851	7570	19769	20373
40-45	.	.	.	131	.	128	.	259	.	3431	5910	6199	15540	15799
45-50	.	.	4	26	.	98	.	128	.	2505	4067	4781	11353	11481
50-55	.	.	.	.	.	77	.	77	.	1910	3043	3476	8429	8506
55-60	.	.	.	.	.	2	.	2	.	1256	2148	2364	5768	5770
30-60	.	.	220	1018	.	1258	.	2496	.	18246	30436	33407	82089	84585
60-65	.	.	.	.	.	.	3	3	.	655	1126	1437	3218	3221
65-70	.	.	.	.	.	.	60	60	.	342	202	645	1189	1249
70-75	.	.	.	.	.	.	158	158	.	95	.	227	322	480
75-80	.	.	.	.	.	.	117	117	.	18	.	42	60	177
80-85	.	.	.	.	.	.	41	41	.	.	.	.	.	41
85-90	.	.	.	.	.	.	10	10	.	.	.	.	.	10
60-90	.	.	.	.	.	.	389	389	.	1110	1328	2351	4789	5178
S 0-90	.	1359	8114	4750	.	13188	389	27800	.	47761	81066	110573	239400	267200
G 90-90	3761	18519	17334	4750	9721	16926	389	71400	452	111085	100508	212655	424700	496100

Tabelle V. Verdunstungshöhe (E mm)

Table V. *Evaporation Depth (E mm)*

LATID	EUR	ASI	AFR	AUS	NAM	SAM	ANT	LAND	NPO	ATL	IND	PAC	SEA	GLOB
N 90-85	.	.	.	.	.	.	.	.	26	.	.	.	26	26
85-80	37	77		.	48	.	.	48	44	.	.	.	44	45
80-75	83	83		.	47	.	.	56	48	180	.	.	93	84
75-70	194	124		.	83	.	.	106	73	335	.	.	199	167
70-65	200	·167		.	149	.	.	165	109	442	.	.	404	234
65-60	276	223		.	229	.	.	236	.	587	.	244	505	317
90-60	236	183		.	149	.	.	176	53	416	.	244	229	203
60-55	361	262		.	300	.	.	299	.	773	.	343	575	422
55-50	401	276		.	359	.	.	337	.	934	.	481	669	472
50-45	402	283		.	437	.	.	359	.	982	.	668	790	548
45-40	563	307		.	495	.	.	401	.	1191	.	926	1049	731
40-35	509	366	526	.	561	.	.	436	.	1534	.	1129	1315	935
35-30	.	359	159		646	.	.	388	.	1624	.	1339	1460	1007
60-30	423	315	208	.	460	.	.	371	.	1251	.	915	1065	719
30-25	.	480	34	.	535	.	.	342	.	1534	1927	1506	1530	1052
25-20	.	636	30	.	703	.	.	389	.	1529	1549	1620	1584	1168
20-15	.	699	146	.	1039	.	.	455	.	1528	1585	1598	1577	1250
15-10	.	1036	686	.	1080	1011	.	792	.	1461	1567	1461	1479	1318
10- 5	.	1223	970	.	1213	1188	.	1042	.	1334	1545	1304	1350	1275
5- 0	.	1295	987	.	.	1210	.	1118	.	1198	1502	1197	1255	1225
30- 0	.	685	486	.	795	1190	.	637	.	1445	1558	1429	1451	1218
N 90- 0	375	398	462	.	403	1190	.	435	53	1212	1558	1254	1198	897
S 0- 5	.	1356	1145	1327	.	1204	.	1214	.	1304	1552	1256	1332	1303
5-10	.	1190	1027	1425	.	1104	.	1118	.	1480	1634	1495	1533	1438
10-15	.	.	987	1070	.	1002	.	1002	.	1650	1753	1638	1678	1540
15-20	.	.	769	598	.	902	.	778	.	1617	1918	1583	1690	1474
20-25	.	.	498	333	.	774	.	517	.	1483	1924	1504	1615	1344
25-30	.	.	405	280	.	724	.	434	.	1399	1744	1396	1496	1266
0-30	.	1303	850	553	.	990	.	855	.	1484	1758	1474	1557	1396
30-35	.	.	423	387	.	632	.	473	.	1286	1515	1267	1349	1208
35-40	.	.	.	640	.	445	.	517	.	1124	1331	1127	1199	1154
40-45	.	.	.	775	.	300	.	435	.	885	1041	987	981	962
45-50	.	.	360	765	.	297	.	340	.	695	762	831	772	762
50-55	.	.	.	.	.	376	.	376	.	565	617	684	629	625
55-60	.	.	.	.	.	400	.	400	.	441	469	516	480	480
30-60	.	.	421	474	.	467	.	465	.	857	972	940	931	904
60-65	.	.	.	.	.	.	86	86	.	292	275	363	312	312
65-70	.	.	.	.	.	.	33	33	.	171	115	213	176	146
70-75	.	.	.	.	.	.	38	38	.	121	.	129	127	71
75-80	.	.	.	.	.	.	28	28	.	65	.	90	81	36
80-85	.	.	.	.	.	.	14	14	.	.	.	.	.	14
85-90	.	.	.	.	.	.	10	10	.	.	.	.	.	10
60-90	.	.	.	.	.	.	28	28	.	209	227	255	235	150
S 0-90	.	1303	827	534	.	894	28	572	.	1044	1243	1158	1160	1048
G 90-90	375	420	582	534	403	946	28	480	53	1133	1294	1202	1176	973

Tabelle VI. Abflußmenge (D = P – E km^3)

Table VI. *Runoff Volume (D = P – E km^3)*

LATID	EUR	ASI	AFR	AUS	NAM	SAM	ANT	LAND	NPO	ATL	IND	PAC	SEA	GLOB
N 90-85	.	.	.	.	.	.	.	.	-2	.	.	.	-2	-2
85-80	3	1	.	.	21	.	.	25	47	.	.	.	47	72
80-75	23	36	.	.	70	.	.	129	66	100	.	.	166	295
75-70	25	203	.	.	133	.	.	361	211	17	.	.	228	589
70-65	353	572	.	.	307	.	.	1232	52	196	.	.	248	1480
65-60	582	691	.	.	547	.	.	1820	.	904	.	277	1181	3001
90-60	986	1503	.	.	1078	.	.	3567	374	1217	.	277	1868	5435
60-55	468	633	.	.	728	.	.	1829	.	692	.	2093	2785	4614
55-50	416	525	.	.	1018	.	.	1959	.	575	.	3001	3576	5535
50-45	578	45	.	.	804	.	.	1427	.	401	.	3194	3595	5022
45-40	304	261	.	.	562	.	.	1127	.	-733	.	1849	1116	2243
40-35	74	383	15	.	380	.	.	852	.	-3269	.	223	-3046	-2194
35-30	.	721	-12	.	338	.	.	1047	.	-4578	.	-2027	-6605	-5558
60-30	1840	2568	3	.	3830	.	.	8241	.	-6912	.	8333	1421	9662
30-25	.	2034	-12	.	70	.	.	2092	.	-4036	-689	-4704	-9429	-7337
25-20	.	1522	2	.	98	.	.	1622	.	-4605	-971	-6229	-11805	-10183
20-15	.	906	16	.	405	.	.	1327	.	-3564	-1531	-4059	-9154	-7827
15-10	.	723	194	.	212	38	.	1167	.	-1747	-1480	2835	-392	775
10- 5	.	357	848	.	147	1010	.	2362	.	985	-710	13876	14151	16513
5- 0	.	1290	773	.	.	1959	.	4022	.	903	134	6403	7440	11462
30- 0	.	6832	1821	.	932	3007	.	12592	.	-12064	-5247	8122	-9189	3403
N 90- 0	2826	10903	1824	.	5840	3007	.	24400	374	-17759	-5247	16732	-5900	18500
S 0- 5	.	988	636	807	.	2265	.	4696	.	-1896	1246	-1506	-2156	2540
5-10	.	314	303	1033	.	1887	.	3537	.	-3412	1614	-1472	-3270	267
10-15	.	.	284	76	.	1532	.	1892	.	-4234	-1798	-2035	-8067	-6175
15-20	.	.	236	66	.	492	.	794	.	-4013	-5024	-2601	-11638	-10844
20-25	.	.	70	31	.	332	.	433	.	-3606	-5933	-2022	-11561	-11128
25-30	.	.	27	25	.	336	.	388	.	-3177	-5605	-1735	-10517	-10129
0-30	.	1302	1556	2038	.	6844	.	11740	.	-20338	-15500	-11371	-47209	-35469
30-35	.	.	20	46	.	184	.	250	.	-2390	-4241	-1138	-7769	-7519
35-40	.	.	.	96	.	193	.	289	.	-1088	-2780	-142	-4010	-3721
40-45	.	.	.	161	.	216	.	377	.	268	238	1057	1563	1940
45-50	.	.	9	53	.	387	.	449	.	1093	2243	2464	5800	6249
50-55	.	.	.	.	.	207	.	207	.	1196	2141	2890	6227	6434
55-60	.	.	.	.	.	1	.	1	.	1065	1756	2298	5119	5120
30-60	.	.	29	356	.	1188	.	1573	.	144	-643	7429	6930	8503
60-65	.	.	.	.	.	.	15	15	.	635	1361	1547	3543	3558
56-70	.	.	.	.	.	.	560	560	.	551	546	881	1978	2538
70-75	.	.	.	.	.	.	700	700	.	230	.	529	759	1459
75-80	.	.	.	.	.	.	461	461	.	78	.	121	199	660
80-85	.	.	.	.	.	.	197	197	.	.	.	.	.	197
85-90	.	.	.	.	.	.	54	54	.	.	.	.	.	54
60-90	.	.	.	.	.	.	1987	1987	.	1494	1907	3078	6479	8466
S 0-90	.	1302	1585	2394	.	8032	1987	15300	.	-18700	-14236	-864	-33800	-18500
G 90-90	2826	12205	3409	2394	5840	11039	1987	39700	374	-36459	-19483	15868	-39700	.

Tabelle VII.   Abflußhöhe (D = P – E mm)

Table VII.   *Runoff Depth (D = P – E mm)*

LATID	EUR	ASI	AFR	AUS	NAM	SAM	ANT	LAND	NPO	ATL	IND	PAC	SEA	GLOB
N 90–85	.	.	.	.	.	.	.	.	-3	.	.	.	-3	-3
85–80	111	77	.	.	59	.	.	63	19	.	.	.	19	24
80–75	274	186	.	.	78	.	.	109	27	80	.	.	46	61
75–70	234	190	.	.	115	.	.	155	92	8	.	.	51	87
70–65	372	212	.	.	125	.	.	202	182	90	.	.	100	172
65–60	409	212	.	.	217	.	.	252	.	380	.	370	378	291
90–60	381	208	.	.	146	.	.	208	44	153	.	370	108	158
60–55	287	219	.	.	345	.	.	275	.	243	.	806	518	385
55–50	193	161	.	.	383	.	.	243	.	250	.	925	644	407
50–45	278	12	.	.	310	.	.	169	.	157	.	787	543	333
45–40	266	59	.	.	230	.	.	141	.	-187	.	410	133	136
40–35	173	81	65	.	168	.	.	112	.	-710	.	41	-304	-124
35–30	.	158	-7	.	181	.	.	132	.	-991	.	-326	-609	-296
60–30	248	109	1	.	274	.	.	177	.	-332	.	321	30	103
30–25	.	463	-5	.	72	.	.	264	.	-893	-1809	-686	-801	-373
25–20	.	431	1	.	154	.	.	227	.	-1013	-1020	-792	-883	-497
20–15	.	423	5	.	503	.	.	215	.	-853	-713	-468	-611	-370
15–10	.	678	55	.	774	212	.	230	.	-453	-515	289	-23	36
10–5	.	892	233	.	1564	842	.	443	.	352	-249	1266	852	753
5–0	.	1739	342	.	.	1112	.	844	.	252	41	610	428	518
30–0	.	556	100	.	334	958	.	346	.	-514	-421	149	-102	26
N 90–0	282	253	91	.	242	958	.	243	44	-340	-421	206	-38	73
S 0–5	.	1389	343	1847	.	968	.	879	.	-586	333	-153	-129	117
5–10	.	946	193	2034	.	712	.	700	.	-1125	324	-165	-193	12
10–15	.	.	167	203	.	657	.	429	.	-1396	-310	-243	-468	-285
15–20	.	.	132	52	.	253	.	159	.	-1355	-1034	-312	-720	-512
20–25	.	.	49	15	.	213	.	86	.	-1094	-1400	-255	-748	-542
25–30	.	.	29	12	.	275	.	91	.	-886	-1269	-233	-681	-514
0–30	.	1248	167	302	.	568	.	403	.	-1063	-553	-224	-482	-279
30–35	.	.	39	30	.	187	.	83	.	-641	-866	-160	-494	-401
35–40	.	.	.	223	.	261	.	247	.	-281	-471	-21	-243	-211
40–45	.	.	.	953	.	508	.	634	.	69	42	168	99	118
45–50	.	.	750	1559	.	1173	.	1195	.	303	420	428	395	414
50–55	.	.	.	.	.	1009	.	1009	.	354	434	568	465	474
55–60	.	.	.	.	.	200	.	200	.	375	383	502	427	426
30–60	.	.	55	165	.	442	.	293	.	6	-21	209	79	91
60–65	.	.	.	.	.	.	428	428	.	283	331	391	344	344
65–70	.	.	.	.	.	.	311	311	.	276	312	292	292	296
70–75	.	.	.	.	.	.	166	166	.	294	.	302	299	217
75–80	.	.	.	.	.	.	113	113	.	283	.	259	268	136
80–85	.	.	.	.	.	.	67	67	.	.	.	.	.	67
85–90	.	.	.	.	.	.	55	55	.	.	.	.	.	55
60–90	.	.	.	.	.	.	141	141	.	282	326	335	319	246
S 0–90	.	1248	161	269	.	545	141	316	.	-409	-218	-9	-164	-73
G 90–90	282	276	114	269	242	618	141	266	44	-372	-251	90	-110	.

Tabelle VIII. Festland-Fläche (10^3 km^2)

Table VIII. *Land Area (units: 10^3 km^2)*

LATID	Zentrale Gebiete (z) *Interior Regions (z)*								Periphere Gebiete (p) *Peripheral Regions (p)*							
	EUR	ASI	AFR	AUS	NAM	SAM	ANT	LAND	EUR	ASI	AFR	AUS	NAM	SAM	ANT	LAND
N 90–85	.	.	.	.	.	.	.	.	.	.	.	.	.	.	.	.
85–80	.	.	.	.	.	.	.	.	27	13	.	.	355	.	.	395
80–75	.	.	.	.	.	.	.	.	84	193	.	.	906	.	.	1183
75–70	.	.	.	.	.	.	.	.	103	1068	.	.	1158	.	.	2329
70–65	.	.	.	.	.	.	.	.	950	2690	.	.	2462	.	.	6102
65–60	60	.	.	.	.	.	.	60	1365	3258	.	.	2520	.	.	7143
90–60	60	.	.	.	.	.	.	60	2529	7222	.	.	7401	.	.	17152
60–55	768	35	.	.	.	.	.	803	863	2855	.	.	2112	.	.	5830
55–50	623	643	.	.	.	.	.	1266	1533	2592	.	.	2660	.	.	6785
50–45	301	2144	.	.	.	.	.	2445	1776	1636	.	.	2600	.	.	6012
45–40	.	3116	.	.	222	.	.	3338	1144	1309	.	.	2221	.	.	4674
40–35	.	2700	84	.	273	.	.	3057	428	2018	146	.	1983	.	.	4575
35–30	.	1583	1266	.	93	.	.	2942	.	2965	247	.	1767	.	.	4979
60–30	1692	10221	1350	.	588	.	.	13851	5744	13375	393	.	13343	.	.	32855
30–25	.	940	2330	.	181	.	.	3451	.	3454	239	.	798	.	.	4491
25–20	.	880	2821	.	132	.	.	3833	.	2647	155	.	504	.	.	3306
20–15	.	605	1832	.	.	.	.	2437	.	1538	1382	.	805	.	.	3725
15–10	.	34	1594	.	.	.	.	1628	.	1032	1968	.	274	179	.	3453
10– 5	.	.	950	.	.	.	.	950	.	400	2696	.	94	1200	.	4390
5– 0	.	.	144	.	.	.	.	144	.	742	2116	.	.	1761	.	4619
30– 0	.	2459	9671	.	313	.	.	12443	.	9813	8556	.	2475	3140	.	23984
N 90– 0	1752	12680	11021	.	901	.	.	26354	8273	30410	8949	.	23219	3140	.	73991
S 0– 5	.	.	94	.	.	.	.	94	.	711	1760	437	.	2340	.	5248
5–10	.	.	35	.	.	.	.	35	.	332	1531	508	.	2651	.	5022
10–15	.	.	46	.	.	24	.	70	.	.	1666	374	.	2307	.	4347
15–20	.	.	349	346	.	242	.	937	.	.	1447	912	.	1704	.	4063
20–25	.	.	497	1587	.	336	.	2420	.	.	939	459	.	1229	.	2627
25–30	.	.	178	1635	.	405	.	2218	.	.	750	488	.	814	.	2052
0–30	.	.	1199	3568	.	1007	.	5774	.	1043	8093	3178	.	11045	.	23359
30–35	.	.	.	629	.	204	.	833	.	.	511	887	.	783	.	2181
35–40	.	.	.	.	.	60	.	60	.	.	0	430	.	679	.	1109
40–45	.	.	.	.	.	156	.	156	.	.	0	169	.	270	.	439
45–50	.	.	.	.	.	34	.	34	.	.	12	34	.	296	.	342
50–55	.	.	.	.	.	.	.	.	.	.	.	.	.	205	.	205
55–60	.	.	.	.	.	.	.	.	.	.	.	.	.	6	.	6
30–60	.	.	.	629	.	454	.	1083	.	.	523	1520	.	2239	.	4282
60–65	.	.	.	.	.	.	.	.	.	.	.	.	.	.	35	35
65–70	.	.	.	.	.	.	.	.	.	.	.	.	.	.	1800	1800
70–75	.	.	.	.	.	.	.	.	.	.	.	.	.	.	4200	4200
75–80	.	.	.	.	.	.	.	.	.	.	.	.	.	.	4112	4112
80–85	.	.	.	.	.	.	.	.	.	.	.	.	.	.	2935	2935
85–90	.	.	.	.	.	.	.	.	.	.	.	.	.	.	980	980
60–90	.	.	.	.	.	.	.	.	.	.	.	.	.	.	14062	14062
S 0–90	.	.	1199	4197	.	1461	.	6857	.	1043	8616	4698	.	13284	14062	41703
G 90–90	1752	12680	12220	4197	901	1461	.	33211	8273	31453	17565	4698	23219	16424	14062	115694

Tabelle IX. Festland-Niederschlagsmenge (km^3)

Table IX. *Continental Precipitation Volume (km^3)*

LATID	Zentrale Gebiete (z) / Interior Regions (z)								Periphere Gebiete (p) / Peripheral Regions (p)							
	EUR	ASI	AFR	AUS	NAM	SAM	ANT	LAND	EUR	ASI	AFR	AUS	NAM	SAM	ANT	LAND
N 90–85	.	.	.	.	.	.	.		.	.	.	.	.	.	.	
85–80	.	.	.	.	.	.	.		4	2	.	.	38	.	.	44
80–75	.	.	.	.	.	.	.		30	52	.	.	113	.	.	195
75–70	.	.	.	.	.	.	.		45	335	.	.	229	.	.	609
70–65	.	.	.	.	.	.	.		543	1020	.	.	675	.	.	2238
65–60	34	.	.	.	.	.	.	34	942	1416	.	.	1125	.	.	3483
90–60	34	.	.	.	.	.	.	34	1564	2825	.	.	2180	.	.	6569
60–55	427	20	.	.	.	.	.	447	630	1371	.	.	1362	.	.	3363
55–50	271	197	.	.	.	.	.	468	1009	1220	.	.	1974	.	.	4203
50–45	73	416	.	.	.	.	.	489	1339	697	.	.	1941	.	.	3977
45–40	.	727	.	.	67	.	.	794	948	894	.	.	1704	.	.	3546
40–35	.	719	34	.	84	.	.	837	292	1389	102	.	1561	.	.	3344
35–30	.	325	152	.	31	.	.	508	.	2028	77	.	1508	.	.	3613
60–30	771	2404	186	.	182	.	.	3543	4218	7599	179	.	10050	.	.	22046
30–25	.	108	61	.	57	.	.	226	.	4034	14	.	537	.	.	4585
25–20	.	85	86	.	71	.	.	242	.	3679	6	.	474	.	.	4159
20–15	.	71	162	.	.	.	.	233	.	2334	323	.	1241	.	.	3898
15–10	.	10	824	.	.	.	.	834	.	1817	1814	.	508	219	.	4358
10– 5	.	.	765	.	.	.	.	765	.	846	3620	.	261	2436	.	7163
5– 0	.	.	72	.	.	.	.	72	.	2251	2932	.	.	4090	.	9273
30– 0	.	274	1970	.	128	.	.	2372	.	14961	8709	.	3021	6745	.	33436
N 90– 0	805	2678	2156	.	310	.	.	5949	5782	25385	8888	.	15251	6745	.	62051
S 0– 5	.	.	67	.	.	.	.	67	.	1952	2691	1387	.	5082	.	11112
5–10	.	.	24	.	.	.	.	24	.	709	1887	1757	.	4815	.	9168
10–15	.	.	51	.	.	18	.	69	.	.	1924	476	.	3850	.	6250
15–20	.	.	217	125	.	133	.	475	.	.	1401	693	.	2114	.	4208
20–25	.	.	203	401	.	135	.	739	.	.	582	311	.	1409	.	2302
25–30	.	.	54	325	.	199	.	578	.	.	349	295	.	1019	.	1663
0–30	.	.	616	851	.	485	.	1952	.	2661	8834	4919	.	18289	.	34703
30–35	.	.	.	147	.	88	.	235	.	.	236	485	.	720	.	1441
35–40	.	.	.	.	.	12	.	12	.	.	0	371	.	510	.	881
40–45	.	.	.	.	.	32	.	32	.	.	0	292	.	312	.	604
45–50	.	.	.	.	.	7	.	7	.	.	13	79	.	478	.	570
50–55	.	.	.	.	.	.	.	.	.	.	.	.	.	284	.	284
55–60	.	.	.	.	.	.	.	.	.	.	.	.	.	3	.	3
30–60	.	.	.	147	.	139	.	286	.	.	249	1227	.	2307	.	3783
60–65	.	.	.	.	.	.	.		.	.	.	.	.	.	18	18
65–70	.	.	.	.	.	.	.		.	.	.	.	.	.	620	620
70–75	.	.	.	.	.	.	.		.	.	.	.	.	.	858	858
75–80	.	.	.	.	.	.	.		.	.	.	.	.	.	578	578
80–85	.	.	.	.	.	.	.		.	.	.	.	.	.	238	238
85–90	.	.	.	.	.	.	.		.	.	.	.	.	.	64	64
60–90	.	.	.	.	.	.	.		.	.	.	.	.	.	2376	2376
S 0–90	.	.	616	998	.	624	.	2238	.	2661	9083	6146	.	20596	2376	40862
G 90–90	805	2678	2772	998	310	624	.	8187	5782	28046	17971	6146	15251	27341	2376	102913

Tabelle X. Festland-Niederschlagshöhe (mm)

Table X. *Continental Precipitation Depth (mm)*

	Zentrale Gebiete (z) Interior Regions (z)								Periphere Gebiete (p) Peripheral Regions (p)							
LATID	EUR	ASI	AFR	AUS	NAM	SAM	ANT	LAND	EUR	ASI	AFR	AUS	NAM	SAM	ANT	LAND
N 90-85	·	·	·	·	·	·	·	·	0	·	·	·	·	·	·	·
85-80	·	·	·	·	·	·	·	·	148	154	·	·	107	·	·	111
80-75	·	·	·	·	·	·	·	·	357	269	·	·	125	·	·	165
75-70	·	·	·	·	·	·	·	·	437	314	·	·	198	·	·	261
70-65	·	·	·	·	·	·	·	·	572	379	·	·	274	·	·	367
65-60	567	·	·	·	·	·	·	567	690	435	·	·	446	·	·	488
90-60	567	·	·	·	·	·	·	567	618	391	·	·	295	·	·	383
60-55	556	571	·	·	·	·	·	557	730	480	·	·	645	·	·	577
55-50	435	306	·	·	·	·	·	370	658	471	·	·	742	·	·	619
50-45	243	194	·	·	·	·	·	200	754	426	·	·	747	·	·	662
45-40	·	233	·	·	302	·	·	238	829	683	·	·	767	·	·	759
40-35	·	266	405	·	308	·	·	274	682	688	699	·	787	·	·	731
35-30	·	205	120	·	333	·	·	173	·	684	312	·	853	·	·	726
60-30	456	235	138	·	310	·	·	256	734	568	455	·	753	·	·	671
30-25	·	115	26	·	315	·	·	65	·	1168	59	·	673	·	·	1021
25-20	·	97	30	·	538	·	·	63	·	1390	39	·	940	·	·	1258
20-15	·	117	88	·	·	·	·	96	·	1518	234	·	1542	·	·	1046
15-10	·	294	517	·	·	·	·	512	·	1761	922	·	1854	1223	·	1262
10- 5	·	·	805	·	·	·	·	805	·	2115	1343	·	2777	2030	·	1632
5- 0	·	·	500	·	·	·	·	500	·	3034	1386	·	·	2322	·	2008
30- 0	·	111	204	·	409	·	·	191	·	1525	1018	·	1221	2148	·	1394
N 90- 0	459	211	196	·	344	·	·	226	699	835	993	·	657	2148	·	839
S 0- 5	·	·	713	·	·	·	·	713	·	2745	1529	3174	·	2172	·	2117
5-10	·	·	686	·	·	·	·	686	·	2136	1233	3459	·	1816	·	1826
10-15	·	·	1109	·	·	750	·	986	·	·	1155	1273	·	1669	·	1438
15-20	·	·	622	361	·	550	·	507	·	·	968	760	·	1241	·	1036
20-25	·	·	408	253	·	402	·	305	·	·	620	678	·	1146	·	876
25-30	·	·	303	199	·	491	·	261	·	·	465	605	·	1252	·	810
0-30	·	·	514	239	·	482	·	338	·	2551	1092	1548	·	1656	·	1486
30-35	·	·	·	234	·	431	·	282	·	·	462	547	920	·	·	661
35-40	·	·	·	·	·	200	·	200	·	·	0	863	751	·	·	794
40-45	·	·	·	·	·	205	·	205	·	·	0	1728	1156	·	·	1376
45-50	·	·	·	·	·	206	·	206	·	·	1083	2324	1615	·	·	1667
50-55	·	·	·	·	·	·	·	·	·	·	·	·	1385	·	·	1385
55-60	·	·	·	·	·	·	·	·	·	·	·	·	500	·	·	500
30-60	·	·	·	234	·	306	·	264	·	·	476	807	1030	·	·	883
60-65	·	·	·	·	·	·	·	·	·	·	·	·	·	514	·	514
65-70	·	·	·	·	·	·	·	·	·	·	·	·	·	344	·	344
70-75	·	·	·	·	·	·	·	·	·	·	·	·	·	204	·	204
75-80	·	·	·	·	·	·	·	·	·	·	·	·	·	141	·	141
80-85	·	·	·	·	·	·	·	·	·	·	·	·	·	81	·	81
85-90	·	·	·	·	·	·	·	·	·	·	·	·	·	65	·	65
60-90	·	·	·	·	·	·	·	·	·	·	·	·	·	169	·	169
S 0-90	·	·	514	238	·	427	·	326	·	2551	1054	1308	·	1550	169	980
G 90-90	459	211	227	238	344	427	·	247	699	892	1023	1308	657	1665	169	890

Tabelle XI.   Festland-Verdunstungsmenge (km³)

Table XI.   *Continental Evaporation Volume (km³)*

LATID	Zentrale Gebiete (z) / Interior Regions (z)								Periphere Gebiete (p) / Peripheral Regions (p)							
	EUR	ASI	AFR	AUS	NAM	SAM	ANT	LAND	EUR	ASI	AFR	AUS	NAM	SAM	ANT	LAND
N 90–85	.	.	.	.	.	.	.	.	.	.	.	.	.	.	.	.
85–80	.	.	.	.	.	.	.	.	1	1	.	.	17	.	.	19
80–75	.	.	.	.	.	.	.	.	7	16	.	.	43	.	.	66
75–70	.	.	.	.	.	.	.	.	20	132	.	.	96	.	.	248
70–65	.	.	.	.	.	.	.	.	190	448	.	.	368	.	.	1006
65–60	18	.	.	.	.	.	.	18	376	725	.	.	578	.	.	1679
90–60	18	.	.	.	.	.	.	18	594	1322	.	.	1102	.	.	3018
60–55	259	13	.	.	.	.	.	272	330	745	.	.	634	.	.	1709
55–50	199	182	.	.	.	.	.	381	665	710	.	.	956	.	.	2331
50–45	67	576	.	.	.	.	.	643	767	492	.	.	1137	.	.	2396
45–40	.	790	.	.	67	.	.	857	644	570	.	.	1142	.	.	2356
40–35	.	782	31	.	84	.	.	897	218	943	90	.	1181	.	.	2432
35–30	.	318	155	.	31	.	.	504	.	1314	86	.	1170	.	.	2570
60–30	525	2661	186	.	182	.	.	3554	2624	4774	176	.	6220	.	.	13794
30–25	.	113	61	.	57	.	.	231	.	1995	26	.	467	.	.	2488
25–20	.	85	86	.	71	.	.	242	.	2157	4	.	376	.	.	2537
20–15	.	71	162	.	.	.	.	233	.	1428	307	.	836	.	.	2571
15–10	.	10	879	.	.	.	.	889	.	1094	1565	.	296	181	.	3136
10–5	.	.	710	.	.	.	.	710	.	489	2827	.	114	1426	.	4856
5–0	.	.	72	.	.	.	.	72	.	961	2159	.	.	2131	.	5251
30–0	.	279	1970	.	128	.	.	2377	.	8124	6888	.	2089	3738	.	20839
N 90–0	543	2940	2156	.	310	.	.	5949	3218	14220	7064	.	9411	3738	.	37651
S 0–5	.	.	67	.	.	.	.	67	.	964	2055	580	.	2817	.	6416
5–10	.	.	24	.	.	.	.	24	.	395	1584	724	.	2928	.	5631
10–15	.	.	48	.	7	.	.	55	.	.	1643	400	.	2329	.	4372
15–20	.	.	216	125	.	152	.	493	.	.	1166	627	.	1603	.	3396
20–25	.	.	205	400	.	135	.	740	.	.	510	281	.	1077	.	1868
25–30	.	.	56	326	.	197	.	579	.	.	320	269	.	685	.	1274
0–30	.	.	616	851	.	491	.	1958	.	1359	7278	2881	.	11439	.	22957
30–35	.	.	.	147	.	82	.	229	.	.	216	439	.	542	.	1197
35–40	.	.	.	.	.	12	.	12	.	.	0	275	.	317	.	592
40–45	.	.	.	.	.	32	.	32	.	.	0	131	.	96	.	227
45–50	.	.	.	.	.	7	.	7	.	.	4	26	.	91	.	121
50–55	.	.	.	.	.	.	.	.	.	.	.	.	.	77	.	77
55–60	.	.	.	.	.	.	.	.	.	.	.	.	.	2	.	2
30–60	.	.	.	147	.	133	.	280	.	.	220	871	.	1125	.	2216
60–65	.	.	.	.	.	.	.	.	.	.	.	.	.	.	3	3
65–70	.	.	.	.	.	.	.	.	.	.	.	.	.	.	60	60
70–75	.	.	.	.	.	.	.	.	.	.	.	.	.	.	158	158
75–80	.	.	.	.	.	.	.	.	.	.	.	.	.	.	117	117
80–85	.	.	.	.	.	.	.	.	.	.	.	.	.	.	41	41
85–90	.	.	.	.	.	.	.	.	.	.	.	.	.	.	10	10
60–90	.	.	.	.	.	.	.	.	.	.	.	.	.	.	389	389
S 0–90	.	.	616	998	.	624	.	2238	.	1359	7498	3752	.	2564	389	25562
G 90–90	543	2940	2772	998	310	624	.	8187	3218	15579	14562	3752	9411	6302	389	63213

Tabelle XII. Festland-Verdunstungshöhe (mm)

Table XII. *Continental Evaporation Depth (mm)*

LATID	Zentrale Gebiete (z) — Interior Regions (z)								Periphere Gebiete (p) — Peripheral Regions (p)							
	EUR	ASI	AFR	AUS	NAM	SAM	ANT	LAND	EUR	ASI	AFR	AUS	NAM	SAM	ANT	LAND
N 90-85	·	·	·	·	·	·	·	·	·	·	·	·	·	·	·	·
85-80	·	·	·	·	·	·	·	·	37	77	·	·	48	·	·	48
80-75	·	·	·	·	·	·	·	·	83	83	·	·	47	·	·	56
75-70	·	·	·	·	·	·	·	·	194	124	·	·	83	·	·	106
70-65	·	·	·	·	·	·	·	·	200	167	·	·	149	·	·	165
65-60	300	·	·	·	·	·	·	300	275	223	·	·	229	·	·	235
90-60	300	·	·	·	·	·	·	300	235	183	·	·	149	·	·	176
60-55	337	371	·	·	·	·	·	339	382	261	·	·	300	·	·	293
55-50	319	283	·	·	·	·	·	301	434	274	·	·	359	·	·	344
50-45	223	269	·	·	·	·	·	263	432	301	·	·	437	·	·	399
45-40	·	254	·	·	302	·	·	257	563	435	·	·	514	·	·	504
40-35	·	290	369	·	308	·	·	293	509	467	616	·	596	·	·	532
35-30	·	201	122	·	333	·	·	171	·	443	348	·	662	·	·	516
60-30	310	260	138	·	310	·	·	257	457	357	448	·	466	·	·	420
30-25	·	120	26	·	315	·	·	67	·	578	109	·	585	·	·	554
25-20	·	97	30	·	538	·	·	63	·	815	26	·	746	·	·	767
20-15	·	117	88	·	·	·	·	96	·	928	222	·	1039	·	·	690
15-10	·	294	551	·	·	·	·	546	·	1060	795	·	1080	1011	·	908
10- 5	·	·	747	·	·	·	·	747	·	1223	1049	·	1213	1188	·	1106
5- 0	·	·	500	·	·	·	·	500	·	1295	1020	·	·	1210	·	1137
30- 0	·	113	204	·	409	·	·	191	·	828	805	·	844	1190	·	869
N 90 -0	310	232	196	·	344	·	·	226	389	468	789	·	405	1190	·	509
S 0- 5	·	·	713	·	·	·	·	713	·	1356	1168	1327	·	1204	·	1223
5-10	·	·	686	·	·	·	·	686	·	1190	1035	1425	·	1104	·	1121
10-15	·	·	1043	·	·	292	·	786	·	·	986	1070	·	1010	·	1006
15-20	·	·	619	361	·	628	·	526	·	·	806	688	·	941	·	836
20-25	·	·	412	252	·	402	·	306	·	·	543	612	·	876	·	711
25-30	·	·	315	199	·	486	·	261	·	·	427	551	·	842	·	621
0-30	·	·	514	239	·	488	·	339	·	1303	899	907	·	1036	·	983
30-35	·	·	·	234	·	402	·	275	·	·	423	495	·	692	·	549
35-40	·	·	·	·	·	200	·	200	·	·	0	640	·	467	·	534
40-45	·	·	·	·	·	205	·	205	·	·	0	775	·	356	·	517
45-50	·	·	·	·	·	206	·	206	·	·	333	765	·	307	·	354
50-55	·	·	·	·	·	·	·	·	·	·	·	·	·	376	·	376
55-60	·	·	·	·	·	·	·	·	·	·	·	·	·	333	·	333
30-60	·	·	·	234	·	293	·	259	·	·	421	573	·	502	·	518
60-65	·	·	·	·	·	·	·	·	·	·	·	·	·	·	86	86
65-70	·	·	·	·	·	·	·	·	·	·	·	·	·	·	33	33
70-75	·	·	·	·	·	·	·	·	·	·	·	·	·	·	38	38
75-80	·	·	·	·	·	·	·	·	·	·	·	·	·	·	28	28
80-85	·	·	·	·	·	·	·	·	·	·	·	·	·	·	14	14
85-90	·	·	·	·	·	·	·	·	·	·	·	·	·	·	10	10
60-90	·	·	·	·	·	·	·	·	·	·	·	·	·	·	28	28
S 0-90	·	·	514	238	·	427	·	326	·	1303	870	799	·	946	28	613
G 90-90	310	232	227	238	344	427	·	247	389	495	829	799	405	993	28	546

Tabelle XIII.   Festland-Abflußmenge (km^3)

Table XIII.   *Continental Runoff Volume (km^3)*

LATID	Zentrale Gebiete (z) Interior Regions (z)								Periphere Gebiete (p) Peripheral Regions (p)							
	EUR	ASI	AFR	AUS	NAM	SAM	ANT	LAND	EUR	ASI	AFR	AUS	NAM	SAM	ANT	LAND
N 90–85	.	.	.	.	.	.	.	.	.	.	.	.	.	.	.	.
85–80	.	.	.	.	.	.	.	.	3	1	.	.	21	.	.	25
80–75	.	.	.	.	.	.	.	.	23	36	.	.	70	.	.	129
75–70	.	.	.	.	.	.	.	.	25	203	.	.	133	.	.	361
70–65	.	.	.	.	.	.	.	.	353	572	.	.	307	.	.	1232
65–60	16	.	.	.	.	.	.	16	566	691	.	.	547	.	.	1804
90–60	16	.	.	.	.	.	.	16	970	1503	.	.	1078	.	.	3551
60–55	168	7	.	.	.	.	.	175	300	626	.	.	728	.	.	1654
55–50	72	15	.	.	.	.	.	87	344	510	.	.	1018	.	.	1872
50–45	6	−160	.	.	.	.	.	−154	572	205	.	.	804	.	.	1581
45–40	.	−63	.	0	.	.	.	−63	304	324	.	.	562	.	.	1190
40–35	.	−63	3	0	.	.	.	−60	74	446	12	.	380	.	.	912
35–30	.	7	−3	0	.	.	.	4	.	114	−9	.	338	.	.	1043
60–30	246	−257	0	.	0	.	.	−11	1594	2825	+3	.	3830	.	.	8252
30–25	.	−5	0	.	0	.	.	−5	.	2039	−12	.	70	.	.	2097
25–20	.	0	0	.	−0	.	.	0	.	1523	+2	.	98	.	.	1622
20–15	.	0	0	.	.	.	.	0	.	906	16	.	405	.	.	1327
15–10	.	0	−55	.	.	.	.	−55	.	723	249	.	212	38	.	1222
10–5	.	.	55	.	.	.	.	55	.	357	793	.	147	1010	.	2307
5–0	.	.	0	.	.	.	.	0	.	1290	773	.	.	1959	.	4022
30–0	.	−5	0	.	0	.	.	−5	.	6838	1821	.	932	3007	.	12597
N 90–0	262	−262	0	.	0	.	.	0	2564	11165	1824	.	5840	3007	.	24400
S 0–5	.	.	0	.	.	.	.	0	.	988	636	807	.	2265	.	4696
5–10	.	.	0	.	.	.	.	0	.	314	303	1033	.	1887	.	3537
10–15	.	.	3	.	11	.	.	14	.	.	281	76	.	1521	.	1878
15–20	.	.	1	0	−19	.	.	−18	.	.	235	66	.	511	.	812
20–25	.	.	−2	1	0	.	.	−1	.	.	72	30	.	332	.	434
25–30	.	.	−2	−1	2	.	.	−1	.	.	29	26	.	334	.	389
0–30	.	.	0	0	−6	.	.	−6	.	1302	1556	2038	.	6850	.	11746
30–35	.	.	.	−0	6	.	.	+6	.	.	20	46	.	178	.	244
35–40	.	.	.	.	0	.	.	0	.	.	0	96	.	193	.	289
40–45	.	.	.	.	0	.	.	0	.	.	0	161	.	216	.	377
45–50	.	.	.	.	0	.	.	0	.	.	9	53	.	387	.	449
50–55	.	.	.	.	.	.	.	.	.	.	.	.	.	207	.	207
55–60	.	.	.	.	.	.	.	.	.	.	.	.	.	1	.	1
30–60	.	.	.	0	6	.	.	6	.	.	29	356	.	1182	.	1567
60–65	.	.	.	.	.	.	.	.	.	.	.	.	.	.	15	15
65–70	.	.	.	.	.	.	.	.	.	.	.	.	.	.	560	560
70–75	.	.	.	.	.	.	.	.	.	.	.	.	.	.	700	700
75–80	.	.	.	.	.	.	.	.	.	.	.	.	.	.	461	461
80–85	.	.	.	.	.	.	.	.	.	.	.	.	.	.	197	197
85–90	.	.	.	.	.	.	.	.	.	.	.	.	.	.	54	54
60–90	.	.	.	.	.	.	.	.	.	.	.	.	.	.	1987	1987
S 0–90	.	.	0	0	0	0	.	0	.	1302	1585	2394	.	8032	1987	15300
G 90–90	262	−262	0	0	0	0	.	0	2564	12467	3409	2394	5840	11039	1987	39700

Tabelle XIV. Festland-Abflußhöhe (mm)

Table XIV. *Continental Runoff Depth (mm)*

LATID	Zentrale Gebiete (z) Interior Regions (z)								Periphere Gebiete (p) Peripheral Regions (p)							
	EUR	ASI	AFR	AUS	NAM	SAM	ANT	LAND	EUR	ASI	AFR	AUS	NAM	SAM	ANT	LAND
N 90-85	.	.	.	.	.	.	.	.	.	.	.	.	.	.	.	.
85-80	.	.	.	.	.	.	.	.	111	77	.	.	59	.	.	63
80-75	.	.	.	.	.	.	.	..	274	186	.	.	78	.	.	109
75-70	.	.	.	.	.	.	.	.	243	190	.	.	115	.	.	155
70-65	.	.	.	.	.	.	.	.	372	212	.	.	125	.	.	202
65-60	267	.	.	.	.	.	.	267	415	212	.	.	217	.	.	253
90-60	267	.	.	.	.	.	.	267	383	208	.	.	146	.	.	207
60-55	219	200	.	.	.	.	.	218	348	219	.	.	345	.	.	284
55-50	116	23	.	.	.	.	.	69	224	197	.	.	383	.	.	275
50-45	20	-75	.	.	.	.	.	-63	322	125	.	.	310	.	.	263
45-40	.	-21	.	.	0	.	.	-19	266	248	.	.	253	.	.	255
40-35	.	-24	36	.	0	.	.	-19	173	221	83	.	191	.	.	199
35-30	.	4	-2	.	0	.	.	-2	.	241	-36	.	191	.	.	210
60-30	146	-25	0	.	0	.	.	-1	277	211	7	.	287	.	.	251
30-25	.	-5	0	.	0	.	.	-2	.	590	-50	.	88	.	.	467
25-20	.	0	0	.	0	.	.	0	.	575	13	.	194	.	.	491
20-15	.	0	0	.	.	.	.	0	.	590	12	.	503	.	.	356
15-10	.	0	-34	.	.	.	.	-34	.	701	127	.	774	212	.	354
10- 5	.	.	58	.	.	.	.	58	.	892	294	.	1564	842	.	526
5- 0	.	.	0	.	.	.	.	0	.	1739	366	.	.	1112	.	871
30- 0	.	-2	0	.	0	.	.	0	.	697	213	.	377	958	.	525
N 90- 0	149	-21	0	.	0	.	.	0	310	367	204	.	252	958	.	330
S 0- 5	.	.	0	.	.	.	.	0	.	1389	361	1847	.	968	.	894
5-10	.	.	0	.	.	.	.	0	.	946	198	2034	.	712	.	705
10-15	.	.	66	.	.	458	.	200	.	.	169	203	.	659	.	432
15-20	.	.	3	0	.	-78	.	-19	.	.	162	72	.	300	.	200
20-25	.	.	-4	1	.	0	.	-1	.	.	77	66	.	270	.	165
25-30	.	.	-12	0	.	5	.	0	.	.	38	54	.	410	.	189
0-30	.	.	0	0	.	-6	.	-1	.	1248	193	641	.	620	.	503
30-35	.	.	.	0	.	29	.	7	.	.	39	52	.	228	.	112
35-40	.	.	.	.	.	0	.	0	.	.	0	223	.	284	.	260
40-45	.	.	.	.	.	0	.	0	.	.	0	953	.	800	.	859
45-50	.	.	.	.	.	0	.	0	.	.	750	1559	.	1308	.	1313
50-55	.	.	.	.	.	.	.	.	.	.	.	.	.	1009	.	1009
55-60	.	.	.	.	.	.	.	.	.	.	.	.	.	167	.	167
30-60	.	.	.	0	.	13	.	5	.	.	55	234	.	528	.	365
60-65	.	.	.	.	.	.	.	.	.	.	.	.	.	.	428	428
65-70	.	.	.	.	.	.	.	.	.	.	.	.	.	.	311	311
70-75	.	.	.	.	.	.	.	.	.	.	.	.	.	.	166	166
75-80	.	.	.	.	.	.	.	.	.	.	.	.	.	.	113	113
80-85	.	.	.	.	.	.	.	.	.	.	.	.	.	.	67	67
85-90	.	.	.	.	.	.	.	.	.	.	.	.	.	.	55	55
60-90	.	.	.	.	.	.	.	.	.	.	.	.	.	.	141	141
S 0-90	.	.	0	0	.	0	.	0	.	1248	184	509	.	604	141	367
G 90-90	149	-21	0	0	0	0	.	0	310	397	194	509	252	672	141	344

Tabelle XV. Meridionale Verteilung der Flächen von 5°-Breitenzonen in Prozenten der Flächen der globalen Breitenzonen.

Table XV. *Meridional Distribution of Areas by 5°-Latitude Zones as a Percent of Global Latitude Zone Areas.*

LATID	EUR	ASI	AFR	AUS	NAM	SAM	ANT	LAND	NPO	ATL	IND	PAC	SEA	GLOB
N 90–85	.	.	.	.	.	.	.	.	100	.	.	.	100	100
85–80	1	0	.	.	12	.	.	13	87	.	.	.	87	100
80–75	1	4	.	.	19	.	.	24	50	26	.	.	76	100
75–70	2	16	.	.	17	.	.	35	34	31	.	.	65	100
70–65	11	31	.	.	29	.	.	71	3	26	.	.	29	100
65–60	14	32	.	.	24	.	.	70	.	23	.	7	30	100
90–60	7	21	.	.	22	.	.	50	25	23	.	2	50	100
60–55	13	24	.	.	18	.	.	55	.	24	.	21	45	100
55–50	16	24	.	.	19	.	.	59	.	17	.	24	41	100
50–45	14	25	.	.	17	.	.	56	.	17	.	27	44	100
45–40	7	27	.	.	15	.	.	49	.	24	.	27	51	100
40–35	2	27	1	.	13	.	.	43	.	26	.	31	57	100
35–30	.	24	8	.	10	.	.	42	.	25	.	33	58	100
60–30	8	25	2	.	15	.	.	50	.	22	.	28	50	100
30–25	.	22	13	.	5	.	.	40	.	23	2	35	60	100
25–20	.	17	15	.	3	.	.	35	.	22	5	38	65	100
20–15	.	10	15	.	4	.	.	29	.	20	10	41	71	100
15–10	.	5	16	.	1	1	.	23	.	18	13	46	77	100
10– 5	.	2	17	.	0	5	.	24	.	13	13	50	76	100
5– 0	.	4	10	.	.	8	.	22	.	16	15	47	78	100
30– 0	.	10	14	.	2	3	.	29	.	18	10	43	71	100
N 90– 0	4	17	8	.	9	1	.	39	3	21	5	32	61	100
S 0– 5	.	3	8	2	.	11	.	24	.	15	17	44	76	100
5–10	.	2	7	2	.	12	.	23	.	14	23	40	77	100
10–15	.	.	8	1	.	11	.	20	.	14	27	39	80	100
15–20	.	.	9	6	.	9	.	24	.	14	23	39	76	100
20–25	.	.	7	10	.	8	.	25	.	16	21	38	75	100
25–30	.	.	5	11	.	6	.	22	.	18	22	38	78	100
0–30	.	1	7	5	.	10	.	23	.	15	22	40	77	100
30–35	.	.	3	8	.	5	.	16	.	20	26	38	84	100
35–40	.	.	.	3	.	4	.	7	.	22	33	38	93	100
40–45	.	.	.	1	.	3	.	4	.	24	34	38	96	100
45–50	.	.	0	0	.	2	.	2	.	24	36	38	98	100
50–55	.	.	.	.	.	.	.	2	.	25	36	37	98	100
55–60	.	.	.	.	.	.	.	0	.	24	38	38	100	100
30–60	.	.	1	2	.	3	.	6	.	23	33	38	94	100
60–65	.	.	.	.	.	.	0	0	.	22	40	38	100	100
65–70	.	.	.	.	.	.	21	21	.	23	21	35	79	100
70–75	.	.	.	.	.	.	62	62	.	12	.	26	38	100
75–80	.	.	.	.	.	.	85	85	.	6	.	9	15	100
80–85	.	.	.	.	.	.	100	100	.	.	.	.	.	100
85–90	.	.	.	.	.	.	100	100	.	.	.	.	.	100
60–90	.	.	.	.	.	.	41	41	.	15	17	27	59	100
S 0–90	.	1	4	3	.	6	5	19	.	18	26	37	81	100
G 90–90	2	8	6	2	5	3	3	29	2	19	15	35	71	100

Tabelle XVI. Meridionale Verteilung der Flächen von 5°-Breitenzonen
   a) Kontinente in Prozent der Festlandszonen
   b) Ozeane in Prozent der Weltmeerzonen
   c) Festland bzw. Weltmeer in Prozent der globalen Breitenzonen.

Table XVI. *Meridional Distribution of Areas by 5°-Latitude Zones for:*
   a) Continents as a Percent of the Zonal Land Mass Area
   b) Oceans as a Percent of the Zonal Ocean Area
   c) Land Masses or Oceans as a Percent of the Global Latitude Zone Area.
   (These are percentages of total areas of land zones (a), total areas of ocean zones (b), and total areas of global zones (c).)

LATID	EUR	ASI	AFR	AUS	NAM	SAM	ANT	LAND	NPO	ATL	IND	PAC	SEA
N 90-85	.	.	.	.	.	.	.	.	100	.	.	.	100
85-80	7	3	.	.	90	.	.	13	100	.	.	.	87
80-75	7	16	.	.	77	.	.	24	66	34	.	.	76
75-70	4	46	.	.	50	.	.	35	52	48	.	.	65
70-65	16	44	.	.	40	.	.	71	12	88	.	.	29
65-60	20	45	.	.	35	.	.	70	.	76	.	24	30
90-60	15	42	.	.	43	.	.	50	50	46	.	4	50
60-55	25	43	.	.	32	.	.	55	.	53	.	47	45
55-50	27	40	.	.	33	.	.	59	.	41	.	59	41
50-45	24	45	.	.	31	.	.	56	.	39	.	61	44
45-40	14	55	.	.	31	.	.	49	.	46	.	54	51
40-35	6	62	3	.	29	.	.	43	.	46	.	54	57
35-30	.	57	19	.	24	.	.	42	.	43	.	57	58
60-30	16	50	4	.	30	.	.	50	.	45	.	55	50
30-25	.	55	33	.	12	.	.	40	.	39	3	58	60
25-20	.	49	42	.	9	.	.	35	.	34	7	59	65
20-15	.	35	52	.	13	.	.	29	.	28	14	58	71
15-10	.	21	70	.	5	4	.	23	.	23	18	59	77
10- 5	.	8	68	.	2	22	.	24	.	17	17	66	76
5- 0	.	16	47	.	.	37	.	22	.	21	19	60	78
30- 0	.	34	50	.	8	8	.	29	.	26	14	60	71
N 90- 0	10	43	20	.	24	3	.	39	5	34	8	53	61
S 0- 5	.	13	35	8	.	44	.	24	.	19	22	59	76
5-10	.	7	31	10	.	52	.	23	.	18	29	53	77
10-15	.	.	39	8	.	53	.	20	.	17	34	49	80
15-20	.	.	36	25	.	39	.	24	.	18	30	52	76
20-25	.	.	28	41	.	31	.	25	.	21	28	51	75
25-30	.	.	22	50	.	28	.	22	.	23	29	48	78
0-30	.	4	32	23	.	41	.	23	.	19	29	52	77
30-35	.	.	17	50	.	33	.	16	.	24	31	45	84
35-40	.	.	.	37	.	63	.	7	.	23	36	41	93
40-45	.	.	.	28	.	72	.	4	.	24	36	40	96
45-50	.	.	3	9	.	88	.	2	.	25	36	39	98
50-55	.	.	.	.	.	100	.	2	.	25	37	38	98
55-60	.	.	.	.	.	100	.	0	.	24	38	38	100
30-60	.	.	10	40	.	50	.	6	.	24	36	40	94
60-65	.	.	.	.	.	.	100	0	.	22	40	38	100
65-70	.	.	.	.	.	.	100	21	.	29	26	45	79
70-75	.	.	.	.	.	.	100	62	.	31	.	69	38
75-80	.	.	.	.	.	.	100	85	.	37	.	63	15
80-85	.	.	.	.	.	.	100	100	.	.	.	.	.
85-90	.	.	.	.	.	.	100	100	.	.	.	.	.
60-90	.	.	.	.	.	.	100	41	.	26	29	45	59
S 0-90	.	2	20	18	.	31	29	19	.	22	32	46	81
G 90-90	7	30	20	6	16	12	9	29	2	27	22	49	71

Tabelle XVII. Zonale Flächenanteile der einzelnen Kontinente und Ozeane sowie des Festlandes, des Weltmeeres und des Globus in Prozent der jeweiligen Gesamtfläche (100%).

Table XVII. *Zonal Areas of the Individual Continents and Oceans, and Land, Sea, and Global Surfaces as Percentages of the Corresponding Total Areas.*

LATID	EUR	ASI	AFR	AUS	NAM	SAM	ANT	LAND	NPO	ATL	IND	PAC	SEA	GLOB
N 90-85	.	.	.	.	.	.	.	.	12	.	.	.	0	0
85-80	0	0	.	.	1	.	.	0	30	.	.	.	1	1
80-75	1	0	.	.	4	.	.	1	28	1	.	.	1	1
75-70	1	3	.	.	5	.	.	2	27	2	.	.	1	1
70-65	10	6	.	.	10	.	.	4	3	2	.	.	1	2
65-60	14	7	.	.	11	.	.	5	.	3	.	0	1	2
90-60	26	16	.	.	31	.	.	12	100	8	.	0	5	7
60-55	16	7	.	.	9	.	.	5	.	3	.	1	1	2
55-50	22	7	.	.	11	.	.	5	.	2	.	2	2	3
50-45	21	9	.	.	11	.	.	6	.	2	.	2	2	3
45-40	11	10	.	.	10	.	.	5	.	4	.	3	2	3
40-35	4	11	1	.	9	.	.	5	.	5	.	3	3	3
35-30	.	10	5	.	8	.	.	5	.	5	.	4	3	4
60-30	74	54	6	.	58	.	.	31	.	21	.	15	13	18
30-25	.	10	9	.	4	.	.	5	.	4	0	4	3	4
25-20	.	8	10	.	3	.	.	5	.	5	1	4	4	4
20-15	.	5	11	.	3	.	.	4	.	4	3	5	4	4
15-10	.	2	12	.	1	1	.	3	.	4	4	6	4	4
10-5	.	1	12	.	0	7	.	4	.	3	4	6	5	4
5-0	.	2	7	.	.	10	.	3	.	4	4	6	5	5
30-0	.	28	61	.	11	18	.	24	.	24	16	31	25	25
N 90-0	100	98	67	.	100	18	.	67	100	53	16	46	43	50
S 0-5	.	1	6	5	.	13	.	4	.	3	5	6	5	5
5-10	.	1	5	6	.	15	.	4	.	3	6	5	5	4
10-15	.	.	6	4	.	13	.	3	.	3	8	5	5	4
15-20	.	.	6	14	.	11	.	3	.	3	6	5	4	4
20-25	.	.	5	23	.	8	.	3	.	4	5	4	4	4
25-30	.	.	3	24	.	7	.	3	.	4	6	4	4	4
0-30	.	2	31	76	.	67	.	20	.	20	36	29	27	25
30-35	.	.	2	17	.	6	.	2	.	4	6	4	4	4
35-40	.	.	.	5	.	4	.	1	.	4	8	4	5	3
40-45	.	.	.	2	.	2	.	1	.	4	7	3	4	3
45-50	.	.	0	0	.	2	.	0	.	4	7	3	4	3
50-55	.	.	.	.	.	1	.	0	.	3	6	3	4	3
55-60	.	.	.	.	.	0	.	0	.	3	6	3	3	2
30-60	.	.	2	24	.	15	.	4	.	22	40	20	24	18
60-65	.	.	.	.	.	.	0	0	.	2	6	2	3	2
65-70	.	.	.	.	.	.	13	1	.	2	2	2	2	2
70-75	.	.	.	.	.	.	30	3	.	1	.	1	1	1
75-80	.	.	.	.	.	.	29	3	.	0	.	0	0	1
80-85	.	.	.	.	.	.	21	2	.	.	.	.	.	1
85-90	.	.	.	.	.	.	7	0	.	.	.	.	.	0
60-90	.	.	.	.	.	.	100	9	.	5	8	5	6	7
S 0-90	.	.	33	100	.	82	100	33	.	47	84	54	57	50
G 90-90	100	100	100	100	100	100	100	100	100	100	100	100	100	100

Tabelle XVIII. Meridionale Verteilung der Niederschlagsmengen in 5°-Breitenzonen in Prozenten der Niederschlagsmengen der globalen Breitenzonen.

Table XVIII. *Meridional Distribution of Precipitation Volumes by 5°-Latitude Zones as a Percent of Precipitation Volumes of the Global Latitude Zones.*

LATID	EUR	ASI	AFR	AUS	NAM	SAM	ANT	LAND	NPO	ATL	IND	PAC	SEA	GLOB
N 90-85	.	.	.	.	.	.	.	.	100	.	.	.	100	100
85-80	2	1	.	.	18	.	.	22	78	.	.	.	78	100
80-75	4	8	.	.	16	.	.	28	26	46	.	.	72	100
75-70	3	20	.	.	13	.	.	36	22	42	.	.	64	100
70-65	16	29	.	.	19	.	.	64	2	34	.	.	36	100
65-60	15	23	.	.	18	.	.	56	.	37	.	7	44	100
90-60	13	23	.	.	17	.	.	53	7	36	.	4	47	100
60-55	11	14	.	.	14	.	.	39	.	30	.	31	61	100
55-50	11	12	.	.	16	.	.	39	.	23	.	38	61	100
50-45	11	8	.	.	15	.	.	34	.	22	.	44	66	100
45-40	7	11	.	.	12	.	.	30	.	28	.	42	70	100
40-35	2	15	1	.	11	.	.	29	.	27	.	44	71	100
35-30	.	18	2	.	11	.	.	31	.	22	.	47	69	100
60-30	7	13	0	.	13	.	.	33	.	25	.	42	67	100
30-25	.	31	1	.	4	.	.	36	.	22	0	42	64	100
25-20	.	27	1	.	4	.	.	32	.	17	4	47	68	100
20-15	.	13	2	.	7	.	.	22	.	15	10	53	78	100
15-10	.	6	9	.	2	1	.	18	.	13	10	59	82	100
10- 5	.	2	10	.	0	6	.	18	.	11	8	63	82	100
5- 0	.	6	8	.	.	10	.	24	.	14	13	49	76	100
30- 0	.	10	7	.	2	4	.	23	.	14	9	54	77	100
N 90- 0	3	11	4	.	6	3	.	27	0	19	6	48	73	100
S 0- 5	.	6	9	5	.	16	.	36	.	7	23	34	64	100
5-10	.	2	6	6	.	15	.	29	.	3	31	37	71	100
10-15	.	.	7	2	.	14	.	23	.	3	31	43	77	100
15-20	.	.	8	4	.	11	.	23	.	4	21	52	77	100
20-25	.	.	5	4	.	9	.	18	.	8	14	60	82	100
25-30	.	.	3	4	.	8	.	15	.	13	14	58	85	100
0-30	.	2	7	4	.	13	.	26	.	5	24	45	74	100
30-35	.	.	2	4	.	5	.	11	.	16	21	52	89	100
35-40	.	.	.	2	.	3	.	5	.	20	30	45	95	100
40-45	.	.	.	2	.	2	.	4	.	21	34	41	96	100
45-50	.	.	0	0	.	3	.	3	.	20	36	41	97	100
50-55	.	.	.	.	.	2	.	2	.	21	35	42	98	100
55-60	.	.	.	.	.	0	.	0	.	21	36	43	100	100
30-60	.	.	0	1	.	3	.	4	.	20	32	44	96	100
60-65	.	.	.	.	.	.	0	0	.	19	37	44	100	100
65-70	.	.	.	.	.	.	16	16	.	24	20	40	84	100
70-75	.	.	.	.	.	.	44	44	.	17	.	39	56	100
75-80	.	.	.	.	.	.	69	69	.	11	.	20	31	100
80-85	.	.	.	.	.	.	100	100	.	.	.	.	.	100
85-90	.	.	.	.	.	.	100	100	.	.	.	.	.	100
60-90	.	.	.	.	.	.	17	17	.	19	24	40	83	100
S 0-90	.	1	4	3	8	1	17	17	.	12	27	44	83	100
G 90-90	1	6	4	2	3	6	0	22	0	15	17	46	78	100

Tabelle XIX. Meridionale Verteilung der Niederschlagsmengen von 5° Breitenzonen
  a) Kontinente in Prozent der Festlandszonenmengen
  b) Ozeane in Prozent der Weltmeerzonenmengen
  c) Festland bzw. Weltmeer in Prozent der globalen Breitenzonenmengen.

Table XIX. *Meridional Distribution of Precipitation Volumes by 5°-Latitude Zones for:*
  a) Continents as a Percent of Zonal Land Mass Precipitation Volumes
  b) Oceans as a Percent of Zonal Ocean Precipitation Volumes
  c) Land Masses or Oceans as a Percent of Global Latitude Zone Volumes.

LATID	EUR	ASI	AFR	AUS	NAM	SAM	ANT	LAND	NPO	ATL	IND	PAC	SEA
N 90–85	.	.	.	.	.	.	.	.	100	.	.	.	100
85–80	9	5	.	.	86	.	.	22	100	.	.	.	78
80–75	15	27	.	.	58	.	.	28	36	64	.	.	72
75–70	7	55	.	.	38	.	.	36	34	66	.	.	64
70–65	24	46	.	.	30	.	.	64	7	93	.	.	36
65–60	28	40	.	.	32	.	.	56	.	83	.	17	44
90–60	24	43	.	.	33	.	.	53	14	78	.	8	47
60–55	28	36	.	.	36	.	.	39	.	49	.	51	61
55–50	28	30	.	.	42	.	.	39	.	37	.	63	61
50–45	32	25	.	.	43	.	.	34	.	33	.	67	66
45–40	22	37	.	.	41	.	.	30	.	39	.	61	70
40–35	7	51	3	.	39	.	.	29	.	37	.	63	71
35–30	.	57	6	.	37	.	.	31	.	32	.	68	69
60–30	20	39	1	.	40	.	.	33	.	37	.	63	67
30–25	.	86	2	.	12	.	.	36	.	34	0	66	64
25–20	.	86	2	.	12	.	.	32	.	25	5	70	68
20–15	.	58	12	.	30	.	.	22	.	19	13	68	78
15–10	.	35	51	.	10	4	.	18	.	16	13	71	82
10– 5	.	11	55	.	3	31	.	18	.	13	10	77	82
5– 0	.	24	32	.	.	44	.	24	.	18	17	65	76
30– 0	.	42	30	.	9	19	.	23	.	18	12	70	77
N 90– 0	10	41	16	.	23	10	.	27	1	25	8	66	73
S 0– 5	.	17	25	12	.	46	.	36	.	11	35	54	64
5–10	.	8	21	19	.	52	.	29	.	5	43	52	71
10–15	.	.	31	8	.	61	.	23	.	4	40	56	77
15–20	.	.	35	17	.	48	.	23	.	5	27	68	77
20–25	.	.	26	23	.	51	.	18	.	9	17	74	82
25–30	.	.	18	28	.	54	.	15	.	14	17	69	85
0–30	.	7	26	16	.	51	.	26	.	8	32	60	74
30–35	.	.	14	38	.	48	.	11	.	18	24	58	89
35–40	.	.	.	42	.	58	.	5	.	21	32	47	95
40–45	.	.	.	46	.	54	.	4	.	22	36	42	96
45–50	.	.	2	14	.	84	.	3	.	21	37	42	97
50–55	.	.	.	.	.	100	.	2	.	21	35	44	98
55–60	.	.	.	.	.	100	.	0	.	21	36	43	100
30–60	.	.	6	34	.	60	.	4	.	21	33	46	96
60–65	.	.	.	.	.	.	100	0	.	19	37	44	100
65–70	.	.	.	.	.	.	100	16	.	28	24	48	84
70–75	.	.	.	.	.	.	100	44	.	30	.	70	56
75–80	.	.	.	.	.	.	100	69	.	37	.	63	31
80–85	.	.	.	.	.	.	100	100	.	.	.	.	.
85–90	.	.	.	.	.	.	100	100	.	.	.	.	.
60–90	.	.	.	.	.	.	100	17	.	23	29	48	83
S 0–90	.	6	23	17	.	49	5	17	.	14	33	53	83
G 90–90	6	28	19	6	14	25	2	22	0	19	21	60	78

Tabelle XX.   Zonale Anteile der Niederschlagsmengen der einzelnen Kontinente und Ozeane sowie des Festlandes, des Weltmeeres und des Globus in Prozenten der jeweiligen Gesamtmenge des Niederschlags.

Table XX.   *Zonal Precipitation Volumes for the Individual Continents and Oceans, and for Total Land, Ocean, and Globe, as Percentages of the Corresponding Total Precipitation Volumes.*

LATID	EUR	ASI	AFR	AUS	NAM	SAM	ANT	LAND	NPO	ATL	IND	PAC	SEA	GLOB
N 90–85	.	.	.	.	.	.	.	.	3	0	.	0	0	0
85–80	0	0	.	.	0	.	.	0	19	0	.	0	0	0
80–75	0	0	.	.	1	.	.	0	22	0	.	0	0	0
75–70	1	1	.	.	2	.	.	1	46	1	.	0	0	0
70–65	8	3	.	.	4	.	.	2	10	2	.	0	1	1
65–60	15	5	.	.	7	.	.	3	.	3	.	0	1	1
90–60	24	9	.	.	14	.	.	6	100	6	.	0	2	2
60–55	16	4	.	.	9	.	.	3	.	4	.	1	1	2
55–50	20	5	.	.	13	.	.	4	.	4	.	2	2	2
50–45	22	4	.	.	12	.	.	4	.	4	.	2	2	3
45–40	14	5	.	.	11	.	.	4	.	5	.	3	3	3
40–35	4	7	1	.	11	.	.	4	.	5	.	3	3	3
35–30	.	8	1	.	10	.	.	4	.	4	.	3	2	3
60–30	76	33	2	.	66	.	.	23	.	26	.	14	13	16
30–25	.	13	0	.	4	.	.	4	.	4	0	3	2	2
25–20	.	12	0	.	3	.	.	4	.	3	1	3	2	3
20–15	.	8	2	.	8	.	.	4	.	4	2	4	4	4
15–10	.	6	13	.	3	1	.	5	.	5	4	8	6	6
10– 5	.	3	21	.	2	9	.	7	.	6	4	12	10	9
5– 0	.	7	15	.	.	14	.	8	.	7	6	8	8	8
30– 0	.	49	51	.	20	24	.	32	.	29	17	38	32	32
N 90– 0	100	91	53	.	100	24	.	61	100	61	17	52	47	50
S 0– 5	.	7	13	19	.	18	.	10	.	3	9	5	5	6
5–10	.	2	9	25	.	17	.	8	.	1	12	5	6	7
10–15	.	.	10	7	.	14	.	6	.	1	10	5	5	6
15–20	.	.	8	11	.	8	.	4	.	1	5	5	4	4
20–25	.	.	4	10	.	6	.	3	.	2	3	4	4	3
25–30	.	.	2	9	.	4	.	2	.	3	3	4	3	3
0–30	.	9	46	81	.	67	.	33	.	11	42	28	27	29
30–35	.	.	1	9	.	3	.	2	.	3	4	4	4	3
35–40	.	.	.	5	.	2	.	1	.	5	6	3	4	3
40–45	.	.	.	4	.	1	.	1	.	5	8	3	4	4
45–50	.	.	0	1	.	2	.	0	.	5	8	3	4	4
50–55	.	.	.	.	.	1	.	0	.	4	6	3	4	3
55–60	.	.	.	.	.	0	.	0	.	3	5	2	3	2
30–60	.	.	1	19	.	9	.	4	.	25	37	18	23	19
60–65	.	.	.	.	.	.	1	0	.	2	3	1	2	1
65–70	.	.	.	.	.	.	26	1	.	1	1	1	1	1
70–75	.	.	.	.	.	.	36	1	.	0	.	0	0	0
75–80	.	.	.	.	.	.	24	0	.	0	.	0	0	0
80–85	.	.	.	.	.	.	10	0	.	.	.	.	.	0
85–90	.	.	.	.	.	.	3	0	.	.	.	.	.	0
60–90	.	.	.	.	.	.	100	2	.	3	4	2	3	2
S 0–90	.	9	47	100	.	76	100	39	.	39	83	48	53	50
G 90–90	100	100	100	100	100	100	100	100	100	100	100	100	100	100

Tabelle XXI. Meridionale Verteilung der Niederschlagshöhen
a) Kontinente in Prozent der Festlandszonenmittel
b) Ozeane in Prozent der Weltmeerzonenmittel
c) Festland bzw. Weltmeer in.Prozent der globalen Breitenzonenmittel.

Table XXI. *Meridional Distribution of Precipitation Depths for:*
a) Continents as a Percent of Land Mass Zonal Means
b) Oceans as a Percent of Zonal Ocean Means
c) Land Masses or Oceans as a Percent of Global Latitude Zone Means.

LATID	EUR	ASI	AFR	AUS	NAM	SAM	ANT	LAND	NPO	ATL	IND	PAC	SEA
N 90-85	.	.	.	.	.	.	.	.	100	.	.	.	100
85-80	133	139	.	.	96	.	.	161	100	.	.	.	91
80-75	216	163	.	.	76	.	.	114	54	187	.	.	96
75-70	167	120	.	.	76	.	.	103	66	137	.	.	98
70-65	156	103	.	.	75	.	.	90	58	106	.	.	124
65-60	140	89	.	.	91	.	.	80	.	110	.	70	145
90-60	161	102	.	.	77	.	.	106	29	169	.	182	93
60-55	113	84	.	.	112	.	.	71	.	93	.	105	135
55-50	102	76	.	.	128	.	.	66	.	90	.	107	149
50-45	129	56	.	.	141	.	.	60	.	85	.	109	151
45-40	153	68	.	.	134	.	.	63	.	85	.	113	136
40-35	124	82	108	.	133	.	.	68	.	82	.	116	125
35-30	.	99	29	.	159	.	.	73	.	74	.	119	120
60-30	122	77	38	.	134	.	.	67	.	84	.	113	133
30-25	.	156	5	.	100	.	.	89	.	88	16	112	107
25-20	.	173	5	.	139	.	.	92	.	74	75	118	104
20-15	.	167	23	.	230	.	.	76	.	70	90	117	110
15-10	.	168	73	.	181	120	.	75	.	69	72	120	108
10- 5	.	142	81	.	187	137	.	73	.	77	59	117	109
5- 0	.	155	68	.	.	118	.	113	.	86	92	107	97
30- 0	.	126	60	.	115	219	.	79	.	69	84	117	108
N 90- 0	97	96	82	.	95	317	.	70	8	75	98	126	120
S 0- 5	.	131	711	152	.	104	.	147	.	60	157	92	85
5-10	.	117	67	190	.	100	.	125	.	26	146	99	92
10-15	.	.	81	89	.	116	.	114	.	21	120	115	96
15-20	.	.	96	69	.	123	.	97	.	27	91	131	101
20-25	.	.	91	58	.	164	.	75	.	45	60	144	108
25-30	.	.	83	56	.	190	.	70	.	63	58	143	108
0-30	.	203	81	68	.	124	.	113	.	39	112	116	96
30-35	.	.	83	75	.	147	.	69	.	75	76	129	106
35-40	.	.	0	113	.	92	.	81	.	88	90	116	101
40-45	.	.	0	162	.	76	.	99	.	88	100	107	100
45-50	.	.	71	151	.	96	.	131	.	86	101	108	99
50-55	.	.	.	.	.	100	.	126	.	84	96	114	100
55-60	.	.	.	.	.	100	.	55	.	90	94	112	100
30-60	.	.	63	84	.	120	.	76	.	85	94	114	102
60-65	.	.	.	.	.	.	100	78	.	88	92	115	100
65-70	.	.	.	.	.	.	100	78	.	96	91	108	106
70-75	.	.	.	.	.	.	100	71	.	97	.	101	148
75-80	.	.	.	.	.	.	100	82	.	100	.	100	203
80-85	.	.	.	.	.	.	100	100	.	.	.	.	.
85-90	.	.	.	.	.	.	100	100	.	.	.	.	.
60-90	.	.	.	.	.	.	100	43	.	89	100	106	140
S 0-90	.	287	111	90	.	162	19	91	.	64	103	115	102
G 90-90	88	93	93	108	86	209	23	77	9	71	98	121	110

Tabelle XXII. Niederschlagshöhen der Breitenkreismittel der einzelnen Kontinente und Ozeane sowie des Festlandes, des Weltmeeres und des Globus in Prozent der jeweiligen Gesamtmittel (100%).

Table XXII. *Mean Precipitation Depths by Latitude Zones for Individual Continents and Oceans, and for Total Land, Ocean, and Globe, as Percentages of the Corresponding Total Means.*

LATID	EUR	ASI	AFR	AUS	NAM	SAM	ANT	LAND	NPO	ATL	IND	PAC	SEA	GLOB
N 90–85	.	.	.	.	.	.	.	.	24	.	.	.	2	2
85–80	23	22	.	.	17	.	.	15	65	.	.	.	6	7
80–75	54	39	.	.	19	.	.	22	77	34	.	.	13	15
75–70	67	45	.	.	31	.	.	35	170	45	.	.	23	26
70–65	87	54	.	.	42	.	.	49	300	70	.	.	47	42
65–60	104	63	.	.	69	.	.	65	.	127	.	48	83	62
90–60	94	56	.	.	46	.	.	51	100	75	.	48	32	37
60–55	99	69	.	.	100	.	.	77	.	134	.	89	103	83
55–50	90	63	.	.	115	.	.	78	.	156	.	109	123	90
50–45	104	42	.	.	116	.	.	71	.	150	.	113	125	91
45–40	126	53	.	.	112	.	.	73	.	132	.	103	111	89
40–35	104	64	85	.	113	.	.	73	.	108	.	91	95	83
35–30	.	74	22	.	128	.	.	70	.	83	.	78	80	73
60–30	102	61	30	.	114	.	.	73	.	121	.	96	103	84
30–25	.	135	4	.	94	.	.	81	.	84	11	63	68	70
25–20	.	153	4	.	133	.	.	83	.	68	51	64	66	69
20–15	.	161	22	.	239	.	.	90	.	89	84	87	91	90
15–10	.	246	106	.	287	78	.	137	.	132	101	135	137	139
10– 5	.	304	173	.	431	130	.	199	.	222	124	199	207	208
5– 0	.	436	191	.	.	148	.	263	.	191	148	140	158	179
30– 0	.	178	84	.	175	137	.	132	.	122	109	122	127	128
N 90– 0	100	94	79	.	100	137	.	91	100	115	109	113	109	100
S 0– 5	.	394	214	395	.	139	.	281	.	94	181	85	113	146
5–10	.	307	175	431	.	116	.	244	.	47	188	103	126	149
10–15	.	.	166	159	.	106	.	192	.	33	138	108	114	129
15–20	.	.	129	81	.	74	.	126	.	34	85	98	91	99
20–25	.	.	79	43	.	63	.	81	.	51	50	97	81	82
25–30	.	.	62	36	.	64	.	70	.	67	46	90	76	77
0–30	.	367	146	106	.	100	.	169	.	55	116	97	101	115
30–35	.	.	66	52	.	52	.	75	.	85	62	86	80	83
35–40	.	.	.	107	.	45	.	102	.	111	82	86	90	97
40–45	.	.	.	215	.	52	.	143	.	125	104	89	101	111
45–50	.	.	156	289	.	94	.	206	.	131	113	97	109	121
50–55	.	.	.	.	.	89	.	186	.	121	101	97	103	113
55–60	.	.	.	.	.	32	.	67	.	107	82	79	85	93
30–60	.	.	68	80	.	58	.	102	.	113	91	89	95	102
60–65	.	.	.	.	.	.	304	69	.	76	58	58	62	67
65–70	.	.	.	.	.	.	204	46	.	59	41	39	44	45
70–75	.	.	.	.	.	.	121	27	.	55	.	33	40	30
75–80	.	.	.	.	.	.	83	19	.	46	.	27	33	18
80–85	.	.	.	.	.	.	48	11	.	.	.	.	.	8
85–90	.	.	.	.	.	.	38	9	.	.	.	.	.	7
60–90	.	.	.	.	.	.	100	23	.	65	53	46	52	41
S 0–90	.	367	142	100	.	92	100	119	.	83	98	89	93	100
G 90–90	100	100	100	100	100	100	100	100	100	100	100	100	100	100

Tabelle XXIII. Meridionale Verteilung der Verdunstungsmengen in 5°-Breitenzonen in Prozenten der Verdunstungsmengen der globalen Breitenzonen.

Table XXIII. *Meridional Distribution of Evaporation Volumes by 5°-Latitude Zones as a Percent of Evaporation Volumes of the Global Latitude Zones.*

LATID	EUR	ASI	AFR	AUS	NAM	SAM	ANT	LAND	NPO	ATL	IND	PAC	SEA	GLOB
N 90–85	.	.	.	.	.	.	.	.	100	.	.	.	100	100
85–80	1	1	.	.	13	.	.	15	85	.	.	.	85	100
80–75	2	4	.	.	10	.	.	16	29	55	.	.	84	100
75–70	2	12	.	.	8	.	.	22	15	63	.	.	88	100
70–65	10	22	.	.	18	.	.	50	2	48	.	.	50	100
65–60	12	22	.	.	18	.	.	52	.	43	.	5	48	100
90–60	9	19	.	.	16	.	.	44	6	47	.	3	56	100
60–55	12	15	.	.	12	.	.	39	.	43	.	18	61	100
55–50	13	14	.	.	15	.	.	42	.	34	.	24	58	100
50–45	10	13	.	.	14	.	.	37	.	30	.	33	63	100
45–40	5	12	.	.	10	.	.	27	.	39	.	34	73	100
40–35	1	10	1	.	8	.	.	20	.	43	.	37	80	100
35–30	.	9	1	.	6	.	.	16	.	40	.	44	84	100
60–30	5	11	1	.	9	.	.	26	.	39	.	35	74	100
30–25	.	10	0	.	3	.	.	13	.	33	4	50	87	100
25–20	.	10	0	.	2	.	.	12	.	29	6	53	88	100
20–15	.	6	2	.	3	.	.	11	.	24	13	52	89	100
15–10	.	4	8	.	1	1	.	14	.	20	16	50	86	100
10– 5	.	2	13	.	0	5	.	20	.	13	16	51	80	100
5– 0	.	4	8	.	.	8	.	20	.	16	18	46	80	100
30– 0	.	6	6	.	1	2	.	15	.	22	13	50	85	100
N 90– 0	2	7	4	.	4	2	.	19	0	28	8	45	81	100
S 0– 5	.	3	7	2	.	10	.	22	.	15	20	43	78	100
5–10	.	1	5	2	.	10	.	18	.	14	26	42	82	100
10–15	.	.	5	1	.	7	.	13	.	15	31	41	87	100
15–20	.	.	4	2	.	6	.	12	.	16	30	42	88	100
20–25	.	.	3	2	.	4	.	9	.	18	30	43	91	100
25–30	.	.	1	2	.	4	.	7	.	20	31	42	93	100
0–30	.	1	4	2	.	7	.	14	.	16	28	42	86	100
30–35	.	.	1	2	.	3	.	6	.	21	33	40	94	100
35–40	.	.	.	1	.	2	.	3	.	21	39	37	97	100
40–45	.	.	.	1	.	1	.	2	.	22	37	39	98	100
45–50	.	.	0	0	.	1	.	1	.	22	35	42	99	100
50–55	.	.	.	.	.	1	.	1	.	22	36	41	99	100
55–60	.	.	.	.	.	0	.	0	.	22	37	41	100	100
30–60	.	.	0	1	.	2	.	3	.	22	36	39	97	100
60–65	.	.	.	.	.	.	0	0	.	20	35	45	100	100
65–70	.	.	.	.	.	.	5	5	.	27	16	52	95	100
70–75	.	.	.	.	.	.	33	33	.	20	.	47	67	100
75–80	.	.	.	.	.	.	66	66	.	10	.	24	34	100
80–85	.	.	.	.	.	.	100	100	.	.	.	.	.	100
85–90	.	.	.	.	.	.	100	100	.	.	.	.	.	100
60–90	.	.	.	.	.	.	8	8	.	21	26	45	92	100
S 0–90	.	0	3	2	.	5	0	10	.	18	30	42	90	100
G 90–90	1	4	3	1	2	3	0	14	0	23	20	43	86	100

Tabelle XXIV. Meridionale Verteilung der Verdunstungsmengen von 5°-Breitenzonen
    a) Kontinente in Prozent der Festlandszonenmengen
    b) Ozeane in Prozent der Weltmeerzonenmengen
    c) Festland bzw. Weltmeer in Prozent der globalen Breitenzonenmengen.

Table XXIV. *Meridional Distribution of Evaporation Volumes by 5°-Latitude Zones for:*
    a) Continents as a Percent of Zonal Land Mass Volumes
    b) Oceans as a Percent of Zonal Ocean Volumes
    c) Land Masses or Oceans as a Percent of Global Latitude Zone Volumes.

LATID	EUR	ASI	AFR	AUS	NAM	SAM	ANT	LAND	NPO	ATL	IND	PAC	SEA
N 90–85	.	.	.	.	.	.	.	.	100	.	.	.	100
85–80	5	5	.	.	90	.	.	15	100	.	.	.	85
80–75	11	24	.	.	65	.	.	16	34	66	.	.	84
75–70	8	53	.	.	39	.	.	22	19	81	.	.	78
70–65	19	44	.	.	37	.	.	50	3	97	.	.	50
65–60	23	43	.	.	34	.	.	52	.	88	.	12	48
90–60	20	44	.	.	36	.	.	44	11	84	.	5	56
60–55	30	38	.	.	32	.	.	39	.	71	.	29	61
55–50	32	33	.	.	35	.	.	42	.	58	.	42	58
50–45	28	35	.	.	37	.	.	37	.	48	.	52	63
45–40	20	42	.	.	38	.	.	27	.	53	.	47	73
40–35	6	52	4	:	38	.	.	20	.	54	.	46	80
35–30	.	53	8	.	39	.	.	16	.	47	.	53	84
60–30	18	43	2	.	37	.	.	26	.	52	.	48	74
30–25	.	78	3	.	19	.	.	13	.	39	4	57	87
25–20	.	81	3	.	16	.	.	12	.	33	7	60	88
20–15	.	53	17	.	30	.	.	11	.	27	14	59	89
15–10	.	28	61	.	7	4	.	14	.	23	18	59	86
10– 5	.	9	63	.	2	26	.	20	.	17	19	64	80
5– 0	.	18	42	.	.	40	.	20	.	20	22	58	80
30– 0	.	36	38	.	10	16	.	15	.	26	15	59	85
N 90– 0	9	39	21	.	22	9	.	19	0	34	11	55	81
S 0– 5	.	15	33	9	.	43	.	22	.	19	26	55	78
5–10	.	7	28	13	.	52	.	18	.	17	31	52	82
10–15	.	.	38	9	.	53	.	13	.	17	35	48	87
15–20	.	.	36	19	.	45	.	12	.	18	34	48	88
20–25	.	.	27	26	.	47	.	9	.	20	32	48	91
25–30	.	.	20	32	.	48	.	7	.	22	33	45	93
0–30	.	5	32	15	.	48	.	14	.	19	32	49	86
30–35	.	.	15	41	.	44	.	6	.	23	35	42	94
35–40	.	.	.	46	.	54	.	3	.	22	40	38	97
40–45	.	.	.	51	.	49	.	2	.	22	38	40	98
45–50	.	.	3	20	.	77	.	1	.	22	36	42	99
50–55	.	.	.	.	.	100	.	1	.	23	36	41	99
55–60	.	.	.	.	.	100	.	0	.	22	37	41	100
30–60	.	.	9	41	.	50	.	3	.	22	37	41	97
60–65	.	.	.	.	.	.	100	0	.	20	35	45	100
65–70	.	.	.	.	.	.	100	5	.	29	17	54	95
70–75	.	.	.	.	.	.	100	33	.	30	.	70	67
75–80	.	.	.	.	.	.	100	66	.	30	.	70	34
80–85	.	.	.	.	.	100	100	.	.	.	.	.	.
85–90	.	.	.	.	.	.	100	100	.	.	.	.	.
60–90	.	.	.	.	.	.	100	8	.	23	28	49	92
S 0–90	.	5	29	17	.	48	1	10	.	20	34	46	90
G 90–90	5	26	24	7	14	24	0	14	0	26	24	50	86

Tabelle XXV. Zonale Anteile der Verdunstungsmengen (%) der einzelnen Kontinente und Ozeane sowie des Festlandes, des Weltmeeres und des Globus in Prozent der jeweiligen Gesamtmenge der Verdunstung.

Table XXV. *Zonal Evaporation Volumes for the Individual Continents and Oceans, and for Total Land, Ocean, and Globe, as percentages of the Corresponding Total Evaporation Volumes.*

LATID	EUR	ASI	AFR	AUS	NAM	SAM	ANT	LAND	NPO	ATL	IND	PAC	SEA	GLOB
N 90–85	.	.	.	.	.	.	.	.	5	.	.	.	0	0
85–80	0	.	.	.	0	.	.	0	25	.	.	.	0	0
80–75	0	.	.	.	0	.	.	0	26	0	.	.	0	0
75–70	1	1	.	.	1	.	.	0	37	1	.	.	0	0
70–65	5	2	.	.	4	.	.	2	7	1	.	.	0	0
65–60	10	4	.	.	6	.	.	2	.	1	.	0	1	1
90–60	16	7	.	.	11	.	.	4	100	3	.	0	1	1
60–55	16	4	.	.	7	.	.	3	.	2	.	0	1	1
55–50	23	5	..	.	10	.	.	4	.	2	.	1	1	1
50–45	22	6	.	.	12	.	.	4	.	2	.	1	1	2
45–40	17	7	.	.	12	.	.	4	.	4	.	2	2	3
40–35	6	9	1	.	13	.	.	5	.	6	.	3	3	3
35–30	.	9	1	.	12	.	.	4	.	7	.	4	4	4
60–30	84	40	2	.	66	.	.	24	.	23	.	11	12	14
30–25	.	12	0	.	5	.	.	4	.	6	1	5	4	4
25–20	.	12	1	.	5	.	.	4	.	6	1	6	5	5
20–15	.	8	3	.	9	.	.	4	.	6	3	6	6	5
15–10	.	6	14	.	3	.	.	6	.	5	5	7	6	6
10– 5	.	3	20	.	1	8	.	8	.	4	4	7	5	6
5– 0	.	5	13	.	.	13	.	7	.	4	5	6	5	5
30– 0	.	46	51	.	23	22	.	33	.	31	19	37	31	31
N 90– 0	100	93	53	.	100	22	.	61	100	57	19	48	44	46
S 0– 5	.	5	12	12	.	17	.	9	.	4	6	6	5	6
5–10	.	2	10	15	.	17	.	8	.	4	8	6	6	6
10–15	.	.	10	9	.	14	.	6	.	5	10	6	7	7
15–20	.	.	8	16	.	11	.	5	.	4	9	6	6	6
20–25	.	.	4	14	.	7	.	4	.	4	8	6	6	6
25–30	.	.	2	13	.	5	.	3	.	5	8	5	6	5
0–30	.	7	46	79	.	71	.	35	.	26	49	35	36	36
30–35	.	.	1	12	.	4	.	2	.	4	8	4	5	5
35–40	.	.	.	6	.	2	.	1	.	4	8	4	4	4
40–45	.	.	.	3	.	1	.	1	.	3	6	3	4	3
45–50	.	.	0	0	.	0	.	0	.	2	4	2	3	2
50–55	.	.	.	.	.	0	.	0	.	2	3	2	2	2
55–60	.	.	.	.	.	0	.	0	.	1	2	1	1	1
30–60	.	.	1	21	.	7	.	4	.	16	31	16	19	17
60–65	.	.	.	.	.	.	1	0	.	1	1	1	1	1
65–70	.	.	.	.	.	.	15	0	.	0	0	0	0	0
70–75	.	.	.	.	.	.	41	0	.	0	.	0	0	0
75–80	.	.	.	.	.	.	30	0	.	0	.	0	0	0
80–85	.	.	.	.	.	.	11	0	.	.	.	.	.	0
85–90	.	.	.	.	.	.	2	0	.	.	.	.	.	0
60–90	.	.	.	.	.	.	100	0	.	1	1	1	1	1
S 0–90	.	7	47	100	.	78	100	39	.	43	81	52	56	54
G 90–90	100	100	100	100	100	100	100	100	100	100	100	100	100	100

Tabelle XXVI. Meridionale Verteilung der Verdunstungshöhen
  a) Kontinente in Prozent der Festlandszonenmittel
  b) Ozeane in Prozent der Weltmeerzonenmittel
  c) Festland bzw. Weltmeer in Prozent der globalen Breitenzonenmittel.

Table XXVI. *Meridional Distribution of Evaporation Depths for:*
  a) Continents as a Percent of Zonal Land Mass Means
  b) Oceans as a Percent of Zonal Ocean Means
  c) Land Masses or Oceans as a Percent of Global Latitude Zone Means.

LATID	EUR	ASI	AFR	AUS	NAM	SAM	ANT	LAND	NPO	ATL	IND	PAC	SEA
N 90-85	.	.	.	.	.	.	.	.	100	.	.	.	100
85-80	77	160	.	.	100	.	.	107	100	.	.	.	98
80-75	148	148	.	.	84	.	.	67	52	194	.	.	111
75-70	183	117	.	.	78	.	.	63	37	168	.	.	119
70-65	121	101	.	.	90	.	.	71	27	109	.	.	173
65-60	117	94	.	.	97	.	.	74	.	116	.	48	159
90-60	134	104	.	.	85	.	.	87	23	182	.	107	113
60-55	121	88	.	.	100	.	.	71	.	134	.	60	136
55-50	119	82	.	.	107	.	.	71	.	140	.	72	142
50-45	112	79	.	.	122	.	.	66	.	124	.	85	144
45-40	140	77	.	.	123	.	.	55	.	114	.	88	144
40-35	117	84	121	.	129	.	.	47	.	117	.	86	141
35-30	.	93	41	.	167	.	.	39	.	111	.	92	145
60-30	114	85	56	.	124	.	.	52	.	117	.	86	148
30-25	.	140	10	.	156	.	.	33	.	100	126	98	145
25-20	.	163	8	.	181	.	.	33	.	100	101	106	136
20-15	.	154	32	.	228	.	.	36	.	97	101	101	126
15-10	.	131	87	.	136	128	.	60	.	99	106	99	112
10- 5	.	117	93	.	116	114	.	82	.	99	114	97	106
5- 0	.	116	88	.	.	108	.	91	.	95	120	95	102
30- 0	.	108	76	.	125	187	.	52	.	100	107	98	119
N 90- 0	86	91	106	.	93	274	.	48	4	101	130	105	133
S 0- 5	.	112	94	109	.	99	.	93	.	98	117	94	102
5-10	.	106	92	127	.	99	.	78	.	97	107	98	107
10-15	.	.	99	107	.	100	.	65	.	98	104	98	109
15-20	.	.	99	77	.	116	.	53	.	96	113	94	115
20-25	.	.	96	64	.	150	.	38	.	92	119	93	120
25-30	.	.	93	65	.	167	.	34	.	94	117	93	118
0-30	.	152	99	65	.	116	.	61	.	95	113	95	112
30-35	.	.	89	82	.	134	.	39	.	95	112	94	112
35-40	.	.	.	124	.	86	.	45	.	94	111	94	104
40-45	.	.	.	178	.	69	.	45	.	90	106	101	102
45-50	.	.	98	225	.	87	.	45	.	90	99	108	101
50-55	.	.	.	.	.	100	.	60	.	90	98	109	101
55-60	.	.	.	.	.	100	.	73	.	92	98	108	100
30-60	.	.	91	102	.	100	.	51	.	92	104	101	103
60-65	.	.	.	.	.	.	100	28	.	94	88	116	100
65-70	.	.	.	.	.	.	100	23	.	97	65	121	121
70-75	.	.	.	.	.	.	100	54	.	95	.	102	179
75-80	.	.	.	.	.	.	100	78	.	80	.	111	225
80-85	.	.	.	.	.	.	100	100	.	.	.	.	.
85-90	.	.	.	.	.	.	100	100	.	.	.	.	.
60-90	.	.	.	.	.	.	100	19	.	89	97	109	157
S 0-90	.	228	145	93	.	156	5	55	.	90	107	100	111
G 90-90	78	88	121	111	84	197	6	49	5	96	110	102	121

Tabelle XXVII. Verdunstungshöhen der Breitenkreismittel der einzelnen Kontinente und Ozeane sowie des Festlandes, des Weltmeeres und des Globus in Prozent der jeweiligen Gesamtmittel (100%).

Table XXVII. *Mean Evaporation Depths by Latitude Zones for Individual Continents and Oceans, and for Total Land, Ocean, and Globe, as Percentages of the Corresponding Total Means.*

LATID	EUR	AFR	AUS	NAM	SAM	ANT	ANT	LAND	NPO	ATL	IND	PAC	SEA	GLOB
N 90–85	.	.	.	.	12	.		.	49	.	.	.	2	3
85–80	10	18	.	.	12	.	.	10	83	.	.	.	4	5
80–75	22	20	.	.	12	.	.	12	91	16	.	.	8	9
75–70	52	30	.	.	21	.	.	22	138	30	.	.	17	17
70–65	53	40	.	.	37	.	.	34	206	39	.	.	34	24
65–60	74	53	.	.	57	.	.	49	.	52	.	20	43	33
90–60	63	44	.	.	37	.	.	37	100	37	.	20	19	21
60–55	96	62	.	.	47	.	.	62	.	68	.	29	49	43
55–50	107	66	.	.	89	.	.	70	.	82	.	40	57	49
50–45	107	67	.	.	108	.	.	75	.	87	.	56	67	56
45–40	150	73	.	.	123	.	.	84	.	105	.	77	89	75
40–35	136	87	90	.	139	.	.	91	.	135	.	94	112	96
35–30	.	85	27	.	160	.	.	81	.	143	.	111	124	103
60–30	113	75	36	.	114	.	.	77	.	111	.	76	91	74
30–25	.	114	6	.	133	.	.	71	.	135	149	125	130	108
25–20	.	151	5	.	174	.	.	81	.	135	120	135	135	120
20–15	.	166	25	.	258	.	.	95	.	135	122	133	134	128
15–10	.	247	118	.	268	107	.	165	.	129	121	122	126	135
10– 5	.	291	167	.	301	126	.	217	.	118	119	108	115	131
5– 0	.	308	170	.	.	128	.	233	.	106	116	100	107	126
30– 0	.	163	84	.	197	126	.	133	.	128	120	119	123	125
N 90– 0	100	95	79	.	100	126	.	91	100	107	120	104	102	92
S 0– 5	.	323	197	249	.	127	.	253	.	115	120	104	113	134
5–10	.	283	176	267	.	117	.	233	.	131	126	124	130	148
10–15	.	.	170	200	.	106	.	209	.	146	135	136	143	158
15–20	.	.	132	112	.	95	.	162	.	143	148	132	144	151
20–25	.	.	86	62	.	82	.	108	.	131	149	125	137	138
25–30	.	.	70	52	.	77	.	90	.	123	135	116	127	130
0–30	.	310	146	104	.	105	.	178	.	131	136	123	132	143
30–35	.	.	73	72	.	67	.	99	.	114	117	105	115	124
35–40	.	.	.	120	.	47	.	108	.	99	103	94	102	119
40–45	.	.	.	145	.	32	.	91	.	78	80	82	83	99
45–50	.	.	57	143	.	'31	.	71	.	61	59	69	66	78
50–55	.	.	.	.	.	40	.	78	.	50	48	57	53	64
55–60	.	.	.	.	.	37	.	73	.	39	36	43	41	49
30–60	.	.	72	89	.	49	.	97	.	76	75	78	79	93
60–65	.	.	.	.	.	.	307	18	.	26	21	30	27	32
65–70	.	.	.	.	.	.	118	7	.	15	9	18	15	15
70–75	.	.	.	.	.	.	136	8	.	11	.	11	11	7
75–80	.	.	.	.	.	.	100	6	.	6	.	7	7	4
80–85	.	.	.	.	.	.	50	3	.	.	.	.	.	1
85–90	.	.	.	.	.	.	36	2	.	.	.	.	.	1
60–90	.	.	.	.	.	.	100	6	.	18	18	21	20	15
S 0–90	.	310	142	100	.	95	100	119	.	92	96	96	99	108
G 90–90	100	100	100	100	100	100	100	100	100	100	100	100	100	100

Tabelle XXVIII. Verdunstung in Prozent des Niederschlags (E/P) · 100

Table XXVIII. *Evaporation as a Percent of Precipitation.*

LATID	EUR	ASI	AFR	AUS	NAM	SAM	ANT	LAND	NPO	ATL	IND	PAC	SEA	GLOB
N 90-85	.	.			.	.	.	.	113	.	.	.	113	113
85-80	25	50			45	.	.	43	70	.	.	.	70	65
80-75	23	31			38	.	.	34	64	69	.	.	67	58
75-70	44	39			42	.	.	41	44	98	.	.	80	66
70-65	35	44			54	.	.	45	37	83	.	.	80	58
65-60	40	51			51	.	.	48		61		40	57	52
90-60	38	47			51	.	.	46	55	73	.	40	68	56
60-55	56	54	.		47	.	.	52		76	.	30	53	52
55-50	68	63	.		48	.	.	58		79	.	34	51	54
50-45	59	96	.		59	.	.	68		86	.	46	59	62
45-40	68	84	.		68	.	.	74		119	.	69	89	84
40-35	75	82	89		77	.	.	80		186	.	96	130	115
35-30	.	69	105		78	.	.	75		257	.	132	172	142
60-30	63	74	100		63	.	.	68		136		74	97	87
30-25	.	51	117		88	.	.	56		239	1633	184	210	155
25-20	.	60	97		82	.	.	63		296	293	196	226	174
20-15	.	62	97		67	.	.	68		226	182	141	163	142
15-10	.	60	93		58	83	.	77		145	149	83	102	97
10-5	.	58	81		44	59	.	70		79	119	51	61	63
5-0	.	43	74		.	52	.	57		83	97	66	75	70
30-0	.	55	83		70	55	.	65		155	137	91	108	98
N 90-0	57	61	84		62	55	.	64	55	139	137	86	103	92
S 0-5	.	49	77	42	.	55	.	58	.	182	82	114	111	92
5-10	.	56	84	41	.	61	.	61	.	417	83	112	114	99
10-15	.	.	86	84	.	60	.	70	.	650	121	117	139	123
15-20	.	.	85	92	.	78	.	83	.	617	217	125	174	153
20-25	.	.	91	96	.	78	.	86	.	381	367	120	186	168
25-30	.	.	93	96	.	72	.	83	.	273	367	120	184	168
0-30	.	51	84	65	.	64	.	68	.	352	146	118	145	125
30-35	.	.	92	93	.	77	.	85	.	199	233	114	158	150
35-40	.	.	.	74	.	63	.	68	.	133	155	102	125	122
40-45	.	.	.	45	.	37	.	41	.	93	96	85	91	89
45-50	.	.	33	33	.	20	.	22	.	70	64	66	66	65
50-55	.	.	.	.	.	27	.	27	.	61	59	55	57	57
55-60	.	.	.	.	.	67	.	67	.	54	55	51	53	53
30-60	.	.	88	74	.	51	.	61	.	99	102	82	92	91
60-65	.	.	.	.	.	.	.	.	.	51	45	48	48	48
65-70	.	.	.	.	.	.	10	10	.	38	27	42	38	33
70-75	.	.	.	.	.	.	19	19	.	29	.	30	30	25
75-80	.	.	.	.	.	.	20	20	.	19	.	26	23	21
80-85	.	.	.	.	.	.	17	17	.	.	.	.	.	17
85-90	.	.	.	.	.	.	15	15	.	.	.	.	.	15
60-90	.	.	.	.	.	.	17	17	.	43	41	43	42	38
S 0-90	.	51	84	67	.	62	17	64	.	164	121	101	116	107
G 90-90	57	60	84	67	62	60	17	64	55	149	124	93	110	

Tabelle XXIX. Meridionale Verteilung der Abflußmengen in 5°-Breitenzonen in Prozenten der Abflußmengen der globalen Breitenzonen.

Table XXIX. *Meridional Distribution of Runoff Volumes by 5°-Latitude Zones as a Percent of Runoff Volumes of the Global Latitude Zones.*

LATID	EUR	ASI	AFR	AUS	NAM	SAM	ANT	LAND	NPO	ATL	IND	PAC	SEA	GLOB
N 90–85	.	.			.	.	.	.	−100	.		.	−100	−100
85–80	4	2			29	.	.	35	65	.		.	65	100
80–75	8	12			24	.	.	44	22	34		.	56	100
75–70	4	34			23	.	.	61	36	3		.	39	100
70–65	24	38			21	.	.	83	4	13		.	17	100
65–60	20	23			18	.	.	61	.	30		9	39	100
90–60	18	28			20	.	.	66	7	22		5	34	−100
60–55	10	14			16	.	.	40	.	15		45	60	100
55–50	8	9			18	.	.	35	.	11		54	65	100
50–45	11	1			16	.	.	28	.	8		64	72	100
45–40	13	12			25	.	.	50	.	−32		82	50	100
40–35	3	18	1	.	17	.	.	39	.	−149		10	−139	−100
35–30	.	13	−0	.	6	.	.	19	.	−82		−37	−119	−100
60–30	19	26	0	.	40	.	.	85	.	−71		86	15	100
30–25	.	28	−0	.	1	.	.	29	.	−55	−10	−64	−129	−100
25–20	.	15	0	.	1	.	.	16	.	−45	−10	−61	−116	−100
20–15	.	12	0	.	5	.	.	17	.	−45	−20	52	−117	−100
15–10	.	93	25	.	28	5	.	151	.	−226	−191	366	−51	100
10–5	.	2	5	.	1	6	.	14	.	6	−4	84	86	100
5–0	.	11	7	.	.	17	.	35	.	8	1	56	65	100
30–0	.	201	54	.	27	88	.	370	.	−355	−154	239	−270	100
N 90–0	15	59	10	.	32	16	.	132	2	−96	−28	90	−32	100
S 0–5	.	39	25	32	.	89	.	185	.	−75	49	−59	−85	100
5–10	.	118	113	387	.	707	.	1325	.	−1278	604	−551	−1225	100
10–15	.	.	5	1	.	25	.	31	.	−69	−29	−33	−131	−100
15–20	.	.	2	1	.	4	.	7	.	−37	−46	−24	−107	−100
20–25	.	.	1	0	.	3	.	4	.	−33	−53	−18	−104	−100
25–30	.	.	0	0	.	4	.	4	.	−32	−55	−17	−104	−100
0–30	.	4	4	6	.	19	.	33	.	−57	−44	−32	−133	−100
30–35	.	.	0	1	.	2	.	3	.	−32	−56	−15	−103	−100
35–40	.	.	.	3	.	5	.	8	.	−29	−75	−4	−108	−100
40–45	.	.	.	8	.	11	.	19	.	14	12	54	81	100
45–50	.	.	0	1	.	6	.	7	.	18	36	39	93	100
50–55	.	.	.	.	.	3	.	3	.	19	33	45	97	100
55–60	.	.	.	.	.	0	.	0	.	21	34	45	100	100
30–60	.	.	0	4	.	14	.	18	.	2	−8	87	81	100
60–65	.	.	.	.	.	.	0	0	.	18	38	44	100	100
65–70	.	.	.	.	.	.	22	22	.	22	21	35	78	100
70–75	.	.	.	.	.	.	48	48	.	16	.	36	52	100
75–80	.	.	.	.	.	.	70	70	.	12	.	18	30	100
80–85	.	.	.	.	.	.	100	100	.	.	.	.	.	100
85–90	.	.	.	.	.	.	100	100	.					100
60–90	.	.	.	.	.	.	23	23	.	18	23	36	77	100
S 0–90	.	7	9	13	43	.	11	83	.	−101	−77	−5	−183	−100
G 90–90	.	.	.	.	.	.	.	.	.	.	.	.	.	.

Tabelle XXX. Meridionale Verteilung der Abflußmengen von 5°-Breitenzonen
a) Kontinente in Prozent der Festlandszonenmengen
b) Ozeane in Prozent der Weltmeerzonenmengen
c) Festland bzw. Weltmeer in Prozent der globalen Breitenzonenmengen.

Table XXX. *Meridional Distribution of Runoff Volumes by 5°-Latitude Zones for:*
a) Continents as a Percent of Zonal Land Mass Volumes
b) Oceans as a Percent of Zonal Ocean Volumes
c) Land Masses or Oceans as a Percent of Global Latitude Zone Volumes.

LATID	EUR	ASI	AFR	AUS	NAM	SAM	ANT	LAND	NPO	ATL	IND	PAC	SEA
N 90–85	.	.			.	.		.	-100	.	.	.	-100
85–80	12	4			84	.		35	100	.	.	.	65
80–75	18	28			54	.		44	40	60	.	.	56
75–70	7	56			37	.		61	93	7	.	.	39
70–65	29	46			25	.		83	21	79	.	.	17
65–60	32	38	.		30	.		61	.	77	.	23	39
90–60	28	42	.		30	.		66	20	65	.	15	34
60–55	25	35	.		40	.		40	.	25	.	75	60
55–50	21	27	.		52	.		35	.	16	.	84	65
50–45	41	3	.		56	.		28	.	11	.	89	72
45–40	27	23	.		50	.		50	.	-66	.	166	50
40–35	9	45	2		44	.		39	.	-107	.	7	-139
35–30	.	69	-1		32	.		19	.	-69	.	-31	-119
60–30	22	31	0		47	.		85	.	-486	.	586	15
30–25	.	97	-0		3	.		29	.	-43	-7	-50	-129
25–20	.	94	0		6	.		16	.	-39	-8	-53	-116
20–15	.	68	1		31	.		17	.	-39	-17	-44	-117
15–10	.	62	17		18	3		151	.	-446	-377	723	-51
10– 5	.	15	36		6	43		14	.	7	-5	98	86
5– 0	.	32	19		.	49		35	.	12	2	86	65
30– 0	.	54	15		7	24		370	.	-131	-57	88	-270
N 90– 0	12	45	7	.	24	12		132	6	-301	-89	284	-32
S 0– 5	.	21	14	17	.	48		185	.	-88	58	-70	85
5–10	.	9	9	29	.	53		1325	.	-104	49	-45	-1225
10–15	.	.	15	4	.	81		31	.	-53	-22	-25	-131
15–20	.	.	30	8	.	62		7	.	-35	-43	-22	-107
20–25	.	.	16	7	.	77		4	.	-31	-51	-18	-104
25–30	.	.	7	6	.	87		4	.	-30	-53	-17	-104
0–30	.	11	13	18	.	58		33	.	-43	-33	-24	-133
30–35	.	.	8	18	.	74		3	.	-31	-54	-15	-103
35–40	.	.	.	33	.	67		8	.	-27	-69	-4	-108
40–45	.	.	.	43	.	57		19	.	17	15	68	81
45–50	.	.	2	12	.	86		7	.	19	39	42	93
50–55	.	.	.	.	.	100		3	.	19	34	47	97
55–60	.	.	.	.	.	100		0	.	21	34	45	100
30–60	.	.	2	23	.	75		18	.	2	-9	107	82
60–65	.	.	.	.	.	.	100	0	.	18	38	44	100
65–70	.	.	.	.	.	.	100	22	.	28	28	44	78
70–75	.	.	.	.	.	.	100	48	.	30	.	70	52
75–80	.	.	.	.	.	.	100	70	.	39	.	61	30
80–85	.	.	.	.	.	.	100	100	.	.	.	.	.
85–90	.	.	.	.	.	.	100	100	.	.	.	.	.
60–90	.	.	.	.	.	.	100	23	.	23	29	48	77
S 0–90	.	9	10	16	.	52	13	83	.	-55	-42	-3	-183
G 90–90	7	31	8	6	15	28	5	.	1	-92	49	40	.

LATID	EUR	ASI	AFR	AUS	NAM	SAM	ANT	LAND	NPO	ATL	IND	PAC	SEA	GLOB
N 90–85	.	.	.	.	.	.	.	.	−1	.	.	.	0	0
85–80	0	0	.	.	0	.	.	0	13	.	.	.	0	0
80–75	1	0	.	.	1	.	.	0	18	0	.	.	0	2
75–70	1	1	.	.	2	.	.	1	56	0	.	.	1	3
70–65	12	5	.	.	5	.	.	3	14	1	.	.	1	8
65–60	21	6	.	.	10	.	.	5	.	2	.	2	3	16
90–60	35	12	.	.	18	.	.	9	100	3	.	2	5	29
60–55	16	5	.	.	12	.	.	5	.	2	.	13	7	25
55–50	15	4	.	.	17	.	.	5	.	2	.	19	9	30
50–45	20	1	.	.	14	.	.	3	.	1	.	20	9	27
45–40	11	2	.	.	10	.	.	3	.	−2	.	12	3	12
40–35	3	3	0	.	7	.	.	2	.	−9	.	1	−8	−12
35–30	.	6	−0	.	6	.	.	3	.	−13	.	−13	−17	−30
60–30	65	21	0	.	66	.	.	21	.	−19	.	52	3	52
30–25	.	17	−0	.	1	.	.	5	.	−11	−3	−30	−24	−39
25–20	.	12	0	.	2	.	.	4	.	−13	−5	−39	−30	−55
20–15	.	7	0	.	7	.	.	3	.	−10	−8	−26	−23	−42
15–10	.	6	6	.	4	0	.	3	.	−5	−8	18	−1	4
10–5	.	3	25	.	2	9	.	6	.	3	−4	88	36	89
5–0	.	11	22	.	.	18	.	10	.	3	1	40	19	62
30–0	.	56	53	.	16	27	.	31	.	−33	−27	51	−23	19
N 90–0	100	89	53	.	100	27	.	61	100	−49	−27	105	−15	100
S 0–5	.	8	19	34	.	21	.	12	.	−5	6	−9	−6	14
5–10	.	3	9	43	.	17	.	9	.	−10	8	−9	−8	1
10–15	.	.	8	3	.	14	.	5	.	−11	−9	−13	−20	−33
15–20	.	.	7	3	.	4	.	2	.	−11	−26	−16	−29	−59
20–25	.	.	2	1	.	3	.	1	.	−10	−30	−13	−29	−60
25–30	.	.	1	1	.	3	.	1	.	−9	−29	−11	−27	−55
0–30	.	11	46	85	.	62	.	30	.	−56	−80	−71	−119	−192
30–35	.	.	1	2	.	2	.	1	.	−6	−22	−7	−20	−41
35–40	.	.	.	4	.	2	.	1	.	−3	−14	−1	−10	−20
40–45	.	.	.	7	.	2	.	1	.	1	1	7	4	10
45–50	.	.	0	2	.	3	.	1	.	3	12	16	15	34
50–55	.	.	.	.	.	2	.	0	.	3	11	18	16	35
55–60	.	.	.	.	.	0	.	0	.	3	9	14	13	28
30–60	.	.	1	15	.	11	.	4	.	1	−3	47	18	46
60–65	.	.	.	.	.	.	1	0	.	2	7	10	9	19
65–70	.	.	.	.	.	.	28	2	.	1	3	5	5	14
70–75	.	.	.	.	.	.	35	2	.	1	.	3	2	8
75–80	.	.	.	.	.	.	23	1	.	0	.	1	0	4
80–85	.	.	.	.	.	.	10	0	.	.	.	.	.	1
85–90	.	.	.	.	.	.	3	0	.	.	.	.	.	0
60–90	.	.	.	.	.	.	100	5	.	4	10	19	16	46
S 0–90	.	11	47	100	.	73	100	39	.	−51	−73	−5	−85	−100
G 90–90	100	100	100	100	100	100	100	100	100	÷100	−100	100	−100	.

Tabelle XXXII. Meridionale Verteilung der Abflußhöhen
 a) Kontinente in Prozent der Festlandzonenmittel
 b) Ozeane in Prozent der Weltmeerzonenmittel
 c) Festland bzw. Weltmeer in Prozent der globalen Breitenzonenmittel.
 (Bei den Ozeanen sind die Prozentzahlen auf die Differenzen zwischen den Zonenmittelwerten des Weltmeeres und den Mittelwerten der Teilgebiete bezogen. Negative Prozentzahlen bedeuten, daß der Mittelwert des Teilgebietes unter dem Zonenmittelwert des Weltmeeres liegt.)

Table XXXII. *Meridional Distribution of Runoff Depths for:*
 a) Continents as a Percent of Zonal Land Mass Means
 b) Oceans as a Percent of Zonal Ocean Means
 c) Land Masses or Oceans as a Percent of Global Latitude Zone Means.
 (For the oceans, the percentages are based on the differences between zonal ocean and individual ocean means. Negative percentages indicate that the individual means are less than the zonal means.)

LATID	EUR	ASI	AFR	AUS	NAM	SAM	ANT	LAND	NPO	ATL	IND	PAC	SEA
N 90-85	·	·	·	·	·	·	·	·	0	·	·	·	0
85-80	176	122	·	·	94	·	·	263	0	·	·	·	-21
80-75	251	171	·	·	72	·	·	179	-41	74	·	·	-25
75-70	157	123	·	·	74	·	·	178	80	-84	·	·	-41
70-65	184	105	·	·	62	·	·	117	82	-10	·	·	-42
65-60	162	84	·	·	86	·	·	87	·	1	·	2	30
90-60	183	100	·	·	70	·	·	132	-59	42	·	243	-32
60-55	104	80	·	·	125	·	·	71	·	-53	·	56	35
55-50	79	66	·	·	158	·	·	60	·	-61	·	44	58
50-45	164	1	·	·	183	·	·	51	·	-71	·	45	63
45-40	189	42	·	·	163	·	·	104	·	-241	·	208	-2
40-35	154	72	58	·	150	·	·	290	·	-134	·	113	-145
35-30	·	120	-5	·	137	·	·	245	·	-63	·	46	-106
60-30	140	62	1	·	155	·	·	172	·	-1207	·	970	-71
30-25	·	175	-2	·	27	·	·	271	·	-11	-126	14	-115
25-20	·	190	0	·	68	·	·	246	·	-15	-16	10	-78
20-15	·	197	2	·	234	·	·	258	·	-40	-17	23	-65
15-10	·	294	24	·	336	108	·	640	·	-1870	-2139	1356	-164
10- 5	·	201	53	·	353	190	·	59	·	-59	-129	49	13
5- 0	·	206	41	·	·	132	·	163	·	-41	-90	43	-17
30- 0	·	161	29	·	103	277	·	1331	·	-414	-321	249	-492
N 90- 0	116	104	37	·	100	394	·	333	·	-795	-1008	642	-152
S 0- 5	·	158	39	210	·	110	·	751	·	-354	358	-19	-210
5-10	·	135	28	291	·	102	·	5833	·	-483	268	15	-1708
10-15	·	·	39	47	·	153	·	351	·	-198	34	48	-64
15-20	·	·	83	33	·	159	·	231	·	-88	-44	57	-41
20-25	·	·	43	17	·	248	·	216	·	-46	-87	66	-38
25-30	·	·	32	13	·	302	·	218	·	-30	-86	66	-32
0-30	·	310	41	75	·	141	·	344	·	-121	-15	54	-73
30-35	·	·	47	36	·	225	·	221	·	-30	-75	68	-23
35-40	·	·	·	90	·	106	·	317	·	-16	-94	91	-15
40-45	·	·	·	150	·	80	·	537	·	-30	-58	70	-16
45-50	·	·	63	130	·	98	·	289	·	-23	6	8	-5
50-55	·	·	·	·	·	0	·	213	·	-24	-7	22	-2
55-60	·	·	·	·	·	0	·	165	·	-12	-10	18	0
30-60	·	·	·	56	·	151	·	322	·	-92	-127	165	-13
60-65	·	·	·	·	·	·	100	124	·	-18	-4	14	0
65-70	·	·	·	·	·	·	100	105	·	-5	7	0	1
70-75	·	·	·	·	·	·	100	76	·	-2	·	1	38
75-80	·	·	·	·	·	·	100	83	·	6	·	-3	97
80-85	·	·	·	·	·	·	100	100	·	·	·	·	·
85-90	·	·	·	·	·	·	100	100	·	·	·	·	·
60-90	·	·	·	·	·	·	100	57	·	-12	2	5	30
S 0-90	·	394	51	85	·	172	45	633	·	-149	-33	95	-125
G 90-90	106	104	43	101	91	232	53	·	140	-238	-128	18	·

Tabelle XXXIII. Abflußhöhen der Breitenkreismittel der einzelnen Kontinente und Ozeane sowie des Festlandes, des Weltmeeres und des Globus in Prozent der jeweiligen Gesamtmittel der Abflußhöhen (100%).
(Bei den Ozeanen sind die Prozentzahlen auf die Differenzen zwischen den Zonenmittelwerten des Weltmeeres und den Mittelwerten der Teilgebiete bezogen. Negative Prozentzahlen bedeuten, daß der Mittelwert des Teilgebietes unter dem Zonenmittelwert des Weltmeeres liegt.)

Table XXXIII. *Mean Runoff Depths by Latitude Zones for Individual Continents and Oceans, and for Total Land, Ocean, and Globe, as Percentages of the Corresponding Total Means.*
(For the oceans, the percentages are based on the differences between zonal ocean and individual ocean means. Negative percentages indicate that the individual means are less than the zonal means.)

LATID	EUR	ASI	AFR	AUS	NAM	SAM	ANT	LAND	NPO	ATL	IND	PAC	SEA	GLOB
N 90-85	·	·	·	·	·	·	·	·	-107	·	·	·	97	-104
85-80	39	28	·	·	24	·	·	24	-57	·	·	·	117	-67
80-75	97	67	·	·	32	·	·	41	-39	122	·	·	142	-16
75-70	86	69	·	·	48	·	·	58	109	102	·	·	146	19
70-65	132	77	·	·	52	·	·	76	314	124	·	·	191	136
65-60	145	77	·	·	90	·	·	95	·	202	·	311	444	299
90-60	135	75	·	·	60	·	·	78	0	141	·	311	198	116
60-55	102	79	·	·	143	·	·	103	·	165	·	796	571	427
55-50	68	58	·	·	158	·	·	91	·	167	·	928	685	458
50-45	99	4	·	·	128	·	·	64	·	142	·	774	594	356
45-40	94	21	·	·	95	·	·	53	·	50	·	356	221	86
40-35	61	29	57	·	69	·	·	42	·	-91	·	-54	-176	-270
35-30	·	57	-6	·	75	·	·	50	·	-166	·	-462	-454	-505
60-30	88	61	1	·	113	·	·	67	·	11	·	257	127	41
30-25	·	168	-4	·	30	·	·	99	·	-140	-621	-862	-628	-611
25-20	·	156	1	·	64	·	·	85	·	-172	-306	-980	-703	-781
20-15	·	153	4	·	208	·	·	81	·	-129	-184	-620	-455	-607
15-10	·	246	48	·	320	34	·	86	·	-22	-105	221	79	-51
10-5	·	323	204	·	646	136	·	167	·	195	1	1307	875	932
5-0	·	630	300	·	·	180	·	317	·	168	116	578	489	610
30-0	·	201	88	·	138	155	·	130	·	-38	-68	66	7	-64
N 90-0	100	92	80	·	100	155	·	91	0	9	-68	129	65	100
S 0-5	·	503	301	687	·	157	·	330	·	-58	233	-270	-17	260
5-10	·	343	169	756	·	115	·	263	·	-202	229	-283	-75	116
10-15	·	·	146	75	·	106	·	161	·	-275	-24	-370	-325	-290
15-20	·	·	116	19	·	41	·	60	·	-264	-312	-447	-555	-601
20-25	·	·	43	6	·	34	·	32	·	-194	-458	-383	-580	-642
25-30	·	·	25	4	·	44	·	34	·	-138	-406	-359	-519	-604
0-30	·	452	54	112	·	92	·	152	·	-186	-120	-349	-338	-282
30-35	·	·	34	11	·	30	·	31	·	-72	-245	-278	-349	-449
35-40	·	·	·	83	·	42	·	93	·	24	-88	-123	-121	-189
40-45	·	·	·	354	·	82	·	238	·	119	117	87	190	262
45-50	·	·	658	580	·	190	·	449	·	181	267	376	459	667
50-55	·	·	·	·	·	163	·	379	·	195	273	531	523	749
55-60	·	·	·	·	·	24	·	56	·	201	253	458	488	684
30-60	·	·	48	61	·	72	·	110	·	102	92	132	172	225
60-65	·	·	·	·	·	·	304	161	·	176	232	334	413	571
65-70	·	·	·	·	·	·	221	117	·	174	224	224	365	505
70-75	·	·	·	·	·	·	118	62	·	179	·	236	372	397
75-80	·	·	·	·	·	·	80	42	·	176	·	188	344	286
80-85	·	·	·	·	·	·	48	25	·	·	·	·	·	·
85-90	·	·	·	·	·	·	39	21	·	·	·	·	·	·
60-90	·	·	·	·	·	·	100	53	·	176	230	272	390	437
S 0-90	·	452	141	100	·	88	100	119	·	-10	13	-110	-49	100
G 90-90	100	100	100	100	100	100	100	100	100	100	100	100	100	·

Tabelle XXXIV.   Abfluß in Prozent des Niederschlags (D/P) · 100

Table XXXIV.   *Runoff as a Percent of Precipitation.*

LATID	EUR	ASI	AFR	AUS	NAM	SAM	ANT	LAND	NPO	ATL	IND	PAC	SEA	GLOB
N 90–85	·	·	·	·	·	·	·	·	-13	·	·	·	-13	-13
85–80	75	50	·	·	55	·	·	57	30	·	·	·	30	35
80–75	77	69	·	·	62	·	·	66	36	31	·	·	33	42
75–70	56	61	·	·	58	·	·	59	56	2	·	·	20	34
70–65	65	56	·	·	46	·	·	55	63	17	·	·	20	42
65–60	60	49	·	·	49	·	·	52	·	39	·	60	43	48
90–60	62	53	·	·	49	·	·	54	45	27	·	60	32	44
60–55	44	46	·	·	53	·	·	48	·	24	·	70	47	48
55–50	32	37	·	·	52	·	·	42	·	21	·	66	49	46
50–45	41	4	·	·	41	·	·	32	·	14	·	54	41	38
45–40	32	16	·	·	32	·	·	26	·	-19	·	31	11	16
40–35	25	18	11	·	23	·	·	20	·	-86	·	4	-30	-15
35–30	·	31	-5	·	22	·	·	25	·	-157	·	-32	-72	-42
60–30	37	26	0	·	37	·	·	32	·	-36	·	26	3	13
30–25	·	49	-17	·	12	·	·	44	·	-139	-1533	-84	-110	-55
25–20	·	40	3	·	18	·	·	37	·	-196	-193	-96	-126	-74
20–15	·	38	3	·	33	·	·	32	·	-126	-82	-41	-63	-42
15–10	·	40	7	·	42	17	·	23	·	-45	-49	17	-2	3
10– 5	·	42	19	·	56	41	·	30	·	21	-19	49	39	37
5– 0	·	57	26	·	·	48	·	43	·	17	3	34	25	30
30– 0	·	45	17	·	30	45	·	35	·	-55	-37	9	-8	2
N 90– 0	43	39	16	·	38	45	·	36	45	-39	-37	14	-3	7
S 0– 5	·	51	23	58	·	45	·	42	·	-82	18	-14	-11	8
5–10	·	44	16	59	·	39	·	39	·	-317	17	-12	-14	1
10–15	·	·	14	16	·	40	·	30	·	-550	-21	-17	-39	-23
15–20	·	·	15	8	·	22	·	17	·	-517	-117	-25	-74	-53
20–25	·	·	9	4	·	22	·	14	·	-281	-267	-20	-86	-68
25–30	·	·	7	4	·	28	·	17	·	-173	-267	-20	-84	-68
0–30	·	49	16	35	·	36	·	32	·	-252	-46	-18	-45	-25
30–35	·	·	8	7	·	23	·	15	·	-99	-133	-14	-58	-50
35–40	·	·	·	26	·	37	·	32	·	-33	-55	-2	-25	-22
40–45	·	·	·	55	·	63	·	59	·	7	4	15	9	11
45–50	·	·	69	67	·	80	·	78	·	30	36	34	34	35
50–55	·	·	·	·	·	73	·	73	·	39	41	45	43	43
55–60	·	·	·	·	·	30	·	30	·	46	45	49	47	47
30–60	·	·	12	26	·	49	·	39	·	1	-2	18	8	9
60–65	·	·	·	·	·	·	83	83	·	49	55	52	52	52
65–70	·	·	·	·	·	·	90	90	·	62	73	58	62	67
70–75	·	·	·	·	·	·	81	81	·	71	·	70	70	75
75–80	·	·	·	·	·	·	80	80	·	81	·	74	77	79
80–85	·	·	·	·	·	·	83	83	·	·	·	·	·	83
85–90	·	·	·	·	·	·	85	85	·	·	·	·	·	85
60–90	·	·	·	·	·	·	83	83	·	57	59	57	58	62
S 0–90	·	49	16	33	·	38	83	36	·	-64	-21	-1	-16	-7
G 90–90	43	40	16	33	38	40	83	36	45	-49	-24	7	-10	·

Tabelle XXXV.   Wassertransport zum und vom Weltmeer aus D_L und D_S

Zufuhr D_L aus den Flüssen an den Küsten der Kontinente
Abfluß $D_S = P_S - E_S$ an der Oberfläche der Ozeane
Zufuhr: EaC: Ostküste, WeC: Westküste, NoC: Nordküste, SoC: Südküste
All: Alle Küsten – Abfluß: Oce.: Oberfläche des Ozeans –
Sum: Summe, Mean: Mittel, MCO: Mittel aus Küsten und Ozeane

Alle Zahlenangaben der linken Hälfte der Tabelle sind in km³ gegeben; in der rechten Hälfte sind die Maßeinheiten im Kopf angegeben.

LATID	NAM	SAM	ATL			EUR	ASI	AFR	NAM	EUR	ASI	NPO				ASI	AUS	PAC		
Breite	EaC	EaC	WeC	Oce	EaC	WeC	WeC	WeC	NoC	NoC	NoC	SoC	Oce	Sum		EaC		WeC	Oce	EaC
N 90-85	.	.	.	.	.	.	.	.	.	.	.	.	-2	-2	.	.	.	.	.	.
85-80	18	.	18	0	.	.	.	.	3	3	1	7	47	54	.	.	.	.	.	.
80-75	69	.	69	100	14	14	.	.	1	9	43	53	66	119	.	.	.	.	.	.
75-70	128	.	128	17	15	15	.	.	51	10	892	953	211	1164	.	.	.	.	.	.
70-65	247	.	247	196	390	390	.	.	258	15	1325	1598	52	1650	.	16	.	16	0	6
65-60	165	.	165	904	401	401	.	.	.	.	.	.	.	.	.	106	.	106	277	356
90-60	627	.	627	1217	820	820	.	.	313	37	2261	2611	374	2985	.	122	.	122	277	362
60-55	120	.	120	692	398	398	.	.	.	.	.	.	.	.	.	113	.	113	2093	440
55-50	585	.	585	575	330	330	.	.	.	.	.	.	.	.	.	444	.	444	3001	277
50-45	660	.	660	401	519	496	23	.	.	.	.	.	.	.	.	40	.	40	3194	450
(sub)							ASI/EaC	AFR	ASI EaC	AFR EaC	IND WeC	Oce	EaC	ASI WeC	AUS		ASI WeC	AUS		
45-40	79	.	79	-733	496	397	99	.	.	.	.	.	.	.	.	120	.	120	1849	108
40-35	100	.	100	-3269	211	86	89	36	.	.	.	.	.	.	.	122	.	122	223	44
35-30	176	.	176	-4578	79	.	4	75	16	.	16	0	.	.	.	220	.	220	-2027	18
60-30	1720	.	1720	-6912	2033	1707	215	111	16	.	16	0	.	.	.	1059	.	1059	8333	1337
30-25	640	.	640	-4036	0	.	.	0	19	1	20	-689	.	.	.	1314	.	1314	-4707	15
25-20	100	.	100	-4605	0	.	.	0	181	1	182	-971	1575	1575	.	791	.	791	-6229	34
20-15	310	.	310	-3564	26	.	.	26	86	1	87	-1531	414	414	.	338	.	338	-4059	49
15-10	155	368	523	-1747	131	.	.	131	160	1	161	-1480	326	326	.	415	.	415	2835	194
10-5	58	1578	1636	985	494	.	.	494	13	0	13	-710	104	104	.	315	.	315	13876	224
5-0	.	1816	1816	903	526	.	.	529	0	0	0	134	349	349	.	1109	.	1109	6403	0
30-0	1263	3762	5025	-12064	1180	.	.	1180	459	4	463	-5247	2768	2768	.	4282	.	4282	8119	516
N 90-0	3610	3762	7372	-17759	4033	2527	215	1291	475	4	479	-5247	2768	2768	.	5463	.	5463	16729	2215
S 0-5	.	4610	4610	-1896	119	.	.	119	.	12	12	1246	192	112	80	870	714	1584	-1506	51
5-10	.	28	28	-3412	1348	.	.	1348	.	34	34	1614	568	178	390	125	644	769	-1472	24
10-15	.	144	144	-4234	52	.	.	52	.	60	60	-1798	32	.	32	.	50	50	-2035	34
15-20	.	89	89	-4013	0	.	.	0	.	336	336	-5024	42	.	42	.	30	30	-2601	8
20-25	.	145	145	-3606	0	.	.	0	.	122	122	-5933	4	.	4	.	24	24	-2022	0
25-30	.	75	75	-3177	1	.	.	1	.	11	11	-5605	1	.	1	.	21	21	-1735	0
0-30	.	5091	5091	-20338	1520	.	.	1520	.	575	575	-15500	839	290	549	995	1486	2478	-11371	117
30-35	.	683	683	-2390	0	.	.	0	.	10	10	-4241	22	.	22	.	28	28	-1138	0
35-40	.	63	63	-1088	.	.	.	.	.	.	.	-2780	10	.	10	.	88	88	-142	174
40-45	.	40	40	268	.	.	.	.	.	.	.	238	2	.	2	.	159	159	1057	210
45-50	.	10	10	1093	.	.	.	.	.	9	9	2243	.	.	.	.	53	53	2464	380
50-55	.	11	11	1196	.	.	.	.	.	.	.	2141	.	.	.	.	.	.	2890	199
55-60	.	.	.	1065	.	.	.	.	.	.	.	1756	.	.	.	.	.	.	2298	1
30-60	.	807	807	144	.	.	.	.	.	19	19	-643	34	.	34	.	328	328	7429	964
(ANT)		ANT					ANT	ANT				ANT					ANT			
60-65	.	3	3	635	.	.	.	.	.	.	.	1361	.	.	.	.	.	.	1547	12
65-70	.	38	38	551	2	.	.	2	.	287	287	546	560	.	560	.	.	.	881	70
70-75	.	60	60	230	270	.	.	270	.	.	.	.	40	.	40	.	40	40	529	180
75-80	.	155	155	78	.	.	.	.	.	.	.	.	.	.	.	.	270	270	121	.
80-85	.	.	.	.	.	.	.	.	.	.	.	.	.	.	.	.	.	.	.	.
85-90	.	.	.	.	.	.	.	.	.	.	.	.	.	.	.	.	.	.	.	.
60-90	.	256	256	1494	272	.	.	272	.	287	287	1907	600	.	600	.	310	310	3078	262
S 0-90	.	6154	6154	-18700	1792	.	.	1792	.	881	881	-14236	1473	290	1183	995	2124	3116	-864	1343
G 90-90	3610	9916	13526	-36459	5825	2527	215	3083	475	885	1360	-19483	4241	3058	1183	6458	2124	8579	15865	3558

Table XXXV. *Water Transport, D_L and D_S, to and from the Oceans*

Inflow D_L from rivers at the coast of continents
Outflow $D_S = P_S - E_S$ for ocean surfaces
Inflow: EaC – East coasts, WeC – West coasts, NoC – North coasts, SoC – South coasts
All: All coasts – outflow, Oce: Ocean surfaces – Sum: Total, Mean: Mean, MCO: Mean for coasts and oceans

All data in the left half of the table are given in km^3, units for the right half are given in the heading.

LATID / Breite	NAM	SAM	NPO	ATL	IND	PAC	SEA	NPO	ATL	IND	PAC	ALL	%	NPO	ATL	IND	PAC	ALL	MCO
	WeC		Sum Coasts + Oce (km^3)					Sum Coasts (km^3)				ALL	%	Mean Coasts (mm)				ALL	(mm)
N 90-85	.	.	-2	.	.	.	-2	.	.	.	.	.		.	.	.	.	.	-3
85-80	.	.	54	18	.	.	72	7	18	.	.	25	0	3	.	.	.	10	29
80-75	.	.	119	183	.	.	302	53	83	.	.	136	0	22	66	–	.	37	83
75-70	.	.	1164	·160	.	.	1324	953	143	.	.	1096	3	415	68	.	.	249	300
70-65	6	.	1650	833	.	22	2505	1598	637	.	22	2257	6	5600	292	.	–	916	1016
65-60	356	.	.	1470	.	739	2209	.	566	.	462	1028	2	.	238	.	617	329	707
90-60	362	.	2985	2664	.	761	6410	2611	1447	.	484	4542	11	307	182	.	646	264	372
60-55	440	.	.	1210	.	2646	3856	.	518	.	553	1071	3	.	182	.	219	199	717
55-50	277	.	.	1490	.	3722	5212	.	915	.	721	1636	4	.	397	.	222	295	939
50-45	450	.	.	1580	.	3684	5264	.	1179	.	490	1669	4	.	460	.	121	252	795
45-40	108	.	.	-158	.	2077	1919	.	575	.	228	803	2	.	147	.	51	95	228
40-35	44	.	.	-2958	.	389	-2569	.	311	.	166	477	1	.	68	.	31	48	-256
35-30	18	.	.	-4323	16	-1789	-6096	.	255	16	238	509	2	.	55	–	38	47	-562
60-30	1337	.	.	-3159	16	10729	7586	.	3753	16	2396	6165	16	.	180	16000	92	132	162
30-25	15	.	.	-3396	-669	-3378	-7443	.	640	20	1329	1989	5	.	142	52	194	169	-632
25-20	34	.	.	-4505	786	-5404	-9123	.	100	1757	825	2682	7	.	22	1846	105	201	-682
20-15	49	.	.	-3228	-1030	-3672	-7930	.	336	501	387	1224	3	.	80	233	45	82	-529
15-10	49	145	.	-1093	-993	3444	1358	.	654	487	609	1750	4	.	170	169	62	106	-77
10- 5	71	153	.	3115	-593	14415	16937	.	2130	117	539	2786	7	.	762	41	49	168	1020
5- 0	.	0	.	3248	483	7512	11243	.	2345	349	1109	3803	10	.	652	107	106	219	647
30- 0	218	298	.	-5859	-2016	12917	5042	.	6205	3231	4798	14234	36	.	264	259	88	157	-55
N 90- 0	1917	298	2985	-6354	-2000	24407	19038	2611	11405	3247	7678	24941	63	307	218	260	94	161	123
S 0- 5	.	51	.	2833	1450	129	4412	.	4729	204	1635	6568	17	.	1462	54	167	391	262
5-10	.	24	.	-2036	2216	-679	-499	.	1376	602	793	2771	7	.	454	121	89	164	-29
10-15	.	34	.	-4038	-1706	-1951	-7695	.	196	92	84	372	1	.	65	16	10	22	-446
15-20	.	8	.	-3924	-4646	-2563	-11132	.	89	378	38	505	1	.	30	78	5	31	-689
20-25	.	0	.	-3461	-5807	-1998	-11265	.	145	126	24	295	1	.	44	30	3	19	-729
25-30	.	0	.	-3101	-5593	-1714	-10407	.	76	12	21	109	0	.	21	3	3	7	-674
0-30	.	117	.	-13727	-14086	-8776	-36586	.	6611	1414	2595	10620	27	.	345	50	51	108	-374
30-35	.	0	.	-1707	-4209	-1110	-7026	.	683	32	28	743	2	.	183	7	4	47	-447
35-40	.	174	.	-1025	-2770	120	-3675	.	63	10	262	335	1	.	16	2	39	20	-223
4C-45	.	210	.	308	240	1426	1974	.	40	2	369	411	1	.	10	0	59	26	125
45-50	.	380	.	1103	2252	2897	6252	.	10	9	433	452	1	.	3	-2	75	31	426
50-55	.	199	.	1207	2141	3089	6437	.	11	.	199	210	0	.	3	.	39	16	471
55-60	.	1	.	1065	1756	2299	5120	.	.	.	1	1	0	.	.	.	0	0	427
30-60	.	964	.	951	-590	8721	9082	.	807	53	1292	2152	5	.	38	2	36	24	115
		ANT																	
60-65	.	12	.	638	1361	1559	3558	.	3	.	12	15	0	.	1	.	3	12	356
65-70	.	70	.	591	1393	951	2935	.	40	847	70	957	2	.	20	484	23	141	433
70-75	.	180	.	560	40	749	1349	.	330	40	220	590	2	.	421	–	125	232	531
75-80	.	.	.	233	.	391	624	.	155	.	270	425	1	.	562	.	578	572	840
80-85	.	.	.	.	.	.	.	.	.	.	.	.		.	.	.	.	.	.
85-90	.	.	.	.	.	.	.	.	.	.	.	.		.	.	.	.	.	.
60-90	.	262	.	2022	2794	3650	8466	.	528	887	572	1987	5	.	100	152	62	98	344
S 0-90	.	1343	.	-10754	-11882	3595	-19038	.	7946	2354	4459	14759	37	.	174	36	47	71	-117
G 90-90	1917	1641	2985	-17108	-13882	28002	0	2611	19351	5601	12137	39700	100	307	197	72	69	110	0

Verzeichnis der Karten

Index of Maps

Verzeichnis der Karten

Index of Maps